高等学校计算机基础教育教材精选

大学计算机基础
（第3版）

李 暾 毛晓光 刘万伟
陈立前 周竞文 周海芳 编著

清华大学出版社
北京

内 容 简 介

本书兼顾计算机科学基础知识和计算思维,以计算思维能力培养为主线,串联信息表示、计算机系统、操作系统、网络、多媒体技术、科学计算及新方向等内容,选择 Python 作为计算实践的语言,内容偏重于如何将计算思维应用于计算机科学等领域以解决问题。实践内容将在授课内容的基础上进行拓展,并要求运用 Python 及相关的配套库进行问题求解练习。希望通过应用问题求解的学习和实践,培养读者在理解计算机系统的基础上,主动在各自专业学习中利用计算思维的方法和技能,进行问题求解的能力和习惯。学完本书后,希望读者能动手解决具有一定难度的实际问题。

本书适合作为高等学校计算机基础课程的教材,也可作为计算机培训、计算机等级考试和计算机初学者的参考书。本书可与《大学计算机基础实验教程(第 2 版)》配合使用。

本书封面贴有清华大学出版社防伪标签,无标签者不得销售。
版权所有,侵权必究。举报: 010-62782989, beiqinquan@tup.tsinghua.edu.cn。

图书在版编目(CIP)数据

大学计算机基础/李暾等编著. —3 版. —北京:清华大学出版社,2018(2022.12 重印)
(高等学校计算机基础教育教材精选)
ISBN 978-7-302-50981-3

Ⅰ. ①大… Ⅱ. ①李… Ⅲ. ①电子计算机－高等学校－教材 Ⅳ. ①TP3

中国版本图书馆 CIP 数据核字(2018)第 179399 号

责任编辑:白立军
封面设计:常雪影
责任校对:徐俊伟
责任印制:朱雨萌

出版发行:清华大学出版社
    网　　址: http://www.tup.com.cn, http://www.wqbook.com
    地　　址: 北京清华大学学研大厦 A 座　　邮　编: 100084
    社 总 机: 010-83470000　　邮　购: 010-62786544
    投稿与读者服务: 010-62776969, c-service@tup.tsinghua.edu.cn
    质量反馈: 010-62772015, zhiliang@tup.tsinghua.edu.cn
    课件下载: http://www.tup.com.cn, 010-62795954
印 装 者: 三河市铭诚印务有限公司
经　　销: 全国新华书店
开　　本: 185mm×260mm　　印　张: 19.25　　字　数: 455 千字
版　　次: 2012 年 8 月第 1 版　2018 年 9 月第 3 版　　印　次: 2022 年 12 月第 14 次印刷
印　　数: 95001～100000
定　　价: 49.00 元

产品编号: 079737-01

前言

人要成功融入社会所必备的思维能力，是由其所处时代能够获得的工具决定的。计算机是信息社会的必备工具之一，有效利用计算机分析和解决问题，将与阅读、写作和算术一样，成为 21 世纪每个人的基本技能，而不仅仅属于计算机专业人员。计算机正在对人们的生活、工作，甚至思维产生深刻的影响。

"大学计算机基础"是大学本科教育的第一门计算机公共基础课程，它的改革越来越受到人们的关注。本课程的主要目的是从使用计算机、理解计算机系统和计算思维 3 个方面培养学生的计算机应用能力。从 2008 年开始，以"计算思维"的培养为主线开展计算科学通识教育，逐渐成为国内外计算机基础教育界的共识。

基于这种认识，第 2 版教材进行了较大幅度的修改，增加了计算思维所占的比重。指导思想是兼顾计算机基础知识和计算思维，选择 Python 作为实践语言，将信息表示与处理、计算机系统、网络、数据库、多媒体等知识既作为教学内容，又作为计算思维求解问题的研究对象，加以实践，教材内容更偏重于如何将计算思维应用于各领域求解问题。最终，通过这种问题求解的学习和实践，希望学生在理解计算机基础知识的同时，能主动在各自专业学习中利用计算思维的方法和技能，进行问题求解，能动手解决具有一定难度的实际问题。

经过一年的实践，综合各方面的反馈，对第 2 版教材进行了改版。

（1）对计算思维的内容进行了重新梳理，在第 2 版中将计算思维、计算机问题求解的内容统一到计算思维的几个核心概念下。

（2）对 Python 基础知识进行了重新组织，更新了案例。

（3）将原来分布在两章的计算机硬件系统与操作系统合并成为一章，连贯性更好。

（4）合并了信息表示和多媒体技术基础，从信息角度，把字符、数值、图像、声音等同等对待和处理。

（5）新增了一章科学计算的内容，以体现 Computing in Science 的理念，即结合高等数学和计算思维，使学生在大学入学之初就能解决现实世界复杂规模的问题。

第 3 版教材包含 9 章内容，大致可分为如下部分：计算与社会（第 1 章）；Python 简介（第 2 章）；计算思维（第 3 章）；信息、编码及数据表示（第 4 章）；计算机系统、计算机网络及应用，数据库技术应用基础（第 5、6、7 章）；科学计算（第 8 章）；以及计算机发展新技术（第 9 章）。

本书内容涉及计算机专业多门课程的知识,概念庞杂,术语繁多。表面上看,章与章之间的联系松散。对于初学者来说,学好这门课程不容易,融会贯通就更加困难了。如何把握全书的脉络?建议以"信息表示和信息处理""计算思维与计算机问题求解"作为理解章节内容联系的两条主要线索。

计算机系统是信息处理的工具,而信息处理依赖于某种形式的信息表示。本书中主要介绍了用 0-1 符号串表示数值信息、字符信息、声音信息和图像信息的方法。介绍了以文件和数据库形式组织信息的技术。介绍了计算机系统处理信息的工作原理。每一个计算机系统功能都涉及某类或某几类信息,每一个计算机系统功能都可以转换为信息处理过程。读者应该思考:这些信息是怎样表示的?为什么要使用这种表示方法?计算机系统的功能由哪些信息处理过程组成?这些处理过程包含哪些步骤?处理步骤是如何(自动)实现的?

在理解信息表示和信息处理的基础上,学习计算思维,是为了更好地发挥计算机的作用,解决具体问题。读者在学习计算思维时,应该考虑:以计算机基础知识为研究内容,用计算思维如何思考问题和解决问题?如何类比其他领域的问题?碰到具体问题时,可以思考该问题是否有计算的解?解是什么?如何实现解?如何让计算机帮助求解?

同时,这两条线索又是统一的,本书的案例以计算机系统本身作为对象,展示了用计算思维与计算机问题求解来研究计算机系统的方法。为读者将计算思维扩展到其他学科领域做了良好的示范。

如果这些问题都明晰了,对融会贯通全书内容有很大帮助。

本书适用于计算机专业和非计算机专业一年级新生,不要求有计算机程序设计经验,并且也不是以程序设计为主要内容,而是要求学生专注于理解计算思维求解问题的方法和技能。一些 Python 语言基础知识的介绍,是帮助读者阅读和理解教材中给出的 Python 程序。希望读者能在理解的基础上,对这些程序进行小修改,来实践自己的问题求解方法。同时建议与本书配套的《大学计算机基础实验教程(第 2 版)》配合使用,效果更好。

本书的第 1~7 章主要由李暾编写或在前两版基础上进行了更新,第 8 章由刘万伟编写,第 9 章由陈立前编写。各章案例及新增内容由李暾、毛晓光、刘万伟、周海芳、周竞文等编写。全书由李暾、毛晓光负责统稿。王志英、宁洪、陈怀义、王保恒等教授对本书的编写给予了许多指导,陈立前、周竞文为本书的文字整理和校对做了大量工作。此外,本书还参考了很多文献资料和网络素材,在此一并表示衷心的感谢。

本书的写作集体根据多年的教学实践,在内容的甄选、全书组织形式等方面既借鉴了同类书的成功经验,也做出了自己的努力。但是改进的空间还很大,热切希望广大读者能够予以斧正。

编　者

2018 年 7 月

目录

第 1 章 计算与社会 … 1
1.1 计算概论 … 1
1.2 计算装置发展简史 … 4
1.2.1 机械式计算装置 … 4
1.2.2 图灵机和图灵 … 7
1.2.3 现代电子计算机 … 10
1.2.4 计算机的发展趋势 … 12
1.3 计算技术的应用 … 14
1.4 信息化社会与人 … 19
1.5 计算思维概论 … 21
1.6 小结 … 23
1.7 习题 … 23

第 2 章 Python 简介 … 25
2.1 引言 … 25
2.2 Python 基本元素 … 26
2.2.1 对象、表达式和数值类型 … 27
2.2.2 变量和赋值 … 28
2.2.3 str 类型与输入 … 29
2.3 内置数据结构 … 31
2.3.1 列表 … 31
2.3.2 元组 … 33
2.3.3 字典 … 34
2.4 控制语句 … 35
2.4.1 分支语句 … 35
2.4.2 循环 … 36
2.5 函数 … 37

2.6　使用模块 ·· 40
　　2.7　面向对象基础 ·· 41
　　2.8　Python 编程示例——打印月历 ····································· 45
　　2.9　小结 ··· 49
　　2.10　习题 ··· 49

第 3 章　计算思维 ·· 52
　　3.1　概述 ··· 53
　　3.2　逻辑思维与算法思维 ·· 56
　　　　3.2.1　逻辑思维 ··· 56
　　　　3.2.2　算法思维 ··· 59
　　　　3.2.3　小结 ·· 61
　　3.3　问题求解策略 ·· 62
　　　　3.3.1　基本步骤 ··· 62
　　　　3.3.2　分解法 ··· 63
　　　　3.3.3　模式与归纳 ··· 65
　　　　3.3.4　小结 ·· 68
　　3.4　抽象与建模 ·· 68
　　　　3.4.1　抽象 ·· 68
　　　　3.4.2　建模 ·· 71
　　3.5　评价解决方案 ·· 74
　　　　3.5.1　解是否正确 ··· 74
　　　　3.5.2　解的效率如何 ·· 76
　　　　3.5.3　小结 ·· 77
　　3.6　算法、数据结构与程序 ·· 78
　　　　3.6.1　算法设计常用策略 ··· 78
　　　　3.6.2　算法的描述 ··· 79
　　　　3.6.3　算法示例 ··· 81
　　　　3.6.4　数据结构 ··· 86
　　　　3.6.5　程序设计语言 ·· 87
　　3.7　"捉狐狸"问题求解示例 ·· 90
　　3.8　小结 ·· 94
　　3.9　习题 ·· 94

第 4 章　信息、编码及数据表示 ·· 96
　　4.1　信息论基础 ·· 96
　　4.2　编码及其解释 ·· 99
　　4.3　数值的数字化 ·· 103

4.4	计算机数值表示	105
	4.4.1 计算机码制	105
	4.4.2 定点数和浮点数	108
4.5	字符的数字化	110
	4.5.1 汉字编码	111
	4.5.2 Unicode 码	112
4.6	声音的数字化	113
4.7	图像的数字化	115
4.8	信息处理示例	119
	4.8.1 数据压缩示例及 Python 实现	119
	4.8.2 生成图像验证码及 Python 实现	122
	4.8.3 Python 绘制分形图形	123
4.9	小结	126
4.10	习题	126

第 5 章 计算机系统 … 130

5.1	概述	131
5.2	计算机硬件系统	133
	5.2.1 中央处理器	134
	5.2.2 存储系统	138
	5.2.3 总线	141
	5.2.4 输入输出系统	142
5.3	操作系统	143
	5.3.1 概述	144
	5.3.2 进程管理	145
	5.3.3 存储管理	149
	5.3.4 文件管理	150
	5.3.5 设备管理	152
	5.3.6 用户接口	153
	5.3.7 操作系统的加载	155
5.4	Python 构建冯•诺依曼体系结构模拟器	156
5.5	利用 Python 使用操作系统	159
	5.5.1 利用 Python 查看进程信息	159
	5.5.2 利用 Python 查看系统存储信息	161
	5.5.3 Python 文件操作	163
5.6	小结	165
5.7	习题	165

第6章 计算机网络及应用 ········ 168

6.1 计算机网络基础 ········ 168
6.1.1 计算机网络的发展历史 ········ 169
6.1.2 计算机网络的分类 ········ 171
6.1.3 计算机网络体系结构与协议 ········ 172
6.1.4 计算机网络传输介质及设备 ········ 177

6.2 Internet 基础 ········ 179
6.2.1 Internet 概述 ········ 179
6.2.2 TCP/IP 协议 ········ 182
6.2.3 Python TCP/IP 网络编程 ········ 186

6.3 Internet 应用 ········ 190
6.3.1 万维网 ········ 190
6.3.2 电子邮件 ········ 192
6.3.3 文件传输 ········ 194
6.3.4 搜索引擎 ········ 196
6.3.5 Python 编程示例 ········ 196

6.4 无线网络 ········ 198
6.5 物联网 ········ 201
6.6 小结 ········ 202
6.7 习题 ········ 203

第7章 数据库技术应用基础 ········ 204

7.1 概述 ········ 204
7.1.1 数据管理发展简史 ········ 206
7.1.2 数据库的基本概念 ········ 206
7.1.3 数据库技术管理数据的主要特征 ········ 208
7.1.4 数据库的应用 ········ 209

7.2 数据模型 ········ 211
7.2.1 概念模型 ········ 212
7.2.2 逻辑模型 ········ 216
7.2.3 E-R 模型到关系模型的转化 ········ 221

7.3 数据库管理系统 ········ 222
7.3.1 数据库管理系统的功能 ········ 222
7.3.2 常见数据库管理系统软件 ········ 223

7.4 Python 数据库程序设计示例 ········ 225
7.5 Python 数据分析示例 ········ 226
7.6 小结 ········ 231

7.7 习题 ·········· 232

第 8 章 科学计算 ·········· 233

8.1 泰勒级数 ·········· 234
8.1.1 泰勒级数的主项 ·········· 234
8.1.2 余项及误差 ·········· 236

8.2 插值及拟合 ·········· 238
8.2.1 拉格朗日插值 ·········· 238
8.2.2 牛顿插值 ·········· 239
8.2.3 埃尔米特插值 ·········· 241
8.2.4 函数拟合 ·········· 242

8.3 数值微积分 ·········· 244
8.3.1 数值微分 ·········· 244
8.3.2 数值积分 ·········· 247

8.4 非线性方程数值解 ·········· 249
8.4.1 二分法求根 ·········· 249
8.4.2 函数迭代法求根 ·········· 250
8.4.3 牛顿迭代法求根 ·········· 251

8.5 线性方程组求解 ·········· 252
8.5.1 直接法求解 ·········· 252
8.5.2 迭代法求解 ·········· 255

8.6 符号计算 ·········· 257
8.7 小结 ·········· 262
8.8 习题 ·········· 262

第 9 章 计算机发展新技术 ·········· 264

9.1 高性能计算 ·········· 265
9.1.1 高性能计算的含义及意义 ·········· 265
9.1.2 高性能计算的关键技术 ·········· 266
9.1.3 高性能计算的典型应用 ·········· 270
9.1.4 高性能计算的发展挑战 ·········· 270
9.1.5 Python 高性能编程——计算 π ·········· 272

9.2 云计算与大数据 ·········· 274
9.2.1 云计算 ·········· 274
9.2.2 大数据 ·········· 276

9.3 人工智能 ·········· 278
9.3.1 人工智能的基本概念与发展历程 ·········· 278
9.3.2 搜索 ·········· 280

9.3.3　知识表示与推理 …………………………………… 281
　　9.3.4　机器学习 …………………………………………… 283
　　9.3.5　智能控制 …………………………………………… 285
　　9.3.6　Python机器学习示例——预测外卖配送时间 …… 286
9.4　新型计算技术 …………………………………………… 289
　　9.4.1　量子计算 …………………………………………… 289
　　9.4.2　光计算 ……………………………………………… 290
　　9.4.3　生物计算 …………………………………………… 291
9.5　小结 ……………………………………………………… 292
9.6　习题 ……………………………………………………… 292

参考文献 …………………………………………………………… 294

第 1 章 计算与社会

【学习内容】

本章作为本书的引言,主要知识点如下。

(1) 计算的概念及内涵。

(2) 算法的概念。

(3) 计算装置的发展简史。

(4) 计算技术的应用。

(5) 计算机文化相关内容。

(6) 计算思维概论。

【学习目标】

通过本章的学习,读者应该掌握以下内容。

(1) 理解计算的概念及内涵。

(2) 理解算法的基本概念。

(3) 了解计算装置的发展规律。

(4) 了解图灵机的工作原理及其意义。

(5) 了解计算技术的应用领域及作用。

(6) 了解计算技术对工作、生活的影响。

(7) 了解信息化社会对人的素质要求,了解相关社会和法律问题。

(8) 了解计算思维的基本概念。

计算机系统是通用的、计算能力强大的工具,在社会生活的各个方面都有广泛的应用。欲深入、有效使用计算机,必须理解计算的相关概念。本章介绍计算和算法的相关概念,简述计算装置的发展历程,介绍计算机技术的应用,以及信息化社会对人的素质和技能(计算思维)要求。

1.1 计算概论

从小学开始,"计算"这个词就不断出现在日常生活、数学作业中,例如,对"苹果18元一千克,算一下买3千克苹果要多少钱?"这个问题,一般可用两种方法进行解答:一是

3个18相加,二是18乘以3。对第一种方法,通常列出竖式,个位与个位对齐,十位与十位对齐,然后将个位上的3个8相加,得到24,直接在结果的个位写上4,2进位到十位,与3个1相加得到5,结果为54。对第二种方法,也可列竖式,首先将18的个位8与3相乘,得到24,将4写到结果的个位上,2进位到十位,十位的1与3相乘得3,与进位的2相加得5,结果也为54。当然,这样的问题也可直接用计算器求解,输入18×3就能得到结果。从这个例子,可以看出计算的一些特性,给出如下定义:

计算指的是在某计算装置上,根据已知条件,从某一个初始点开始,在完成一组良好定义的操作序列后,得到预期结果的过程。

对这个定义,有以下两点需要注意。

(1) 计算的过程可由人或某种计算装置执行。

(2) 同一个计算可由不同的技术实现。

在人类历史上,计算的作用受到了人脑运算速度和手工记录计算结果的制约,使得能通过计算解决的问题规模非常小。相对于制约计算的人的因素,计算机(Computer)非常擅长于做(也只能做)两件事情:运算和记住运算的结果。随着计算机的出现,以及计算机运算速度的不断提高,能通过计算解决的问题越来越多,问题规模越来越大,即越来越多的问题被证明存在计算的解(Computational Solution)。所谓有计算的解,指的是对某个问题,能通过定义一组操作序列,按照该操作序列行为得到该问题的解。

一般来说,知识可分为陈述性的或过程性的。陈述性知识(Declarative Knowledge)是对事实的描述。例如,"x 的平方根是一个数 y,使得 $y \times y = x$"。但是,从平方根的描述,无法知道如何去求某数的平方根。而过程性知识(Imperative Knowledge)描述的是"如何做",或演绎信息的动作序列。例如,古希腊数学家希罗第一次给出了一种计算平方根的方法,描述如下。

(1) 对给定的数 x,猜测其平方根为 g。
(2) 如果 $g \times g$ 足够逼近 x,停止,并报告 g 就是 x 的平方根。
(3) 否则,用 g 和 x/g 的平均值作为新的猜测。
(4) 将新的猜测仍记为 g,重复上述过程,直到 $g \times g$ 足够逼近 x。

例如,用上面的方法求49的平方根,计算过程如下。

(1) 猜测49的平方根为6,即 g 为6。
(2) $6 \times 6 = 36$ 不够逼近49。
(3) 令 $g = (6 + 49/6)/2 \approx 7.08333$。
(4) $7.08333 \times 7.08333 \approx 50.17$,不够逼近49。
(5) 令 $g = (7.08333 + 49/7.08333)/2 \approx 7.00049$。
(6) $7.00049 \times 7.00049 \approx 49.007$,已足够逼近49,停止,并称7.00049足够近似于49的平方根。

希罗求平方根的方法是由一组简单动作的序列,以及规定每一个动作何时执行的控制构成的。这就是计算定义中所指的"一组良好定义的操作序列",又称为算法(Algorithm)。

算法是求解问题类的、机械的、统一的方法,它由有限个步骤组成,对于问题类中的每个给定的具体问题,机械地执行这些步骤就可以得到问题的解答。

可以用两数加法的运算方法来理解算法的概念。数的个数是无限的,所以可能要做的加法也是无限次的。但是无论做多少次加法,做加法的方法是不会变的。所以,做加法的方法是一种运用有限的规则应对无限可能情况的方法。算法正是这样一种方法,它是用来解决一类问题的。

与菜谱类似——按照这些步骤就能做出这道菜——可将算法理解为遵循这些步骤,就能解决你的问题。利用一组良好定义的序列来解决问题的思路可上溯到古希腊、波斯和中国古代。例如,古希腊数学家欧几里得在公元前 3 世纪,就提出了寻求两个正整数的最大公约数的"辗转相除"算法,该算法被人们认为是史上第一个算法。Algorithm 一词来源于波斯学者 Muhammand ibn Musa al-Khwarizmi 的名字,他定义了加、减、乘、除等运算的过程,按上述定义,这些过程即为算法。

算法通常具有如下五大特征。

(1) 输入:一个算法必须有零个或零个以上输入量,用于描述要解决的问题。

(2) 输出:一个算法应有一个或一个以上输出量,输出量是算法计算的结果。

(3) 明确性:算法的每个步骤都必须精确地定义,拟执行动作的每一步都必须严格地、无歧义地描述清楚,以保证算法的实际执行结果精确地符合要求或期望。

(4) 有限性:算法必须在有限个步骤内终止。

(5) 有效性:又称为可行性或能行性,是指算法的所有运算必须是充分基本的,因而原则上人们可以使用笔和纸在有限时间内精确地完成它们。

算法描述了对数据进行加工处理的顺序和方法,从上面希罗算法的例子可以看出,动作难以严格按照所给顺序一个一个地进行,不可避免地会遇到需要进行选择或不断重复的情况。通常使用顺序结构、选择结构和循环结构 3 种控制结构来组织算法中的动作。

(1) 顺序结构:算法的各个动作严格按它们的先后顺序依次执行,前一个动作执行完毕后,顺序执行紧跟在它后面的动作步骤。

(2) 选择结构:提供了一种根据判断的不同结果,分别执行不同的后续操作的控制机制。

(3) 循环结构:通常包括循环控制条件和循环体。循环控制条件描述了循环反复执行的条件,而循环体则描述了每次循环如何对数据进行处理的动作(序列)。

已经证明,任何算法都可用这 3 种结构描述,即这 3 种结构是组织算法动作的最小集合。

算法规定的动作序列可由人或机器来执行。以求平方根方法为例,当人来执行时,首先,要能理解所描述的各动作的含义:第 1 步的"猜测",第 2 步的"乘"和"足够逼近",第 3 步的"$(g+x/g)/2$"等运算,以及第 4 步"重复"等的含义。然后,在理解这些含义的基础上能做相应的动作,即能完成"猜测某个数并用符号 g 表示""乘法运算""加法运算""除法运算",以及"回到第 2 步开始执行"等动作。最后,要能够根据动作序列,自动化、机械地完成序列的执行,这包含两个方面的机制:一是记住了(在脑海中或在纸上)当前执行的动作以及知道下一步该执行哪一个动作,二是记住了(在脑海中或在纸上)中间结果(如不同时刻 g 的值)。

与此类比，如果能设计一台机器，该机器能像人一样"理解"动作的含义，"执行"相应的动作(即能实现乘、除、加、比较和重复等操作)，能记住正在执行的和下一步要执行的动作序列，以及能记住相应的中间结果，那么，就能用这台机器代替人来进行求平方根的运算。

人类发明计算装置(包括计算机)最初目的是使加、减、乘、除等基本算术运算能够自动化，以便让其承担工程问题中枯燥、烦琐和大规模的计算，从而减轻人类的脑力劳动强度。但是，计算机的作用不仅限于此。在人类研究和开发计算装置和计算技术的进程中，逐步赋予了计算机逻辑操作能力，计算机不但能进行算术运算，而且能进行逻辑判断，使其可以根据问题的性质，执行不同的运算。人类发明精致的编码符号系统，用于将各种信息形式数字化，使计算机不仅仅能够处理数值信息，而且能够处理更广泛存在的其他形态的信息，如文本、图形、图像、声音和视频等。

1.2 计算装置发展简史

劳动创造工具，而工具又拓展了人类探索自然的深度和广度。计算机是人类对计算装置的不懈努力追求的最好回报。从原始的结绳记事、手动计算、机械式计算到电动计算，计算装置的发展经历了漫长过程。现代电子计算机的出现，才使计算装置有了飞速的发展。科学技术的进步促进了计算装置的一代代更新。计算装置的发展不仅得益于组成计算装置的元器件技术的发展，而且得益于对计算本质的认识的提高。

1.2.1 机械式计算装置

人类发明工具辅助处理信息的历史可追溯到远古。在古代中国，原始部落人就发明了"结绳记事"的方法，即将一根绳子打结来记载曾经发生的事件。绳结的形状、位置、数目和颜色等属性可以不同，因而可以表示不同的事件。在一根绳子上，由下到上可以打多个绳结，每个绳结对应一个事件，绳结的顺序表示事件发生的顺序。绳结的颜色则可表示事件的性质，如红色表示幸事，白色表示不幸之事。绳结是一种记忆工具，通过观察绳结能使人联想曾经发生的事情。这种工具虽然简单，却有用于记忆的材料的基本特性。第一，可区分绳结的不同状态，即绳结的形状、位置、颜色和数目是可区分的；第二，可以人为设定绳结的状态，即可以打出不同的绳结；第三，一旦给定绳结的某种状态，在自然条件下，可以保持很长一段时间，除非外力将其改变。

算盘是古代中国发明的一种有效的计算工具。汉代已出现用珠子进行计算的方法，东汉的《数术记遗》一书有过记载。出现"算盘"术语者，以宋代《谢察微算经》为最早。可以确定最迟到宋代，横梁和穿档的算盘就已经出现。至元代，算盘的使用已十分流行。宋元代之间的刘因就写有《算盘》一诗。明代关于算盘的记载更多，如《瀛涯胜览》《九章详注比类算法大全》等。明朝初期，中国算盘流传到日本，其后又流传到俄国，又从俄国传至西欧各国，对近代文明产生了很大的影响。15世纪中期，《鲁班木经》中载有制造算盘的规格。算盘的材质以木头为主,其他有竹、铜、铁、玉、景泰蓝、象牙、骨等。算盘小者的可藏入口袋,大者要人抬。

算盘的结构如图 1-1 所示,它的四周有一个框架,框架中间嵌入数根纵杆,纵杆称为档,纵杆上串有数颗珠子。由一个横梁将珠子分隔为上下两个区域,分别称为梁上区和梁下区。梁上区中的珠子称为上珠,梁下区的珠子称为下珠。在一根纵杆上上珠或一颗,或两颗,下珠或 4 颗,或 5 颗。

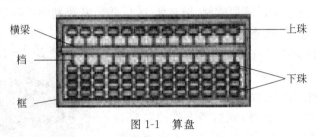

图 1-1 算盘

算盘珠子的数目和位置表示十进制数。下面以两颗上珠,4 颗下珠的算盘为例,说明如何来表示十进制数。一颗下珠表示数 1,两颗下珠表示数 2,…,4 颗下珠表示数 4;一颗上珠表示数 5,两颗上珠表示数 10。因此,算盘每档可表示的最大数是 14。当上珠依次挨在一起并贴着上框,且下珠依次挨在一起并贴着下框时,表示数 0。每往上拨动一个下珠,该档表示的数增加 1;每往下拨动一个上珠,该档表示的数增加 5。算盘中从右往左,档所表示的十进制数由低位向高位递进。一个算盘可同时表示多个十进制数,十进制数之间的区隔由人决定,可在横梁上分别标志为个、十、百、千、万等,这样每位数的位置相对固定;也可仅仅由人记住每位数的位置即可,这时每位数的位置是可变化的。一个算盘能表示多少个十进制数,由档的数目和十进制数的位数决定。

算盘是一种快捷方便的算术运算工具,珠算熟练者,快过用现代计算器进行计算。作为一种计算工具,它有如下特点。

(1) 具有表示数值的一套符号系统,这套符号系统由珠子数目和珠子的位置确定。

(2) 存在高效的运算法则,操作者按照运算法则,拨动珠子,实现快速运算。

(3) 短期记忆。算盘上暂时保存操作数和结果,且保存的数易于复写和改变。

(4) 手工操作,即操作过程没有自动化。虽然每个拨动珠子的操作是机械的,但需要人来完成。运算过程的脑力劳动有所减轻。

因此,算盘的快捷方便来源于高效的运算口诀和简易的拨动珠子操作。同时,它能够节省运算所需要的纸墨资源。

机械式计算装置大约出现在 17 世纪的西方国家。随着机械装置广泛应用于生产劳动中,人们开始设想发明一种机械装置来实现算术运算。最初的计算机械装置是粗糙的,但改变了完全依赖手工进行计算的状态,在计算自动化方面有了重要的起步,开始了初步的低级自动计算的历程。

有据可查的第一台机械计算器,是威尔海姆·舒卡德(Wilhelm Schickard)于 1623 年制造的。舒卡德 1592 年出生在德国的 Herrenberg,分别于 1609 年和 1611 年在 Tubingen 大学获得学士学位和硕士学位。1619 年被任命为图比杰大学的希伯莱语教授,1631年为天文学教授。1623年他建造了一台能够做数学操作的机械装置。在给开普勒(Johannes Kepler)的一封信中,舒卡德如此描述他的机器:

"对于你所做的计算,我已经尝试用机械的方式做了。我设想了一台机器,它由11个完全和6个不完全的链齿轮组成。给定数值,它能即时和自动做加法、减法、乘法和除法。你将会高兴地看到,这台机器是如何累加一个大小为10或100的数,并自然将它向左传送,或向右传送,当作减法时它又是如何做相反的事情的。"

后人没有看到舒卡德计算器实物,但在他1624年给开普勒的一封信的附件中发现了设计草图。20世纪,图比杰大学的布努诺·巴罗(Bruno Baron)教授根据设计草图,利用17世纪的钟表制造技术,重构了舒卡德计算器,如图1-2所示。舒卡德计算器在做加减法时,先在机器中将参加运算的数设置好,经过自动运算,在机器上的读数窗口能读出结果。而做乘法时,先利用乘法表实现乘数的每一位与被乘数的乘积,然后将这些部分乘积加起来,得到最终结果。

图1-2 重构的舒卡德计算器

通常的机械计算装置都能执行加法和减法,有的还能完成乘法和除法。一般来说,机械计算器有下列特点。

(1) 以某种机械的方式保存参加运算的数及结果。

(2) 用齿轮作为自动运算的装置。

(3) 运算法则固化在机械中,以机械运动实现运算。

查尔斯·巴贝奇(Charles Babbage)及巴贝奇的机器分析机(Analytical Engine)在计算装置发展史上占有重要的地位。巴贝奇生活的那个时代,蒸汽机的广泛使用极大地推动了工业生产的发展,各项工程都需要大量的数学计算,人们借助一种数学计算工具——数学函数表(从简单的加法和减法表,到复杂的对数函数和三角函数表),来提高计算的效率。但绘制数学函数表,需要花费大量的脑力劳动,而且不可避免产生大量的错误。人们开始设想能否发明一种由蒸汽机驱动的计算机器,将冗长枯燥的计算任务转移到机器上。1822年,巴贝奇基于差分计算原理设计了一台差分机(Difference Engine),该机器可用于计算各种数学函数表。

1830年,巴贝奇设计了分析机。分析机有3个主要部件:齿轮存储器、运算装置和控制装置。巴贝奇设想用穿孔卡片叠(Jacquard's Punched Cards)控制机器的计算过程,包括操作顺序、输入和输出等过程。该控制机制包含了顺序、选择和循环控制等特性。

奥古斯特·艾达·劳莉斯(Augusta Ada Lovelace)为分析机编写了一个程序,用来计算Bernoulli数序列。这是世界上为机器编的第一个程序。所以,艾达·劳莉斯也是世界上的第一个程序员。现代人为了纪念艾达·劳莉斯,将一种计算机程序设计语言命名为Ada。

150年之后,伦敦科学博物馆依照巴贝奇的设计图纸,用铁、铜和钢等材料制造了一台分析机,如图1-3所示。除了图纸中的几个错误之外,现代机械工程师遇到的困难比预期的要少得多。所以,他们一致赞叹巴贝奇设计的精确性。

巴贝奇对计算机技术发展的主要贡献如下。

(1) 设计了第一台具有现代意义的计算机器。

(2) 提出了程序控制的思想。

(3) 提出了程序设计的思想。

巴贝奇提出的程序控制思想和程序设计思想渗透于现代计算机技术中。所以,人们认为巴贝奇是现代计算机技术的奠基人。

图1-3 重构的巴贝奇分析机

1884年,美国工程师赫尔曼·霍雷斯(Herman Hollerith)制造了第一台电动计算机,采用穿孔卡和弱电流技术进行数据处理,在美国人口普查中大显身手。

美国哈佛大学应用数学教授霍华德·艾肯(Harvard Hathaway Aiken)受巴贝奇思想的启发,在1937年开始设计"马克1号"(Mark I),并于1944年交付使用。"马克1号"是全继电器式计算器,有750 000个零部件,里面的各种导线加起来总长500英里(1英里约1.6km)。"马克1号"长51英尺(1英尺约0.3m)、高8英尺,看上去像一节列车。"马克1号"做乘法运算一次最多需要6秒,除法10多秒。运算速度不算太快,但精确度很高(小数点后23位)。

与此同时,德国人科拉德·祖思(Konard Zuse)独立研制了Z系列计算机,包括Z1、Z2、Z3和Z4四种型号。其中,Z1是一种机械式计算机,于1938年完成;Z2是继电器+机械式计算机,于1939年完成;Z3是全继电器计算机,于1942年完成;Z4是Z3的改进型,于1945年完成。祖思对计算机技术的发展有特殊贡献,主要表现如下。

(1) 针对继电器的操作,研究了相当于布尔代数的"条件命题"系统。在此基础上,他从数学和逻辑两个方面,考虑了计算机的设计问题。

(2) 首先提出了采用二进制数的基本表示方法,以及二进制浮点数的规格化表示方法,并在其计算机中予以实现。

(3) 首次提出了存储器的概念。

1.2.2 图灵机和图灵

图灵机是一个抽象的计算模型,由英国数学家艾伦·图灵(Alan Turing,见图1-4)于1936年提出。其时,作为一个数学家,图灵正在研究可计算性问题。直觉上,可以这样理解可计算性:如果为一个任务说明一个指令序列,按照该指令序列执行,能够导致任务的完成,则该任务是可计算的。其中的指令序列称为有效规程,或算法。一个相关的问题是定义执行这些指令的装置的能力。不同能力的装置执行不同的指令集合,所以导致不同类型

图1-4 图灵

的计算任务。1936年,图灵在其论文《论可计算数以及在确定性问题上的应用》(*On Computable Numbers*, *with an Application to the Entscheidung Problem*)中,描述了一类计算装置——图灵机。图灵机是一个通用的、抽象计算模型,它导致了计算的形式概念,即所谓图灵可计算性。

首先要注意,图灵机不是具体的机器,它是图灵于1936年提出的一种抽象计算模型,其更抽象的意义为一种数学逻辑机,可以看作等价于任何有限逻辑数学过程的终极强大的逻辑机器。

图灵的基本思想是用机器来模拟人们用纸笔进行数学运算的过程,他把这个过程看作由下列两种简单动作构成。

(1) 在纸上写上或擦除某个符号。

(2) 把注意力从纸的一个位置移动到另一个位置。

而在每个阶段,人要决定下一步的动作,依赖于:

(1) 此人当前所关注的纸上某个位置的符号。

(2) 此人当前思维的状态。

为了模拟人的这种运算过程,图灵构造出一台假想的机器,该机器结构如图1-5所示,它由以下几个部分组成。

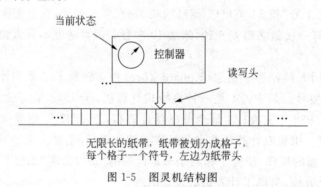

图1-5 图灵机结构图

(1) 一条无限长的纸带(Tape):纸带被划分为一个接一个的小格子,每个格子上包含一个来自有限字母表的符号,字母表中有一个特殊的符号□表示空白。纸带上的格子从左到右依次被编号为0,1,2,…纸带的右端可以无限伸展。

(2) 一个读写头(Head):该读写头可以在纸带上左右移动,它能读出当前所指的格子上的符号,也能修改当前格子上的符号。

(3) 一套控制规则(Table):它根据当前机器所处的状态以及当前读写头所指的格子上的符号来确定读写头下一步的动作,并改变状态寄存器的值,令机器进入一个新的状态。

(4) 一个状态寄存器:它用来保存图灵机当前所处的状态。图灵机所有可能状态的数目是有限的,并且有一个特殊的状态,称为停机状态。

图灵机的动作完全由3个因素确定:机器所处的当前状态、读写头所在方格的符号、转换规则。每个转换规则由一个4元组说明:

(current_state, symbol, action, next_state)

其含义是当图灵机处于 current_sate 状态时,读写头扫描到纸带格子里的符号为 symbol,则执行动作 action,并转移到 next_state 状态。

以进行一位二进制不进位加法运算的图灵机为例,实现的加法规则为

$$0+0=0 \qquad 0+1=1 \qquad 1+0=1 \qquad 1+1=0$$

表 1-1 是该图灵机的控制规则,第一行表示读写头扫描到当前纸带格里的符号,允许出现的符号共 5 种:0、1、+、= 和 □。第一列为该图灵机的 10 个状态,为 $s_0 \sim s_9$。以第 2 行第 2 列单元格为例,其含义是若当前状态为 s_0,读写头扫描到纸带格内符号为 0 时,读写头将向右移动一个格子(R),并将图灵机状态转移到 s_1。图 1-6 为纸带的初始状态,此时纸带上的符号从左至右为 0、+、1、=,此时读写头在符号 0 所在的格子,状态为 s_0。根据表 1-1 的规则,则将采取第二行第二列单元格中的动作 R,即读写头向右移动一格,以及转移到状态 s_1。依次继续运行下去,将到达如图 1-7 所示的终止状态,停止计算,将当前读写头扫描到的符号 1 作为结果,即完成了 0+1=1 的计算。

表 1-1 图灵机的控制规则

	0	1	+	=	□
s_0	R, s_1	R, s_7			
s_1			R, s_2		
s_2	R, s_3	R, s_4			
s_3				R, s_5	
s_4				R, s_6	
s_5	0, s_9	0, s_9	0, s_9	0, s_9	0, s_9
s_6	1, s_9	1, s_9	1, s_9	1, s_9	1, s_9
s_7			R, s_8		
s_8	R, s_4	R, s_3			
s_9					

图 1-6 初始状态

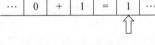

图 1-7 终止状态

注意:这个机器的每一部分都是有限的,但它有一个潜在的无限长的纸带,所以这种机器只是一个理想的设备。图灵认为这样的一台机器就能模拟人类所能进行的任何计算过程。

图灵机是一类离散的有限状态自动机。虽然它简单,但是具有充分的一般性。现代计算机都仅仅是图灵机的扩展,其计算能力与图灵机等价。所以,图灵的工作被认为奠定了计算机科学的基础。为了纪念图灵对计算机科学的杰出贡献,美国计算机学会 ACM 于 1966 年设立了图灵奖,每年颁发一次,以表彰在计算机领域取得突出成就的科学家。

1.2.3 现代电子计算机

第一台能运行的电子数字计算机于 1946 年诞生在美国的宾夕法尼亚大学摩尔学院，它的名称是电子数字积分器和计算机(Electronic Numerical Integrator And Computer，ENIAC)。主要发明人是莫奇利(John William Mauchly)和埃克特(John Presper Eckert)。ENIAC 使用了 17 468 个电子管、70 000 个电阻器、10 000 个电容器和 1500 个继电器，包含 6000 个手动开关和 500 万个焊接点。机器占地 167 平方米(见图 1-8)，重约 30 吨。工作时耗电 160 千瓦。ENIAC 每秒钟能做 5000 次加法运算、357 次乘法运算或 38 次除法运算。这个速度比当时的任何机器都快 1000 倍以上。ENIAC 速度的提高主要得益于用电子管代替开关和继电器。

但是，ENIAC 也存在一些缺陷，主要表现在：第一是重新编制程序非常困难，改变计算程序往往要花费技术人员数周的时间；第二是 ENIAC 仅有 20 个数的存储容量，不适合大计算量。

冯·诺依曼(John von Neumann，见图 1-9)一直关注计算设备的研发情况。1944 年的一个偶然机会，他听说了 ENIAC 工程，立即被其深深吸引，并于当年 8 月第一次访问了摩尔学院，从此开始了与 ENIAC 工程人员的频繁技术交流。在这种交流过程中，"存储程序"的思想逐步成熟起来。1945 年 6 月，冯·诺依曼在一份报告中正式提出了存储程序的原理，论述了存储程序计算机的基本概念，在逻辑上完整描述了新机器的结构，这就是所谓的冯·诺依曼体系结构。冯·诺依曼体系结构有如下特点。

图 1-8　ENIAC 计算机

图 1-9　冯·诺依曼

(1) 程序指令和数据都用二进制形式表示。
(2) 程序指令和数据共同存储在存储器中。
(3) 自动化和序列化执行程序指令。

这种体系结构使得根据中间结果的值改变计算过程成为可能，从而保证机器工作的完全自动化。冯·诺依曼体系结构思想对计算机技术的发展产生了深远影响。60 多年来，现代计算机的结构没有超出存储程序式体系结构的范畴。

微型计算机的出现是计算机发展史上的一个重要事件。微型计算机发展的早期，由于主要用于个人的计算工具，因此又称为 PC(Personnel Computer，PC)。

1975 年 1 月，美国《大众电子学》杂志刊登了介绍阿尔塔(Altair)8800 计算机的文章。

我们可以将这一事件看成微型计算机诞生时的一声呐喊,它预示着计算机技术高速发展的开始。阿尔塔采用 8080 芯片。刚开始时,它是一台简陋的机器,一个机箱里装着一个中央处理器和一个 256B 的存储器,没有终端,没有键盘。功能也十分简单,只能运行一个小游戏程序。根本就是一个玩具。

新生事物在诞生时往往是不完善的,但是它揭示了事物发展的必然趋势。在微型计算机诞生之前,由于价格和体积的原因,计算机主要用于大学、科研机构、政府部门和商业组织,进行大批量的数据处理。阿尔塔诞生时,虽然看起来是一只"丑小鸭",但它适应了信息技术的发展趋势,能够满足个人日常生活中信息处理的需求。而正是由于这种对人们日常需求的满足性,使得微型计算机能够飞跃发展,同时也促进了整个信息技术的一日千里式的发展。微型计算机的出现,使现代信息处理装置从科学殿堂走出来,进入寻常百姓家。现在,人们的工作、学习和生活都与计算机息息相关。使用计算机已经成为一种文化、一种生活方式。

计算机网络是计算机的扩展,任何一个计算机网络都可看作多台计算机组成的计算机系统。计算机网络是计算机技术和通信技术相结合的产物。计算机问世的初期,程序和数据都是通过纸带和卡片送入计算机的。1954 年,出现了收发器(Transceiver)终端,能够将穿孔卡片上的数据通过电话线路发送到远地的计算机。此后,电传打字机也作为远程终端与计算机相连,用户可以在远端的电传打字机上输入自己的程序,而计算机也可以将计算结果传送给电传打字机,并打印出来。这就是计算机网络的初始原型。

从某种意义上说,现在广泛使用的 Internet 的最早雏形是阿帕网(ARPANET)。它是由美国国防部的国防高级研究计划署(DARPA)资助的,于 1969 年研制成功。阿帕网通过专门的通信交换机(IMP)和专门的通信线路,把位于洛杉矶的加利福尼亚大学、位于圣巴巴拉的加利福尼亚大学、斯坦福大学,以及位于盐湖城的犹他州州立大学的计算机主机连接起来。到了 1972 年,阿帕网的结点数达到 40 个,它们彼此之间可以发送小文本文件,即所谓的电子邮件(E-mail);也可以利用文件传输协议(FTP)发送大文本文件,包括数据文件。同时通过 Telnet 方式,能够访问计算机上的资源。E-mail、FTP 和 Telnet 是 Internet 上较早出现的重要工具,目前仍是 Internet 上流行的应用。

Internet 上的另一个重要应用是 Web 网络,也称为万维网(World Wide Web)。它是由网页组成的信息网,这些网页分布在 Internet 的结点上,通过超链接相互关联。Web 网上的服务器和客户机用超文本传输协议(HTTP)进行通信,HTTP 不仅能够传输文本文件,而且能够传输数据文件,如图形、图像、音频、视频以及二进制文件。

Web 网诞生伊始就得到了迅猛的发展,每天有数千 GB(吉字节)的信息加载到 Web 网,逐步形成了浩瀚的信息海洋。这些信息形成了各种服务的基础,所以人们通过不同的应用程序能够获得各种 Web 服务。例如,阅读 Web 新闻、检索科学论文、欣赏音乐和电影、购买商品、聊天交友等。Internet 网络使世界变得如此的小,以至于只要单击一下,就能与数千千米之外的人交谈。

计算机网络,特别是 Internet 网络,形成了一个巨大的信息处理系统。它有如下特点。

(1) 资源和信息共享,并由信息共享达到知识共享和服务共享。

(2) 比独立计算机更强壮,由于信息和处理是分布式的,当网络上的某个结点计算机出现故障,对整个网络没有严重的影响,人们可以通过其他结点获得同样的处理。

(3) 相对于独立的计算机,网络的信息处理性能有极大的提高。当计算机之间没有连接,不能互相通信时,它们形成一个个封闭的"信息孤岛",无论如何改善单机的存储容量和处理速度,其信息处理能力总是有限的。

人们一般认为计算机是信息化时代的基础,而只有当计算机网络,特别是 Internet 网络出现时,信息化时代才真正来临。

自从 ENIAC 诞生以来,计算机技术走上了快速发展的轨道。从硬件角度来看,计算机经历了 4 个发展阶段,它们是电子管计算机、晶体管计算机、集成电路计算机和大规模集成电路计算机。第一代电子管计算机(1946—1958 年)的主要特点是用电子管作为逻辑元件,内存采用磁芯,外存采用磁带,运算速度为每秒数千次到数万次。第二代晶体管计算机(1948—1964 年)用晶体管代替了电子管,内存为磁芯,外存为磁盘,运算速度为每秒几十万次至几百万次。第三代集成电路计算机(1965—1971 年)用中小规模集成电路取代了分立的晶体管元件,内存为半导体存储器,外存为大容量磁盘,运算速度为每秒几百万次至几千万次。第四代大规模集成电路计算机(1971 年至今)采用大规模和超大规模集成电路作为主要元件,内存为高集成度的半导体,外存有磁盘、光盘等,运算速度每秒几亿次至上万亿次。

计算机硬件的发展模式遵循"摩尔定律"。1965 年,戈登·摩尔(Gordon Moore)为了准备一份关于计算机存储器发展趋势的报告,收集了大量存储器方面的数据资料。在分析数据时,他发现了一个惊人的趋势:每个新芯片的容量大体上相当于其前任的两倍,而每个芯片的产生都是在前任芯片产生后的 18~24 个月内。如果这个趋势继续的话,存储能力相对于时间周期将呈指数式的上升。摩尔的观察结论,现在人们称之为"摩尔定律"。它所阐述的趋势一直延续至今,且仍不同寻常地准确,并且能精确刻画处理机能力和磁盘存储器容量的发展趋势。该定律成为许多工业对于性能预测的基础。

在传统上,人们根据计算机的运算速度和存储容量,将计算机分为微型机、小型机、中型机、大型机、巨型机和超级巨型机。但是随着计算机性能的不断提高,微型计算机逐步取代了小型机、中型机、大型机,甚至巨型机。现在微型机的运算速度和存储容量都是 20 世纪 80 年代初期巨型机的数倍。所以,按照诸如计算机主要性能指标这样的、随时间变化的因素对计算机进行分类的做法是不恰当的。现在主要按照计算机的作用对其进行分类。例如,根据通用性区分通用计算机和嵌入式计算机;在计算机网络的客户/服务器(Client/Server,C/S)模式中,根据用途区分服务器和客户机。

1.2.4 计算机的发展趋势

可以用"四化"来概括计算机的发展趋势,即微型化、巨型化、网络化和智能化。它们描述了在现有电子技术框架内和现有体系结构模式下,计算机硬件和软件技术的发展方向。

世界上第一台现代电子计算机 ENIAC 是一个庞然大物,占地面积约 170 平方米,体重达30吨。从电子管计算机到晶体管计算机,再到集成电路计算机和大规模集成电路计算机,计算机的体积越来越小。当计算机主机能够纳入一个小机箱时,称为微型计算机。随后出现的笔记本计算机、手持计算装置等的体形更加精巧。现在看来,计算机体积变小的过程并没有就此终结。计算机的微型化得益于超大规模集成电路技术的发展。根据摩尔定律,一个固定大小的芯片能够集成的晶体管数量以指数形式增加,这为计算机的微型化提供了前提条件。体积小巧的计算机便于携带,支持移动计算,能够突破地域的限制,拓展计算机的用途。

计算机的巨型化不是指计算机的体积逐步增大,而是指计算机的运算速度不断提高和存储容量不断增大。以ENIAC为代表的第一代现代电子计算机,运算速度仅在每秒数千个操作的量级上,能存储数十个数。而新一代超级计算机每秒运算速度为亿亿次以上。例如,国防科技大学2013年研制成功的"天河二号"超级计算机,峰值性能为每秒5.49亿亿次,由16 000个结点、312万个计算核心、170个机柜组成,内存总容量1400万亿字节,存储总容量12 400万亿字节,最大运行功耗17.8兆瓦。"天河二号"运算1小时,相当于13亿人同时用计算器计算1000年,其存储总容量相当于存储每册10万字的图书600亿册。

计算机网络从局域网到城域网、广域网和Internet,连接的计算机设备越来越多,覆盖的范围越来越广,承载的资源越来越丰富,其影响越来越大。计算机网络的作用不仅仅是达到资源共享,而是提供一个分布式的开放计算平台,这样的计算平台能够极大提高计算机系统的处理能力。现在正在研究和发展的一类计算机网络技术称为网格计算(或分布式计算)。网格计算就是在两个或多个软件之中互相共享信息,这些软件既可以在同一台计算机上运行,也可以在通过网络连接起来的多台计算机上运行。它研究如何把一个需要非常巨大的计算能力才能解决的问题分成许多小的部分,然后把这些部分分配给许多计算机进行处理,最后把这些计算结果综合起来得到最终结果。最近的分布式计算项目研究成果已经被用于利用世界各地成千上万志愿者的计算机的闲置计算能力,分析来自外太空的电信号,寻找隐蔽的黑洞,并探索可能存在的外星智慧生命;或寻找超过1000万位数字的梅森质数;或寻找并发现对抗艾滋病毒的有效药物。分布式计算可用于完成需要惊人计算量的庞大项目。

计算机网络技术发展的另一个方向是普适计算,普适计算(Pervasive Computing / Ubiquitous Computing)是指,无所不在的、随时随地可以进行计算的一种方式;无论何时何地,只要需要,就可以通过某种设备访问到所需的信息。普适计算的含义十分广泛,所涉及的技术包括移动通信技术、小型计算设备制造技术、小型计算设备上的操作系统技术及软件技术等。普适计算技术在现在的软件技术中将占据着越来越重要的位置,其主要应用方向有嵌入式技术(除笔记本计算机和台式计算机外的具有CPU能进行一定的数据计算的电器,如手机、MP3等都是嵌入式技术应用的方向)、网络连接技术(包括4G、ADSL等网络连接技术)、基于Web的软件服务构架(即通过传统的B/S构架,提供各种服务)。间断连接与轻量计算(即计算资源相对有限)是普适计算最重要的两个特征。普适计算的软件技术就是要实现在这种环境下的事务和数据处理。

智能化是指应用人工智能技术,使计算机系统能够更高效地处理问题,能够为人类做更多的事情。人工智能是计算科学的一个研究领域,它承担两个方面的任务,揭示智能的本质和建立具有智能特点的系统。它通过建立计算模型来研究和实现人的思维过程和智能行为,如推理、学习、规划、自然语言理解等。人工智能包含很多分支,如推理技术、机器学习、规划、自然语言理解、机器人学、计算机视觉和听觉、专家系统等。人工智能技术促进了计算学科其他技术的发展,使计算机系统功能更强大,处理效率更高。

1.3 计算技术的应用

计算技术的应用十分广阔,并且随着计算机网络技术的发展,计算机的触角延伸到社会生活中的每个角落。在政府部门、工业、农业、军事、教育、科学研究、医疗、商业和娱乐等领域,计算机的使用日益普及,并且日益深入。下面以典型计算机应用系统为线索,介绍计算机技术的一些重要应用。

1. 科学计算软件

科学计算(即数值计算)是指使用计算机处理科学研究和工程技术中所遇到的数学计算。它是计算机最早期的应用领域,世界上第一台计算机 ENIAC 是为了满足炮弹轨迹的计算要求而研制的。

科学计算包括 3 个主要步骤:建立数学模型、建立求解的计算方法和计算机实现。建立数学模型就是依据有关学科理论对所研究的对象确立一系列数量关系,即一组数学公式或方程式。数学模型一般包含连续变量,涉及微分方程、积分方程等。它们不能在计算机上直接处理。为此,先把问题离散化,即把问题化为包含有限个未知数的离散形式(如有限代数方程组),然后寻找求解的计算方法。计算机实现包括编制程序、调试、运算和分析结果等一系列步骤。

在计算机出现之前,科学研究和工程设计主要依靠实验或试验提供数据,计算仅处于辅助地位。计算机的迅速发展,使越来越多的复杂计算成为可能。利用计算机进行科学计算带来了巨大的经济效益,同时也使科学技术本身发生了根本变化,传统的科学技术只包括理论和实验两个组成部分,使用计算机后,计算已成为同等重要的第三个组成部分。

从 20 世纪 70 年代初期开始,逐渐出现了各种科学计算的软件产品。它们基本上分为两类:一类是面向数学问题的数学软件,如求解线性代数方程组、常微分方程等;另一类是面向应用问题的工程应用软件,例如石油勘探、飞机设计、天气预报等。MATLAB 就是一款当前使用十分广泛的数学计算软件。

2. 文字处理和办公软件

文字处理(Word Processing)软件是辅助人类撰写各种文件(书籍、论文、公文等)的应用软件,现在把它归入办公(Office)软件。办公软件是处理办公信息的一类软件。这类软件是使用最广泛的应用软件,在中国作为学习计算机信息处理技术的出发点。在文字处理软件中,国产 WPS 系统是一个典型代表,它是金山软件公司开发的一种办公软件。20 世纪 90 年代 WPS 有过一段辉煌时期,占中国同类软件市场的大部分份额。由于市场竞争的原因,WPS 的用户数逐年下降,有过一段长时间的沉寂。现在,通过开发人员的拼搏,WPS 又顽强崛起,在文字处理软件市场与微软公司的 Word 争锋。现在 WPS 已经从单纯的文字处理软件,发展成为办公套件 WPS Office,已经撑起了中国办公软件的一片天空。微软公司的 Office 办公套件也是在中国应用十分广泛的办公软件。当前微软 Office 套件中包含 Word、PowerPoint、Excel 和 Access 等。

Word 软件用于处理各种文档信息,这些信息以文字信息为主,以表格、图形图像和声音信息为辅。它能够辅助人类完成文档的录入、编辑、排版和印刷工作。PowerPoint 软件用于演示文稿的加工和演示。一个演示文稿由幻灯片组成,幻灯片中可包含多种多媒体信息元素,PowerPoint 辅助人类制作幻灯片,对幻灯片中的多媒体信息元素进行录入、编辑和格式编排。相比 Word,PowerPoint 多了演示功能,能够按照预先制定的顺序,将文稿中的幻灯片逐一动态展示出现。所以,PowerPoint 有处理简单动画的功能。Excel 称为电子表格系统,是一种简单的数据管理软件,适用于对小规模的数据进行存储、维护、查询和统计。Excel 使用二维表格组织和管理数据,表格中的方格存储信息,可容纳数值、字符和图形图像等。在表格中可定义计算公式,对表格中的数值和字符信息进行简单处理。另外,可利用 Excel 提供的操作,对表格中数据进行分组、排序、统计和查询。Access 是一个简单的数据库系统,实现数据的存储、维护和查询。

3. 管理信息系统

管理信息系统(Management Information System,MIS)广泛应用于政府部门、商业企业、教育、医疗卫生等各种组织,实现组织信息的收集、传输、存储、加工、维护和使用。这类应用软件系统主要用于对组织的业务过程进行监视、控制和管理。MIS 系统中存储了大量信息,这些信息来源于组织和组织的业务,是组织管理决策的基础。MIS 的功能支撑组织的业务过程,通过业务过程把分布在不同地点的组织各个部门逻辑地联系起来。MIS 的数据库方便组织内部的信息共享,业务过程在系统中的迁移使组织内的通信更加快捷。所以,MIS 能够帮助组织提高工作效率和决策的正确性。

由于管理信息系统涉及组织的业务过程和决策过程,使用它们要求对组织结构和业务进行精化,甚至重组。所以,MIS 的使用能够使业务组织的业务过程趋向合理化,使管理决策效率更高。

4. 计算机辅助系统

计算机辅助系统包括计算机辅助设计(Computer Aided Design,CAD)、计算机辅助制造(Computer Aided Manufacturing,CAM)、计算机辅助测试(Computer Aided Test,CAT)和计算机辅助教育(Computer-Based Education,CBE)等。计算机辅助系统帮助人类完成一类特定的任务,承担任务中能够自动化的信息处理工作。

CAD 系统广泛应用于各种设计部门,利用计算机和图形设备辅助人类进行产品和工程等设计。例如,计算机芯片设计、汽车设计、服装设计、住宅和厂房设计、高速公路设计等。CAD可以帮助设计人员完成设计中的计算和信息存储等工作。设计包含大量的绘图和计算工作,工作量大,周期长,重复性高,效率低下。CAD使设计人员摆脱了画图板,实现制图的自动化,能够把自己的设计思想以美观、立体的形式展现出来,便于修改,便于重复利用,极大地提高了设计的工作效率。

CAM是用于制造和生产过程的系统,利用计算机系统对生产设备进行管理、控制和操作。它具有信息处理和过程自动化两方面的功能,根据产品零件的工艺路线和工序内容,计算刀具加工时的运动轨迹,并生成数控程序。数控程序导入数控机床后,自动控制零件的加工处理。

CBE系统是利用计算机技术帮助人类从事教育活动的系统,包括计算机辅助教学(Computer Aided Instruction,CAI)系统、计算机管理教学(Computer Managed Instruction,CMI)系统等。CAI的主要特点是交互式教学和个别指导,能够针对教学对象的特点,实施不同的教学程序,学习者能够控制学习进度。CAI能够利用多媒体技术手段,向学习者提供形式丰富、动态的教学内容。CMI指应用计算机技术实施教学管理活动,这类系统能够帮助教学管理人员进行学籍管理、教学计划制定、编排课表、自动评卷等活动。

5. 人工智能系统

人工智能系统是指利用人工智能技术开发的系统,这些系统具有智能化的特点。人工智能系统有很多类型,如专家系统、数据挖掘系统、博弈程序、机器翻译系统、声音和图像识别系统等。

专家系统是利用专门知识,求解复杂问题,并得到专家级水平解的计算机程序。它辅助人类从事推理、数据分析、故障诊断、预测、设计和规划等工作。例如,DENDRAL专家系统通过分析质谱图,确定未知有机化合物的分子结构,它在化学实验室有实际应用。汽车故障诊断系统能够根据汽车故障现象,分析故障原因,确定故障部位,并给出维修方案。现在很多汽车上安装了故障报警系统,当汽车出现问题时,故障报警系统能够迅速检测出故障,并及时发出警告。疾病诊疗专家系统能根据人体的症状、生化指标等,诊断患者的疾病,并开出处方。医疗专家系统由于法律等方面的原因,还没有完全在临床应用。但家庭健康护理系统不久的将来会在市场出现。

机器翻译程序是一种自然语言处理系统,它利用语法知识和语义知识,将一种自然语言文本翻译成另一种自然语言文本,如汉语和英语之间的翻译,汉语和日语之间的翻译。在Internet网上能够很方便搜寻到英汉翻译程序。由于计算机自然语言理解技术还不是很成熟,翻译质量不尽如人意。但是,随着人工智能技术的发展,机器翻译程序终将会达到实用水平。

声音识别程序是一类将人类言语声音信号转换为计算机表示(如文字)的系统。比较好的声音识别程序能够在比较嘈杂的环境听懂特定人的言语。图像识别程序是指利用图像识别处理技术辨识图像中包含的物体的系统。常用的图像识别系统有印刷体和手写体文字识别、人体指纹和虹膜识别、汽车车牌识别等。这些对象的识别准确率都达到了令人满意的水平。当前计算机与人类交互主要通过键盘和鼠标,这是由于当前计算机识别技术还有很大的局限性。一旦计算机识别技术发展成熟,计算机就能用声音和视频与人类交互,从而摆脱键盘和鼠标的束缚。

几乎所有人类常下的棋类,都有对应的博弈程序。这些程序的棋艺或者达到了人类水平,或者超过了人类水平,或者正在追赶人类。西洋跳棋程序在 1994 年结束了人类世界冠军 Marion Tinsley 长达 40 年的统治地位。西方有一种棋类称为 Othello,因为计算机程序的水平太高,人类拒绝与计算机比赛。国际象棋程序"深蓝(Deep Blue)",在 1997 年,以二胜三平一负的成绩击败人类世界冠军卡斯帕罗夫(Garry Kasparov)。随着机器学习的兴起,围棋程序水平越来越高,谷歌(Google)旗下 DeepMind 公司戴密斯·哈萨比斯领衔的团队开发的阿尔法围棋(AlphaGo)是第一个击败人类职业围棋选手、第一个战胜围棋世界冠军的人工智能程序,在 2016 年、2017 年,分别击败了李世石、柯杰等人类围棋顶尖高手。

6. 多媒体技术应用系统

多媒体技术是指利用计算机、通信等技术将文本、图形、图像、声音、动画、视频等多种形式的信息综合起来,使之建立逻辑关系,并进行加工处理的技术。多媒体系统一般由计算机、多媒体设备和多媒体应用软件组成。多媒体技术被广泛应用于通信、教育、医疗、设计、出版、影视娱乐、商业广告和旅游等领域。

在教育培训领域,将多媒体技术用于教学和培训过程已经是各级教育工作者的普遍做法。例如,用多媒体软件制作课件,这种课件可以包含丰富的多媒体元素,如表格、图形图像、动画、音频和视频。并通过计算机将教学内容和实验过程动态展示出来,使学生更容易理解和掌握,从而提高教学效果。在专业培训领域,用多媒体技术仿真实际环境,提供虚拟训练平台。受训者在这种虚拟环境中操作,有身临其境的感觉,能够更快掌握操作要领。由于这种训练方式减少了在复杂的、甚至危险的实际环境中受训的时间,从而减少训练成本,降低风险。

在医学领域,多媒体技术也有十分广泛的应用。在现代医疗过程中会产生大量的医学图像,这些图像广泛用于疾病诊断和医学教学。以手工方式保存和处理这些图像有很大的困难。而用计算机自动实现医学图像的存储、检索和处理,能够延长图像的保留期,提高图像的利用率。仿真手术系统能够模拟真实手术环境和手术过程,这对培训医生、术前制定手术方案都有很多帮助。

将多媒体技术应用于影视行业有很多途径。首先,编剧和导演可以用多媒体软件模拟想象中的场景,以便他们能够更好地做出创作选择。其次,用多媒体软件制作和合成影视作品中的场景,能够减少拍摄费用和周期。现在有些电影和电视剧中的很多场景是通过计算机合成,而不需要实景拍摄。

7. 嵌入式系统

一般来说,计算机由主机连同一些外设作为独立的系统而存在,用于处理一些常见的业务。可以作为科学计算的工具,也可以作为企业管理的工具。例如,一台 PC 就是一个计算机系统,整个系统存在的目的就是为人们提供一台可编程、会计算、能处理数据的平台。通常把这样的计算机系统称为"通用"计算机系统。但是,有些计算机系统却不是什么事情都能做的"通用"系统。例如,医用的 CT 扫描仪也是一个系统,里面有计算机,但是这种计算机(或处理器)是作为某个专用系统中的一个部件而存在的,其本身的存在并非目的而只是手段。像这样"嵌入"到更大的、专用的系统中的计算机系统,就称为"嵌入式计算机""嵌入式计算机系统"或"嵌入式系统"。"嵌入"指的是为目标系统构筑起合适的计算机系统,再把它有机地植入甚至融入目标系统。嵌入式系统是以应用为中心,以计算机技术为基础,软硬件能灵活变化以适应所嵌入的应用系统,对功能、可靠性、成本、体积、功耗等有严格要求的专用计算机系统。所以,常规的计算机系统是面向计算(包括数值和非数值)和处理的,而嵌入式计算机则一般是面向控制的,并且有特定的应用背景。

虽然嵌入式计算机在整个大系统中只是一个部件,但是通常起着相当于"大脑"的作用,是整个系统的核心。而系统中的其他部件则是其特殊的外部设备,所嵌入的计算机对这些外部设备进行控制和管理。

嵌入式系统早期主要应用于军事及航空航天等领域,以后逐步广泛应用于工业控制、仪器仪表、汽车电子、通信和家用消费电子类等领域。随着 Internet 的发展,新型的嵌入式系统正朝着信息家电 IA(Information Appliance)和 3C(Computer、Communication & Consumer)产品方向发展。

嵌入式系统是用现代计算机技术改造传统产业、提升技术水平的有力工具。嵌入式控制器因其体积小、可靠性高、功能强、灵活方便等许多优点,其应用已深入到工业、农业、教育、国防、科研以及日常生活等各个领域,对各行各业的技术改造、产品更新换代、加速自动化进程、提高生产率等方面起到了极其重要的推动作用。嵌入式计算机在应用数量上远远超过了各种通用计算机,一台通用计算机的外部设备中就包含了 5~10 个嵌入式微处理器。

工业控制设备是机电产品中最大的一类,也是嵌入式系统进入到工业的主要方面。其实在人们使用嵌入式系统之前,它就已经存在于工业控制领域,如用于工业过程控制、数控机床、电力系统、电网安全、电网设备监测、石油化工系统等方面。这是一种模块级的嵌入式系统。

信息家电将成为嵌入式系统最大的应用领域。这是在嵌入式系统的理念得到广泛传播之后,新一代嵌入式系统的主要应用领域。未来家电的发展趋势是具有用户界面,能远程控制、智能管理,或者说是家电的网络化、智能化。这是新的嵌入式系统的应用领域。此外,网络的发展与嵌入式系统的发展有很强的相互促进、相互依赖的关系。

近年来,随着计算机技术及集成电路技术的发展,嵌入式技术日渐普及,在通信、网络、工控、医疗、电子等领域发挥着越来越重要的作用。嵌入式系统无疑成为当前最热门、最有发展前途的 IT 应用领域之一。

1.4 信息化社会与人

新技术的广泛应用改变了人类的生活方式和生活形态,同时也改变了人类的伦理道德观念。计算机技术和计算机网络技术的广泛应用,使人类社会在20世纪末迅速进入信息化时代,导致了人类社会生活发生了一系列变化。这些变化促进了精神文明和物质文明的繁荣昌盛,同时对价值观、伦理道德观和法律等提出了挑战。

在信息化社会中,信息成为基本资源,信息技术成为推动社会发展的基本动力。信息化社会具有如下显著特征。

(1) 信息和知识成为社会进步的决定因素。信息技术和信息产业,以及因此形成的信息经济在国民经济中占据重要地位。信息技术本身形成了庞大的经济产业,信息业的产值在整个国民生产总值中占相当大的比重。同时信息技术也是其他技术变革的重要推动因素之一,现代工业技术与信息技术的结合,能够产生新的活力,发挥巨大潜能,极大提高社会劳动的生产率。

(2) 信息及其相关产业的从业者在信息化社会中发挥越来越重要的作用。信息业提供了越来越多的就业机会,信息从业者在整个社会劳动人口中的比重逐步提高,个体信息劳动者创造的平均价值超越其他行业。

(3) 人们工作、学习和生活方式发生巨大变化。信息技术使很多人摆脱了脑力劳动中重复、烦琐和枯燥的部分,激发创造潜力,提高工作效率。借助信息设施,人们能够方便快捷访问和获取教育资源,从而提高学习效率。信息技术改进了很多原有的生活方式,并创造了新的生活方式。

在信息化社会,局限于传统工作和生活技能而不具备信息素养的人将面临许多新的困境。例如,不会操作柜员机的人不能在工作时间之外实现存取钱的交易,不会汉字输入的人不能顺利地进行网络聊天。具有较高信息素养的人将在信息化社会中获得更多的成功机会。

信息素养已经成为现代人的基本素养的重要组成部分,信息相关的能力逐步成为个人发展的重要因素。现代教育体系对学生信息素养的培养日益重视,美国、澳大利亚和英国等国家的相关组织都提出衡量学生信息素养能力(Information Literacy Skill)的标准。例如,美国学校图书馆学会(American Association of School Librarians)和美国教育传播与技术协会(Association for Educational Communications and Technology)于1998年发表了"学生学习的信息素养标准"一文,其中提出了9个评价学生信息素养能力的标准。

标准1:快速、高效访问信息。

标准2:批判性并恰当评估信息。

标准3:精确、创造性使用信息。

标准4:追踪感兴趣的信息。

标准5:鉴赏和理解信息的文献及其他创造性的表达方式。

标准6：在信息探寻和知识生成方面追求卓越。
标准7：认识信息对民主社会的重要性。
标准8：实践相关于信息和信息技术的道德行为。
标准9：有效地参与信息追寻和生成活动。

在这9个标准中，前3个是关于信息处理技能的标准，中间3个是作为独立性学习者的标准，最后3个涉及社会责任，强调对信息社区做出积极贡献。

在信息素养的教育中，首要的是培养信息意识。信息意识指人们获取、评估、整理和使用信息的意识，即人脑在生理上对信息和信息转换产生特有的兴奋状态。它的内涵包括以下几方面：认识信息的重要作用，建立尊重知识和终身学习的观念；对信息有积极的需求，并善于分析和描述实际问题的信息需求；对信息有敏锐的洞察力，能准确评估信息的价值。信息意识的培养应贯穿于学习和生活中。例如，假设一个人做物理实验，得到大批的实验数据，需要对这些数据进行处理。如果他的信息意识强的话，就善于将其转化为信息处理需求，并积极运用信息处理系统（诸如数据库系统或电子表格系统），完成这些数据的处理工作。

计算思维是2006年左右在计算领域提出的一个概念。它指用计算学科的基础概念、原理和技术，考虑问题和解决问题的思想方法。其实，每门学科都包含了特定方法学，它们对描述和解决专业问题具有高效性。这些方法实现了学科的基础概念和原理，同时也蕴含了特定的思维规律。教学的一个主要目的是思想方法培养。因此，计算思维的培养是计算学科教育的一个重要目标。同时，计算思维也是信息素养的重要组成部分。

信息安全是信息化时代面临的日益严峻的挑战。信息安全包括数据安全和信息系统安全两个方面，数据安全指数据的机密性、完整性和可用性，信息系统的安全指信息基础设施安全、信息资源安全和信息管理安全。在计算机系统和计算机网络环境中，存在诸多危害信息安全的隐患，导致信息安全非常脆弱。信息安全防护措施包括技术上的、管理上和法律上的。技术措施常见的有加解密技术、防火墙技术、计算机病毒防治技术、安全认证技术、安全操作系统和安全网络协议等。管理上的安全措施主要指规定对信息和信息系统的访问权限、操作权限和操作规程等，并在实际工作中严格执行，以预防无意的或故意的对信息安全的危害。法律上的安全措施主要指国家制定的涉及信息安全的法律法规，以警示和惩处危害信息安全的犯罪。不管是技术安全措施还是管理安全措施，都不是十分完善的，总存在安全漏洞。保证信息安全的首要任务是提高人的信息安全意识，使人们能够自觉地遵守和维护信息安全方面的法律法规，运用信息安全的技术和管理手段。

计算机犯罪是信息化时代的一种新型犯罪，它指利用计算机技术实施犯罪的行为。计算机犯罪常见的形式有利用计算机技术制作、传播淫秽信息，窃取机密信息、知识产权信息和隐私信息，盗窃钱财，利用黑客软件和计算机病毒程序攻击计算机系统等。由于计算机犯罪是一种新的犯罪形式，其手段和性质具有不同的特征，现存的法律法规不完全适用，不能有效防止和惩处计算机犯罪。计算机应用比较普及的国家（包括中国）已经开始研究信息相关的法律问题，逐步完善法律体系，以满足新的法律需要。

1.5　计算思维概论

现代社会，计算机已经深深地渗透到人们社会生活的方方面面中。计算机对人们生活的帮助是显而易见的，人们利用计算机进行社交活动、获取旅游信息并安排旅行计划、管理财务，等等，几乎无法在没有计算机的情况下完成大部分工作。

在看不见的背后，计算机更是深深地融入并控制着人类社会。世界各地银行和证券交易所的计算机每天要处理的资金高达上千亿美元；在网站上看到的各类新闻和信息，是由文字处理、图像编辑、数据库等软件创建，并由庞大的数据中心提供给用户的；计算机掌控着全球通信网络，计算机控制的自动化工厂生产着各种产品。显然，计算机已经深深地融入了人类社会，人类的生产与生活高度地依赖于计算机。

另一方面，计算机也给人们带来许多风险。由于人们越来越多地依赖于计算机网络，网络犯罪日益增加，人们的隐私不断被暴露；越来越多的情况下，是算法，而不是人，在决定着人们所能读到的新闻。随着计算机越来越多地控制人们的生活，"计算机可以说不"将会给人们带来越来越多的危险。因此，社会有义务为每个人做好在这样的社会形态下生活的准备。

必须认识到，计算机只是一个工具，它必须为人类服务，必须能激励人类、在人类生活中成为有益的力量。为了确保这点，人们必须要了解计算机的工作原理和它们具备的能力。为此，计算思维（Computational Thinking，CT）提取了计算机科学中的核心原则，以使计算机遵从人们的意愿。这些核心原则包括如何从问题中抽取必要的细节、如何以计算机能理解的方式描述问题、如何自动化问题求解过程。计算思维对每个人都很重要，其终极目标是使每个人不但能解决问题，而且能借助计算机的能力，又快又好地解决问题。如果不清楚计算机的工作原理和能力，就不能很好地发挥其威力。

在人类几千年的历史中，一直在进行着认识和理解自然界的活动。几千年前，人类主要以观察或实验为依据，通过经验的方式描述自然现象。随着科学的发展和进步，到几百年前，人类开始对观测到的自然现象加以假设，然后构造模型进行理解，在经过大量实例验证模型的一般性后，对新的自然现象就可用模型进行解释和预测了。近几十年来，随着计算机的出现，以及计算机科学的发展，派生出了基于计算的研究方法，通过数据采集、软件处理、结果分析与统计，用计算机辅助分析复杂现象。可以看到，人类历史上对自然的认识和理解经历了经验的、理论的和计算的3个阶段，目前正处在计算的阶段。

"人要成功融入社会所必备的思维能力，是由其解决问题时所能获得工具或过程决定的"，在工业社会，关心的是了解事物的物理特性，然后思考如何用原料生成新事物。人们解决问题时可以用到的工具或过程有生产线、自动化、草图、工艺美术等。进入信息社会后，为了问题求解，人们关心的是如何利用技术定位和使用信息，常用到的工具有E-mail、网络、芯片、文件等。

为了超越信息社会，人类已不满足于仅仅是定位和使用信息，更加关注的是利用数据和构想解决问题，进而创造工具和信息。要达到这样的目的，需要抽象、数据处理等技能，以及大量计算机科学概念的支持。计算思维不但对将来从事计算机相关工作的人至关重要,对从事其他职业的人来说也是必备技能。因为计算机已应用于各行业,要更好地发挥计算机在各行业中的作用,必须学习计算思维。在21世纪,与读、写、算术一样,计算思维将是每个人必备的基本技能。

2006年3月,美国卡内基梅隆大学的周以真(Jeannette M. Wing)教授在美国ACM通信(Communications of ACM)杂志上发表了一篇题为"计算思维"(Computational Thinking)的论文,明确提出了计算思维的概念。周以真教授认为,计算思维是指运用计算机科学的基础概念去求解问题、设计系统和理解人类行为,它包括了一系列广泛的计算机科学的思维方法,其本质是为问题进行建模并模拟。

计算思维的6个特征如下。

(1) 计算思维是概念化,不是程序化。计算机科学不等于计算机编程,所谓像计算机科学家那样去思维,其含义也远远超出计算机编程,还要求能够在多个抽象层次上进行思维。

(2) 计算思维是根本的,不是刻板的技能。计算思维作为一种根本技能,是现代社会中每个人都必须掌握的。刻板的技能只意味着机械的重复,但计算思维不是这类机械重复的技能,而是一种创新的能力。

(3) 计算思维是人的思维方式,而不是计算机的思维方式。计算思维是人类求解问题的重要方法,而不是要让人像计算机那样思考。计算机是一种枯燥、沉闷的机械装置,而人类具有智慧和想象力,是人类赋予计算机激情。有了计算设备的支持,人类就能用自己的智慧去解决那些在计算时代之前不敢尝试的问题,可以充分利用这种力量去解决各种需要大量计算的问题,实现"只有想不到,没有做不到"的境界。

(4) 计算思维是数学和工程思维的互补与融合。计算机科学在本质上源自数学思维,因为像所有的科学一样,其形式化基础建筑于数学之上。计算机科学又从本质上源自工程思维,因为建造的是能够与实际世界互动的系统。计算思维比数学思维更加具体、更加受限。由于受到底层计算设备和运用环境的限制,计算机科学家必须从计算角度思考,而不能只从数学角度思考。另一方面,计算思维比工程思维有更大的想象空间,可以运用计算技术构建出超越物理世界的各种系统。

(5) 计算思维是思想,不是人造物。计算思维不仅体现在人们日常生活中随处可见的软件、硬件等人造物上,更重要的是,该概念还可以用于求解问题、管理日常生活、与他人交流和互动等。

(6) 计算思维面向所有的人,所有地方。当计算思维真正融入人类活动,成为人人都掌握、处处都会被使用的问题求解的工具,甚至不再表现为一种显式哲学的时候,计算思维就将成为一种现实。

计算思维的本质是"两个A"——抽象(Abstraction)和自动化(Automation)。前者对应着建模,后者对应着模拟。抽象就是忽略一个主题中与当前问题(或目标)无关的那些方面,以便更充分地注意与当前问题(或目标)有关的方面。在计算机科学中,抽象是一种被广泛使用的思维方法。计算思维中的抽象完全超越物理的时空观,并完全用符号来表示,其中,数字抽象只是一类特例。最终目的是能够机械地一步一步自动执行抽象出来的模型,以求解问题、设计系统和理解人类行为。计算思维的"两个 A"反映了计算的根本问题,即什么能被有效地自动执行。对"两个 A"的解读可用一句话总结:计算是抽象的自动执行,自动化需要某种计算装置去解释抽象。从操作层面上讲,计算就是如何寻找一台计算装置去求解问题,即确定合适的抽象,选择合适的计算装置去解释执行该抽象,后者就是自动化。

　　计算思维是人类思维与计算机能力的综合。随着计算机科学与技术的发展,在应用上,计算机不断渗入社会各行各业,深刻改变着人们的工作和生活方式;在科学研究上,计算在各门学科中的影响也已初显端倪。计算的概念广泛存在于科学研究和社会日常活动中,计算已经无处不在,计算思维正在发挥越来越重要的作用。

1.6　小　　结

　　本章首先介绍了计算及算法的概念,深入理解这些概念对于本书所有章节的学习大有裨益。接着描述了计算机技术的大致发展轨迹,以典型的计算机应用系统为线索,介绍了计算机的代表性应用类型,以便读者对计算机的应用有一个较深入的了解。信息化社会特有的特征,对人的信息素养和思维能力提出了新的要求。希望学完本章后,对计算有一定的认识,更好地学习后续章节。

1.7　习　　题

　　1. 说说你对计算的认识。

　　2. 1821 年,查尔斯·巴贝奇开始编写航海天文年历,雇用了一组人完成枯燥的填表计算,在一次例行检查中,巴贝奇发现了大量的错误,因此抱怨"I wish to God these calculations had been executed by steam!",请问,你怎么理解这个抱怨,即为什么巴贝奇能这样说?

　　3. 根据你掌握的知识,列举出 2～3 个有计算的解的问题,并给出其计算的解。

　　4. 冯·诺依曼提出的存储程序式体系结构有什么特点?

　　5. 请比较图灵机的工作过程与人做计算过程,说说二者的联系和区别。

　　6. 从你的生活经历中列举若干计算机应用的实例,并分析它们是如何改变你的生活的。

　　7. 你认为一个学生具有什么样的信息素养,才能在未来的职业生涯中具有较强的竞争力?这些竞争力体现在哪些方面?

　　8. 举例说明计算技术可能的负面作用,以及它们有哪些影响。

　　9. 图 1-10 为某图灵机的状态变迁图,纸带上允许出现的符号集合为{0,1,A,X,♯}。状态变迁图上每个状态标识图灵机的读写头的运动方式:向右(R)、向左(L)、停机(H)。状态变迁上的标记表示将当前格子上冒号前的符号擦除,并写入冒号后的符号。例如,考察从左下角 R 到右下角 L 的一次变迁：当在 R 状态时，先将读写头向右移动一格，如果格子中为符号 A，则将 A 擦除，写入 X，状态变为右下角 L 状态，即在每一个状态时，先根据移动读写头，再进行擦除/写入操作。已知该图灵机开始运行时所处的状态为左下角的 R 状态。

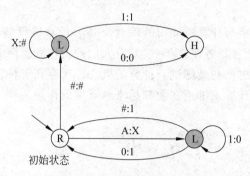

图 1-10 图灵机的状态变迁图

（a）假设纸带当前内容如下所示，读写头目前所对的格子为灰色。请画出从此处开始，直到该图灵机停机，纸带的变化过程。并将每一步读写头所对的格子变灰。

…	#	#	#	#	A	A	A	A	#	…

以下是前 3 步的示例：

…	#	#	#	#	A	A	A	A	#	…
…	#	#	#	#	X	A	A	A	#	…
…	#	#	#	1	X	A	A	A	#	…

（b）请分析并说明该图灵机的功能。

第 2 章 Python 简介

【学习内容】

本章作为本书的预备知识,主要知识点如下。
(1) Python 语言基本元素。
(2) Python 语言控制语句。
(3) Python 常用数据结构。
(4) Python 模块化程序设计。
(5) Python 面向对象程序设计。

【学习目标】

通过本章的学习,读者应该掌握以下内容。
(1) 了解 Python 的主要特点和编程环境。
(2) 掌握 Python 程序的常用语法与基本结构。
(3) 掌握 Python 的常用数据结构。
(4) 掌握常用的 Python 编程与调试方法。
(5) 掌握 Python 语言描述常用运算的方法。
(6) 掌握结构化程序设计方法。

要将计算的解转换成计算机能理解并自动执行的形式,需要借助程序设计语言,本书选取 Python 3.0 作为全书体验计算的语言。本章首先简单介绍 Python 的特点及发展历程,然后分别介绍 Python 基本元素、分支语句、输入输出、循环语句、内置的数据结构、模块化程序设计及面向对象程序设计。最后,以打印月历示例完整展示 Python 程序的设计开发过程。

2.1 引　　言

Python 是一个高层次的,结合了解释性、编译性、互动性和面向对象的脚本语言,即通过解释器直接运行 Python 程序。Python 程序具有很强的可读性,具有比其他语言更有特色的语法结构。它是一门既简单又功能强大的编程语言,非常适合程序设计初学者学习。

本书选用 Python 作为体验计算的载体有以下几方面的考虑。首先，由于 Python 语法简洁，易于理解，作为脚本语言无须编译直接运行，因此，学习 Python 语言对于程序设计入门和上手都相对简单。在国内外很多大学多门课程中的实践都表明，Python 非常适合作为没有程序设计体验的初学者的入门语言。其次，Python 提供了好用的内置标准库和丰富的第三方库/模块，数量众多，涉及领域众多，使得初学者能用很短的程序，实现非常丰富的功能，更利于全方位体验计算。本书选用 Python 3.0 进行介绍和实践。

Python 是一门活跃的语言，于 1990 年由 Guido von Rossum 发明以来，一直在改进。2000 年推出 Python 2.0 版本后，进入一个发展高峰期，越来越多的人开始使用该语言开发软件系统，同时越来越多的人为 Python 的发展贡献力量。2008 年推出了 Python 3.0，这个版本对 Python 2.0 做了很大的改进，但是 Python 3.0 不兼容 Python 2.0，所以用 Python 2.0 编写的程序无法在 Python 3.0 解释器上运行。Python 社区的人做了大量的工作，将很多基于 Python 2.0 编写的库移植到了 Python 3.0 上。

虽然选用 Python 作为体验计算的语言，但是本书不是一本关于 Python 程序设计的书。读者应该关心的是如何用计算的方法解决各类问题，并借助某一种语言（如 Python）将解转换成计算机能理解的形式，在本书中学到的问题求解策略，可以用其他程序设计语言进行表达。

2.2　Python 基本元素

一个 Python 程序，也被称为一个脚本（Script），是变量定义和命令的序列。程序的执行是由 Python 解释器完成的，Python 解释器也称为 Shell。每运行一个程序通常会创建一个 Shell。在学习本节内容时，建议打开一个 IDLE，在其中输入本节的程序进行一些尝试。IDLE 是 Integrated DeveLopment Environment 的缩写，它是 Python 自带的集成开发环境，安装好 Python 之后，IDLE 就自动安装好了。

Python 中的命令，也称为语句，用于指示解释器做某些事情。下面列出了在 IDLE 命令提示符下输入语句后，得到的相应结果。其中，>>>是 Python 解释器的命令提示符，表示此时可输入 Python 命令。

```
>>>print('Hello!')
Hello!
>>>print('World!')
World!
>>>print('Hello', 'World!')
Hello World!
```

print 函数可以接收可变数量的参数，第三条语句就将两个值传递给了 print 函数，解释器将按参数出现的顺序将参数打印出来，并以空格相隔。

2.2.1 对象、表达式和数值类型

对象是 Python 程序操作的核心,每个对象都有一个类型,它规定了程序可以对该类型对象进行哪些操作。类型分为标量的和非标量的。标量对象是不可分割的单个对象。非标量对象——例如字符串(string)——通常不是单个的整体,而是具有可分解的内部结构。

Python 有 4 种类型的标量对象。

(1) int 对象用来表示整数。int 类型的对象可通过字面直接看出,如 3、9001 或 −72 等。

(2) float 对象用于表示实数。float 类型的对象也可通过字面很容易地看出来,如 23.0、9.48 或 −72.28。也可用科学计数法表示 float 类型的对象,例如,3.9E3 代表 3.9×10^3,等同于 3900。

(3) bool 用来表示布尔值,即"真"或"假",在 Python 中分别用常量 True 和 False 表示。

(4) None 对象表示空值。

对象和运算符可以构成表达式,表达式运算后会得到一个值,称为表达式的值,这个值就是具有某种类型的一个对象。例如,表达式 7+2 表示 int 类型的对象 9,而表达式 7.0+2.0 表示 float 类型的对象 9.0。Python 中==运算符用于比较两个表达式的值是否相等,而!=运算符用于比较两个表达式的值是否不相等。

要想知道某个对象的类型,可用 Python 的内置函数 type 来查询对象的类型,例如:

```
>>>type(3)
<type 'int'>
>>>type(3.0)
<type 'float'>
```

int 和 float 类型的运算符及其说明如下所示。

(1) i+j:表示对象 i 和 j 的和。如果 i 和 j 都是 int 类型,运算结果为 int 类型;如果至少有一个为 float 类型,结果为 float 类型。

(2) i−j:表示对象 i 与 j 的差。如果 i 和 j 都是 int 类型,运算结果为 int 类型;如果至少有一个为 float 类型,结果为 float 类型。

(3) i*j:表示对象 i 与 j 的乘积。如果 i 和 j 都是 int 类型,运算结果为 int 类型;如果至少有一个为 float 类型,结果为 float 类型。

(4) i//j:表示整数除法。例如,8//2 的值为 int 类型 4,9//4 的值为 int 类型 2,即整数除法只取整数商,去掉小数部分。

(5) i/j:表示对象 i 除以对象 j,无论 i 和 j 的类型是 int 还是 float,结果都为 float,如 10/4 结果为 2.5。

(6) i%j:表示 int 对象 i 除以 int 对象 j 的余数,即数学的"模"运算。

(7) i**j：表示对象i的j次方。如果i和j都是int类型，运算结果为int类型；如果至少有一个为float类型，结果为float类型。

(8) 比较运算符＞(大于)、＞＝(大于等于)、＜(小于)和＜＝(小于等于)的含义与其在数学上的含义相同。

算术运算符通常有优先级。例如，表达式x＋y*2的计算过程是先算y乘以2，然后将结果与x相加。计算的顺序可以使用括号来改变，例如，(x＋y)*2表示先计算x加y，然后将结果乘以2。

构造表达式要遵循Python的语法要求，考察下面的代码：

```
>>> 3 3
```

IDLE Shell会报错，错误信息是"Syntax Error：invalid syntax"。因为Python表达式构造规则不允许两个操作数中间不出现运算符，上面的代码两个3中间是空格字符，不符合语法规定。这样的错称为语法错。这和英语的造句规则是类似的，例如 I you give a book to 是错误的英语句子，不满足语法规则。

bool类型上的运算有3种。

(1) a and b：与(and)运算，如果bool类型对象a和b都为True，结果为True，否则结果为False。

(2) a or b：或(or)运算，如果bool类型对象a和b至少有一个为True，结果为True，否则结果为False。

(3) not a：非(not)运算，如果bool类型对象a为True，结果为False；如果bool类型对象a为False，结果为True。

2.2.2 变量和赋值

2.2.1节中的3、3.0等数值又称为常量，因为其值在程序运行过程中不能再被改变。与此对应，Python的变量的值在程序运行过程中是可被修改的。可将变量看作是为某个对象起的名字，它提供了名字与对象关联的方式。考虑下面的代码：

```
pi=3.1415926
r=1.2
length=2*pi*r
r=24.3
```

这段代码首先用名字pi和r分别与不同的float类型对象3.1415926和1.2关联。然后，用名字length与第三个float类型对象2*pi*r关联，如图2-1(a)所示。如果该程序继续执行语句r=24.3，则名字r将与另一个float类型对象24.3关联，如图2-1(b)所示。

请记住，在Python中，变量是且仅是一个名字而已。赋值语句用赋值运算符(＝)将右边符号(常量、变量、表达式、函数调用等)所代表的对象与左边的名字进行关联。这种

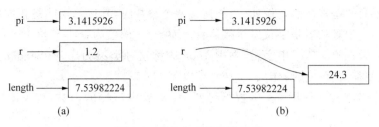

图 2-1　变量与对象关联示意

关联不是一对一的,所以,一个对象可以有一个、多个,甚至没有名字与它关联。

Python 语法规定变量名(又称为标识符)可以包含大写字母、小写字母、数字以及特殊字符_(下画线),但不能以数字开头。Python 中标识符是区分大小写的,例如,R 和 r 是不同的标识符。Python 保留了一些标识符作为保留关键字,这些关键字具有特定含义,不能被用作变量名,包括 and、as、assert、break、class、continue、def、del、elif、else、except、exec、finally、for、from、global、if、import、in、is、lambda、not、or、pass、print、raise、return、try、with、while、yield 等。

Python 程序中,符号 # 后同一行的文本称为注释,注释是为了增加代码可读性添加的对代码的解释,并不会被 Python 解释器执行。

Python 允许多重赋值,语句"x, y=2, 3"表示将 x 与 2 关联, y 与 3 关联。多重赋值带来很多方便,例如可用一条语句实现两个变量值的交换,运行下面的代码,可以看到变量 x 和 y 的值进行了交换:

```
x, y=2, 3
x, y=y, x
print('x =', x)
print('y =', y)
```

2.2.3　str 类型与输入

str 类型的对象用来表示一串字符,称为字符串类型,str 类型对象在字面上可用单引号或双引号标识,如'abc'或"abc"。'123'表示的是由字符 1、2 和 3 组成的字符串,而不是整数 123。

试着在 Python 解释器输入下面的表达式看看会有什么结果(注意>>>是命令提示符,不需要输入):

```
>>>'c'
>>>3*25
>>>3*'c'
>>>3+5
>>>'c'+'c'
```

上面代码中,运算符+和*被重载了,运算符重载指的是根据所关联的操作数的不同,表现出不同的运算功能。例如,当+连接两个整数时,其运算功能是整数加;当连接两个字符串时,其运算功能是字符串拼接运算。而 3 * 'c'的值为'ccc',等价于'c'+'c'+'c'。

str 类型对象的值是一串字符,在 Python 中称这种类型为序列(Sequence)类型。所有的序列类型都共有一些操作。

(1) 字符串长度:使用 len 函数可得到 str 对象中字符的个数,如 len('abc')的结果为 3。

(2) 索引:利用索引可以取 str 对象字符序列特定位置上的字符,需要注意的是,str 对象字符序列的索引范围是 0~字符串长度-1。例如,'abc'[0]将显示'a'。索引值为正数时,表示从 0 开始数,即从左往右数;索引值为负数时,表示从"字符串长度-1"处开始数,即从右往左数,例如,'abc'[-1]将显示'c','abc'[-2]将显示'b'。

(3) 截取片段:用于从某字符串提取任意长度的子串。如果 s 是一个字符串,表达式 s[start:end]得到一个从索引 start 处开始到索引 end-1 处字符构成的字串。例如,'abc'[1:3]='bc'。如果表达式中的 start 不写,则表示从索引 0 开始;如果不写 end,表示 end 值为 len(s)。所以,'abc'[:]等价于'abc'[0:len('abc')]。

Python 3.0 中用 input 函数获得用户输入的数据,参数是一个作为提示语的字符串,执行 input 函数时,将首先在 Shell 中显示提示语,然后等待用户输入某些数据,并以回车键结束。input 函数将用户输入当作字符串对象读入并返回给某个变量。例如:

```
>>>name=input('Enter your name: ')
Enter your name: Zhang san
>>>print('Are you really', name, '?')
Are you really Zhang san ?
```

input 将用户输入当作一个字符串读入,当需要将输入作为其他类型对象使用时,一般有两种方法。一种是使用 Python 提供的类型转换,用所需转换到的类型名作为函数,作用于字符串上得到所需类型的对象。例如:

```
>>>n=input('Enter an int: ')
Enter an int: 3
>>>type(n)
<type 'str'>
>>>intn=int(n)
>>>type(intn)
<type 'int'>
```

另一种是利用 eval 函数,直接将 input 读入的输入转换成适当类型的对象。例如:

```
>>>n=eval(input('Enter an int: '))
Enter an int: 3
>>>type(n)
<type 'int'>
```

2.3 内置数据结构

除了标量数据类型，如 int、float 等，Python 还提供了几个用于组织序列数据的内置数据结构：List、Tuple 和 Dictionary。

2.3.1 列表

列表(List)是一个有序的对象的集合，集合中每个元素都有一个索引值，有序是由元素的索引值体现的，索引值小的元素在顺序上排在前面。语法上，列表是用方括号括起来的、由逗号分隔的一组元素，左端是列表的头，右端是列表尾。定义和命名列表的示例如下：

```
>>>first_list=[1,2,3,4,5]
>>>other_list=[1,"two",3,4,"last"]
>>>nested_list=[1,"two",first_list,4,"last"]
>>>empty_list=[]
>>>A=[0,1,2,3,4,5]
>>>B=[3*x for x in A]
>>>B
[0, 3, 6, 9, 12, 15]
```

这段代码第 1 条语句定义了一个名为 first_list、有 5 个元素的列表，所有的元素都是同一类型(int)。第 2 条语句定义了一个容纳不同类型元素的列表。第 3 条语句定义了一个包含其他列表(first_list)的列表。第 4 条语句定义了一个空列表，有时我们可能要定义一个空列表，以便在以后往里面添加元素。最后 3 条语句利用列表推导式(List Comprehension)从列表 A 创建了一个新的列表 B。

与字符串类型类似，可以通过每个元素的索引来访问列表中的某个元素，元素的索引从 0 开始，从左至右逐个递增，所以，最右边元素的索引为"列表元素个数-1"。如果索引值为正数，则从左边开始数元素的索引值；如果索引值为负数，则从右边开始数。例如：

```
>>>first_list=[1,2,3,4,5]
>>>first_list[0]
1
>>>first_list[-1]
5
>>>first_list[-4]
2
```

列表是可修改(Mutable)的数据类型，即在列表对象被创建后，可以修改列表的元素(增加、删除或修改)。下面的代码通过索引对列表元素进行了修改。

```
>>>first_list=[1,2,3,4,5]
```

```
>>>second_list=first_list
>>>first_list[0]=7
>>>first_list
[7,2,3,4,5]
>>>second_list
[7,2,3,4,5]
```

上面代码修改 first_list 后 second_list 也发生了变化,原因是在将 first_list 赋值给 second_list 时,并没有真正将[1,2,3,4,5]复制一份,并与变量 second_list 关联,而是直接将变量 second_list 与[1,2,3,4,5]关联,即变量 first_list 和 second_list 关联到了同一个列表对象上。所以,通过任何一个变量修改该列表对象时,另一个变量也会看到这种修改。要真正实现列表的复制(克隆),方法是 second_list=first_list[:]。

对列表进行修改的操作主要有添加、删除和修改。

添加包括 3 种操作——追加(Append)、插入(Insert)和扩展(Extend)。

(1) 追加:在列表末尾添加一个元素,例如:

```
>>>first_list.append(99)
>>>first_list
[1, 2, 3, 4, 5, 99]
```

(2) 插入:在指定的位置插入一个元素,例如:

```
>>>first_list.insert(2,50)
>>>first_list
[1, 2, 50, 3, 4, 5, 99]
```

(3) 扩展:在列表的末尾添加所给列表的所有元素,例如:

```
>>>first_list.extend([6,7,8])
>>>first_list
[1, 2, 50, 3, 4, 5, 99, 6, 7, 8]
```

从列表中删除某个元素的常用方法主要有两个。

(1) pop 方法:移除指定索引位置的元素,并返回它的值。如果没有参数,则指的是最后一个元素。例如:

```
>>>first_list
[1, 2, 50, 3, 4, 5, 99, 6, 7, 8]
>>>first_list.pop()
8
>>>first_list.pop(2)
50
>>>first_list
[1, 2, 3, 4, 5, 99, 6, 7]
```

(2) remove 函数:删除指定的元素。如果列表中有多个与被删除元素相同的元素,

则删除从左边数的第一个。如果被删除的元素在列表中不存在,则报错。该函数只删除元素,不会返回任何值。例如:

```
>>>first_list=[1,2,3,4,5,6,7,99]
>>>first_list.remove(99)
>>>first_list
[1, 2, 3, 4, 5, 6, 7]
```

其他常用的列表操作如表 2-1 所示。

表 2-1 常用列表操作

操 作	描 述
s.count(x)	统计列表 s 中 x 出现的次数
s.index(x)	返回 x 在列表 s 的索引
s.reverse()	把列表元素顺序颠倒
s.sort()	对列表元素进行排序

2.3.2 元组

元组(Tuple)是用于组织一组数据的内置数据结构。但是,元组是不可修改(Immutable)的数据类型,即一旦创建,则元组中的元素就不能被修改。从语法上看,与列表类似,只是将"[ ]"换成"( )"。例如:

```
>>>point=(23,56,11)
>>>lone_element_tuple=(5,)
```

第 1 条语句定义了有 3 个元素的元组 point。第 2 条语句定义了一个只有一个元素的元组。元组有一个较为特殊的地方,即当只有一个元素时,必须在这个元素后加",",而列表在相同情况下不需要加。

元组又称为"不可修改的列表",所以不允许对元组添加或删除元素。元组与列表各有其应用场景:当数据是可变的(个数和内容),则一般用列表;当数据的个数和内容不可变时,一般用元组,例如三维坐标系坐标的表示一般用元组(X, Y, Z)表示,而不用列表。此外,与 Python 的多重赋值相结合,元组可发挥更大的作用,例如:

```
>>>x, y=(3, 4)
>>>x
3
>>>y
4
>>>a, b, c='xyz'
>>>a
x
```

元组、列表和 str 类型都是序列类型的对象,所以有很多共性的属性和操作,假设 point 是元组类型的变量。

(1) 索引:通过元素的索引访问元素。元组的索引也是从 0 开始的,索引的用法与列表、字符串类型的用法相同,如 point[0]。

(2) 截取片段:选择元组的一部分,例如 point[0:2]。

(3) 成员资格测试:用 in 方法判断某个元素是否在元组中,例如:

```
>>>point=(23,56,11)
>>>11  in  point
True
```

(4) 级联:用+连接两个或两个以上的元组,例如:

```
>>>point=(23,56,11)
>>>point2=(2,6,7)
>>>point+point2
(23,56,11,2,6,7)
```

(5) 长度、最大、最小:可分别用 len、max、min 方法获得元组的元素个数、最大元素、最小元素,例如:

```
>>>point=(23,56,11)
>>>len(point)
3
>>>max(point)
56
>>>min(point)
11
```

2.3.3 字典

字典是一种特殊的数据类型,字典类型的对象可以存储任意被索引的无序的数据类型。Python 中字典的类型名是 dict,与列表类似,只是元素的索引不一定是整数了,所以,常常称字典中的索引为关键字(key)。语法上,字典用"{ }"组织一组数据,每个数据的组织格式是 key:value,即键值对。由于字典中数据是无序的,不能像列表等类型对象那样通过索引访问元素,所以只能通过关键字访问其对应的元素的值。例如下面的代码:

```
monthNumbers={'Jan':1, 'Feb':2, 'Mar':3, 'Apr':4, 'May':5,
               1:'Jan', 2:'Feb', 3:'Mar', 4:'Apr', 5:'May'}
print('The third month is '+monthNumbers[3])
dist=monthNumbers['Apr']-monthNumbers['Jan']
print('Apr and Jan are', dist, 'months apart')
```

将输出:

```
The third month is Mar
Apr and Jan are 3 months apart
```

字典类型对象上的其他主要操作(设 d 为字典类型对象)如下。

(1) len(d):返回 d 中的元素个数。

(2) d.keys():返回一个列表,包含了 d 的所有关键字。

(3) d.values():返回一个列表,包含了 d 的所有值。

(4) k in d:如果关键字 k 在 d 中,返回 True,否则返回 False。

(5) d[k]:返回 d 中与关键字 k 关联的值。

(6) d[k]=v:将 v 赋值给 d 中与关键字 k 关联的值。

(7) for k in d:对 d 中所有的关键字进行循环。

(8) del d[k]:删除 k 对应的键值对。

2.4 控 制 语 句

前面给出的 Python 程序示例都是顺序结构的,程序的执行按照语句出现的顺序从上至下一条接着一条执行,不同的顺序可能得到不同的结果。接下来介绍 Python 如何用分支语句来表示选择结构。

2.4.1 分支语句

最简单的分支语句是条件语句,如图 2-2 所示,它由 3 部分构成。

(1) 一个条件,即一个值可能为 True 或 False 的表达式。

(2) 如果条件为 True 时执行的代码块,即"if 代码块"。

(3) 如果条件为 False 时执行的代码块,即"else 代码块"。

代码块由一条或多条语句构成。条件语句执行完后,继续执行紧跟其后的代码,即"代码块 2"。Python 条件语句的语法如下所示,其中"条件表达式"表示任何值为 True 或 False,且可以跟在关键字 if 后的表达式,"if 代码块"和"else 代码块"分别表示任何可以跟随"if:"或"else:"后的 Python 的语句序列。

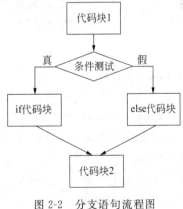

图 2-2 分支语句流程图

```
if 条件表达式:
    if 代码块
else:
    else 代码块
```

下面是条件语句的示例,根据变量 x 的值打印不同的输出,如果变量 x 的值为正数则打印 Positive,否则打印 Negative。

```
if x >=0:
    print('Positive')
else:
    print('Negative')
print('Done with conditional')
```

上面的代码还展示了 Python 语言一个很重要的元素——缩进——即在一行开始前的空格。如上面代码中前两个 print 语句之前添加了空格,相对于 if 和 else 语句向右移动了几个字符,这就是缩进,在 IDLE 编辑器中,当输入":"并回车时,会自动加上缩进。

在逻辑行开头的前导空白(空格和制表符)用于确定逻辑行的缩进级别,用来决定语句的分组,意味着同一层次的语句必须有相同的缩进,每一组这样的语句称为一个代码块。开始缩进表示块的开始,取消缩进表示块的结束。如果上面代码的最后一条语句与语句 print('Negative') 有相同的缩进,则该语句会成为 else 代码块的一部分,而不是条件语句后的代码块。

如果在条件语句的 True 或 False 分支语句块中还包含其他的条件语句,称为条件语句的嵌套。下面的代码展示了条件语句的嵌套(elif 表示"否则,如果"):

```
if x >=0:
    if x ==0:
        print('Zero')
    else:
        print('Positive')
elif x %3 ==0:
    print('Negative and divisible by 3')
else:
    print('Negative and not divisible by 3')
```

2.4.2 循环

Python 用 while 和 for 语句实现循环控制结构。循环控制结构的流程图如图 2-3 所示,与分支语句一样,开始于一个条件。如果条件的计算结果为 True,程序执行循环体一次,然后重新进行条件检测。该过程重复进行,直到条件检测结果为 False,然后执行循环代码语句后面的代码,即"代码块 2"。

while 语句构成的循环如下:

```
count=0
total=0
while count<5:
    total=total+eval(input("Please input a number: "))
```

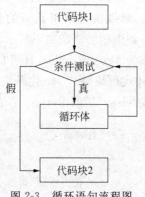

图 2-3 循环语句流程图

```
        count +=1
print(total)
print(count)
```

这段代码首先为变量 count 和 total 分别绑定整数 0,然后计算用户输入的前 5 个数的总和。表 2-2 显示每次迭代的结果和中间值,这个表是通过手动模拟运行构建的,即假装自己是 Python 解释器,然后用笔和纸模拟对程序的解释和执行,这是理解 Python 程序如何工作的极佳方式。

表 2-2 每次迭代变量值跟踪结果

第♯次测试(count<5)	count	用户输入(假设)	total
1	0	5	0
2	1	6	5
3	2	7	11
4	3	8	18
5	4	9	26
6	5		35

从表 2-2 中可以看出,当第 6 次进行循环条件检测时,count 等于 5,此时条件测试结果为 False,使得循环结束,转而执行 while 语句之后的 print 语句。

Python 中 for 语句的一般形式如下:

```
for 变量 in 序列:
    代码块
```

其运行机理是 for 后的"变量"首先被关联到序列类型对象"序列"中的第一个值,并执行"代码块"中的代码。然后,"变量"被关联到"序列"对象的第二个值,并再次执行"代码块"。该过程依次进行,直到"序列"对象的值被依次用完,或在"代码块"内有 break 语句并且被执行,导致跳出循环。

产生 for 语句中序列类型对象最常用方法是用 Python 内置函数 range,该函数返回一个从其"第一个参数"开始到"最后一个参数-1"的整数序列(如果第一个参数被省略,则默认为 0)。例如,range(0,3)=range(3)=(0,1,2)。for 语句示例如下:

```
x=4
for i in range(0, x):
    print(i)
```

2.5 函　　数

目前为止,介绍了 Python 的基本数据类型、赋值、输入输出、分支和循环结构,这些只是 Python 语言的一个子集,理论上这个子集是非常强大的,因为它是图灵完备的,所有可计算的问题都可用这个子集中的机制来编程实现。

为了增加代码的可重用性、可读性和可维护性,程序设计语言一般都提供函数这种机制来组织代码。使用函数的主要目的如下。

(1)降低编程的难度:在常用的自顶向下问题求解策略中,通常将一个复杂的大问题分解成一系列更简单的小问题,然后将小问题继续划分成更小的问题。当问题被细化到足够简单时,就可以分而治之,使用函数来处理简单的问题。在解决了各个小问题后,大问题也就迎刃而解了。

(2)代码重用:定义的函数可以在一个程序的多个位置使用,也可以用于多个程序。此外,还可以把函数放到一个模块中供其他程序员使用,或使用其他程序员定义的函数,从而避免了重复劳动,提高了工作效率。

函数就是完成特定功能的一个语句组,这组语句可以作为一个单位使用,并且给它取一个名字,就可以通过函数名在程序的不同地方多次执行(即函数调用),却不需要在所有地方都重复编写这些语句。另外,每次使用函数时可以提供不同的参数作为输入,以便对不同的数据进行处理;函数处理后,还可以将相应的结果反馈给调用者。有些函数是用户自己编写的,称为自定义函数;有些函数是系统自带的,或由其他程序员编写的,称为预定义函数,对于这些现成的函数,用户可以直接拿来使用。

Python 中定义函数的语法如下:

```
def functionName(formalParameters):
    functionBody
```

(1) functionName 是函数名,可以是任何有效的 Python 标识符。

(2) formalParameters 是形式参数(简称"形参")列表,在调用该函数时通过给形参赋值来传递调用值,形参可以由多个、一个或零个参数组成,当有多个参数时各个参数由逗号分隔;圆括号是必不可少的,即使没有参数也不能没有它。

(3) functionBody 是函数体,是函数每次被调用时执行的一组语句,可以由一个语句或多个语句组成。函数体一定要注意缩进。括号后面的冒号不能少。此外,在调用函数时,函数名后面括号中的变量名称称为实际参数(简称"实参")[①]。

下面是自定义的 maximum 函数:

```
def maximum(x, y):
    if x>y:
        return x
    else:
        return y
```

maximum 函数以两个可比较大小的同类型对象为参数,返回较大的那个。代码中用

---

① 可以与数学中的函数进行类比来理解形参和实参。例如,正弦函数定义为 $\sin(x)$,此处 x 表示任意的角度值,但在此处没有一个具体的值,所以是形式上的。当求 90°的正弦值时,写作 $\sin(90)$,此时 x 被 90 替代,而 90 是一个实际的值。

return 获得返回结果,注意 return 只能用于函数体中。调用该函数的例子如下所示,此时实参按照其在括号中的位置赋给相应的形参。

```
>>>maximum(3, 4)
4
>>>t=maximum('123', '122')
>>>t
'123'
>>>maximum(y=3,x=4)
4
```

上面的例子中,第一次调用时将 3 赋给 x,4 赋给 y。第二次调用时,将'123'赋给了 x,'122'赋给了 y。第三次调用使用了关键字调用方法,调用时明确指定实参与形参的绑定方式,此时,形参和实参没有位置上的对应关系,此处将 3 赋给 y,4 赋给 x。

Python 程序中声明的变量有其作用范围,称为变量的作用域。一个函数内声明的变量只在函数内部有效。要在函数以外访问一个函数变量的内容,变量必须通过 return 语句把它返回到主程序。例如下面的程序:

```
def f(x):
    y=1
    x=x+y
    print('x =', x)
    return x

x=3
y=2
z=f(x)
print('z =', z)
print('x =', x)
print('y =', y)
```

请注意,上面代码执行时从第 7 条语句 x=3 处开始,前面是函数的定义,不会被执行,而只有在该函数被调用时才会执行函数体语句。运行结果为

```
x=4
z=4
x=3
y=2
```

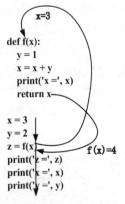

图 2-4 代码执行流程

为什么会这样? 首先程序具体执行流程如图 2-4 所示,第 9 行用实际参数 x 调用函数 f 时,第 1 行函数定义时的形式参数 x 被关联了第 7 行声明的变量 x 的值,即 3。特别需要注意的是,尽管形式参数和实际参数名字都是 x,却是两个不同的变量。形式参数 x 和函数 f 内部声明的局部变量 y 的作用范围是第 1~5 行。函数 f 内的赋值语句 x=x+y(第 3 行)运行完后,局部变量 x 的值

为 4,并且不会影响函数之外的变量 x 和 y(第 7、8 行)。在执行 return x 后,执行流程返回到第 9 行,此时 f(x)的值为 4,并被赋值给变量 z。

2.6 使用模块

前面的例子程序调用了一些称为"内建函数"的函数,如 print()、input()和 len()等。Python 还包含很多称为"标准库"的模块,每个模块就是一个 Python 文件,文件内包含了一组相关的函数,可以被其他 Python 程序使用。例如,math 模块有数学运算相关的函数,random 模块有随机数相关的函数,等等。

在使用某个模块内的函数之前,必须用 import 语句导入该模块。在代码中,import 语句包含以下部分。

(1) import 关键字。
(2) 导入的模块名字,如有多个,用逗号分隔。

导入模块后,即可使用模块内的函数。以 math 模块为例,在 IDLE 中输入下述语句。

```
>>>import math
>>>math.sqrt(2)
1.4142135623730951
>>>dir(math)
['__doc__', '__file__', '__loader__', '__name__', '__package__', '__spec__',
'acos', 'acosh', 'asin', 'asinh', 'atan', 'atan2', 'atanh', 'ceil', 'copysign',
'cos', 'cosh', 'degrees', 'e', 'erf', 'erfc', 'exp', 'expm1', 'fabs', 'factorial',
'floor', 'fmod', 'frexp', 'fsum', 'gamma', 'gcd', 'hypot', 'inf', 'isclose',
'isfinite', 'isinf', 'isnan', 'ldexp', 'lgamma', 'log', 'log10', 'log1p', 'log2',
'modf', 'nan', 'pi', 'pow', 'radians', 'sin', 'sinh', 'sqrt', 'tan', 'tanh',
'tau', 'trunc']
>>>import sys, random
```

引入 math 模块后,以 math.sqrt 形式调用其中的求平方根函数,此处计算 2 的平方根。"."为成员运算符,表示调用的是 math 中的 sqrt 函数。在 IDLE 中可用 dir(math) 查看 math 模块中的所有可用函数。最后一条语句用一个 import 导入了 sys 和 random 两个模块。

另一种导入模块的方式包括 from 关键字,之后是模块名称、import 关键字和一个星号,例如 from math import *。使用这种导入方式,调用 math 中的函数时,不需要前缀"math."。也可以在这种导入方式中指定需要导入的函数,例如 from math import sqrt。若需要导入多个函数,可用逗号分隔。示例语句如下:

```
>>>from math import *
>>>sqrt(2)
1.4142135623730951
>>>from math import exp, factorial
>>>import sys, random
```

```
>>>exp(1)
2.718281828459045
>>>factorial(4)
24
```

2.7 面向对象基础

虽然没有明确说明,前面的Python例子程序中已经使用过对象。Python中的数据类型是对象,字符串、字典和列表等都是对象的实例,每个类型的对象都有其相关联的函数(术语称为"方法")及属性。如列表对象有方法sort()用于对列表元素进行排序,字符串类型对象有upper()方法将字符串中所有字母变成大写,等等。使用对象方法或属性的方法是在对象名后用句点运算符(.)加上方法或属性名。

面向对象程序设计中,抽象占有很重要的地位,抽象是从众多的事物中抽取出共同的、本质性的特征,而舍弃其非本质的特征。例如苹果、香蕉、生梨、葡萄、桃子等,它们共同的特性就是水果。得出水果概念的过程,就是一个抽象的过程。所有编程语言都提供抽象机制。汇编语言是对底层硬件的抽象,Python语言是对汇编语言的抽象,但是它仍然是对计算机内部结构的抽象,而不是针对问题领域的抽象,因此学习计算思维、实践计算机问题求解时,必须建立机器模型和实际待解决的问题模型之间的映射。

面向对象(Object Oriented,OO)方法的特点就是尽可能按照人类认识世界的方法和思维方式来分析和解决问题。客观世界由许多具体的事物或事件、抽象的概念、规则组成。所以,面向对象的方法将任何感兴趣或要加以研究的事物概念都看作"对象"。例如,每一个人都可以看作是一个对象,每一张桌子也可是一个对象。面向对象方法很自然地符合人类的认知规律,计算机实现的对象与真实世界具有一对一的对应关系。面向对象方法的核心是对象,对象(Object)是对客观世界中实体的抽象,对象描述由属性(Attribute)和方法(Method)组成:属性对应着实体的性质,方法表示可以对实体进行的操作。面向对象模型具有封装的特性,将数据和对数据的操作封装在一起。把同类对象抽象为类(Class),同类对象有相同的属性和方法。在人的认知中,通常会把相近的事物归类,并且给类别命名。例如,鸟类的共同属性是有羽毛,通过产卵生育后代。任何一只特别的鸟都是鸟类的一个实例。面向对象方法模拟了人类的这种认知过程。

支持面向对象设计方法的程序设计语言称为面向对象程序设计语言(Object-Oriented Programming Language),从语言机制上支持者:

(1) 把复杂的数据和作用于这些数据的操作封装在一起,构成类,由类可以实例化对象。

(2) 支持对简单的类进行扩充、继承简单类的特性,从而设计出复杂的类。

(3) 通过多态性支持,使得设计和实现易于扩展的系统成为可能。

一个面向对象程序是由对象组成的,通过对象之间相互传递消息、进行消息响应和处理来完成功能。

Python 中创建类的语法是非常简单的,如下所示,class 是定义类的关键字,NAME 是类名,[body]是类体,即类内部的定义,可以是属性、方法等。

```
class NAME:
    [body]
```

以人类的建模为例,给出 Person 类的定义如下:

```
import datetime
class Person(object):
    population=0
    def __init__(self, name):
        self.name=name
        lastBlank=name.rindex(' ')
        self.lastName=name[lastBlank+1:]
        self.birthday=None
        Person.population +=1
    def getLastName(self):
        return self.lastName
    def setBirthday(self, birthDate):
        self.birthday=birthDate
    def getAge(self):
        if self.birthday ==None:
            return -1
        return(datetime.date.today()-self.birthday).days
    def __lt__(self, other):
        if self.lastName ==other.lastName:
            return self.name<other.name
        return self.lastName<other.lastName
    def __str__(self):
        return self.name
    def __del__(self):
        print('%s says bye.' %self.name)
        Person.population -=1
        if Person.population ==0:
            print('I am the last one.')
        else:
            print('There are still %d people left.' %Person.population)
    def howMany(self):
        if Person.population ==1:
            print('I am the only person here.')
        else:
            print('We have %d persons here.' %Person.population)
```

结合这段代码,介绍 Python 面向对象的一些基础知识。

(1) class 关键字后跟类名 Person,创建了一个新的类。其后是一个缩进的语句块构成类体。

(2) 类体中定义的函数称为方法,与类关联,也称为方法属性。类的方法与普通的函数只有一个特别的区别——它们必须有一个额外的第一个参数 self,但是在调用这个方法的时候不需要为 self 这个参数赋值,Python 会提供这个值。这个特别的变量指对象本身,也是一个对象,具有属性,按照惯例它的名称是 self。这意味着如果类中有一个不需要参数的方法,仍必须为这个方法定义一个 self 参数,如 getLastName(self)。

(3) 类支持两种操作。

① 实例化(Instantiation):由类创建一个实例,即实例化一个对象。例如 me=Person('San Zhang')就创建了 Person 类型的一个对象,me 就具有了 Person 类的所有属性。

② 属性引用(Attribute References):对象使用句点运算符访问类的属性,格式为"对象.属性",例如 me.getLastName()。

(4) __init__方法:init 方法在类的一个对象被实例化时马上运行,该方法可以用来对实例化的对象做一些期望的初始化操作。注意 init 前后是两个下画线。本例中,init 方法将实例化时的人名(name)赋值给实例化对象的 name 属性,并从 name 提取出姓(lastname)赋给实例化对象的 lastName 属性。

(5) 实例化并赋予对象属性的示例如下:

```
>>>me=Person('San Zhang')
>>>me.setBirthday(datetime.date(1974,10,20))
>>>me.getAge()// 365
38
>>>print(me.getLastName())
Zhang
```

(6) 类中定义的变量称为属性,分为两种。

① 类的变量:由一个类的所有对象(实例)共享使用,只有一个类变量的副本,所以当某个对象对类的变量做了改动时,这个改动会反映到所有其他的实例上,如变量 population。

② 对象的变量:由类的每个对象/实例拥有,因此每个对象有自己对这个属性的一份副本,即它们不是共享的,在同一个类的不同实例中,虽然对象的变量有相同的名称,却是互不相关的,如 self 关联的变量 name、lastName、birthday。

(7) 两个特殊方法__lt__和__str__:前者重载了<(小于)运算符,可将重载理解为重新定义元素符的功能,在本例中__lt__重新定义了 Person 类实例上的"小于"比较操作,通过姓名的字典序来对 Person 对象进行排序。__str__重新定义了 Person 类的显示方式,即用 print 打印一个 Person 对象时输出什么,此处定义打印 Person 对象的 name 属性。

面向对象编程带来的主要好处之一是代码的重用,实现这种重用的方法之一是继承(Inheritance)机制。继承完全可以理解成类的类型和子类型的关系,被继承的类称为基类或超类,而继承于其他类的类称为子类或导出类。下面的程序定义了 NUDTPerson 类,它继承于前面创建的 Person 类:

```python
class NUDTPerson(Person):
    nextIdNum=0
    def __init__(self, name):
        Person.__init__(self, name)
        self.idNum=NUDTPerson.nextIdNum
        NUDTPerson.nextIdNum +=1
    def getIdNum(self):
        return self.idNum
    def __lt__(self, other):
        return self.idNum<other.idNum
```

NUDTPerson 类定义中,括号内的 Person 表示 NUDTPerson 继承于 Person 类,此时 Person 就是基类,NUDTPerson 就是子类。此时,回顾定义 Person 类时,其后面括号中的 object 表示 Person 类不会有基类了,它是最顶层的类。此外:

(1) NUDTPerson 增加了一个新的类属性 nextIdNum、一个实例属性 idNum 和一个方法 getIdNum。

(2) 重载了基类 Person 的方法,如__init__和__lt__方法。在__init__方法中,先调用父类的__init__方法为 name 和 lastName 属性赋值,然后为新增的属性 idNum 赋值,最后修改类属性 nextIdNum 的值。__lt__重新定义了 NUDTPerson 对象比较大小的依据,将基类中基于姓名的比较改成了基于 idNum 的比较。

考察下面的程序片段:

```python
p1=NUDTPerson('San Zhang')
print(str(p1)+'\'s id number is '+str(p1.getIdNum()))
```

str(p1)将导致调用 p1 对象的__str__方法,p1 是 NUDTPerson 类型的对象,而 NUDTPerson 中并没有定义__str__方法,那么,将会检查其基类 Person 是否定义了该方法。发现 Person 类定义了该方法,则调用 Person 类的__str__方法。因此,这段代码输出是

```
San Zhang's id number is 0
```

再考察下面这段程序:

```python
p1=NUDTPerson('San Zhang')
p2=NUDTPerson('Si Li')
p3=NUDTPerson('Si Li')
p4=Person('Si Li')

print('p1<p2 =', p1<p2)
print('p3<p2 =', p3<p2)
print('p4<p1 =', p4<p1)
```

这段程序首先创建了 4 个虚拟人,3 个人都叫 Si Li,其中有两个是 NUDTPerson 类型的(即 p2 和 p3),一个是 Person 类型的(即 p4)。p1、p2、p3 间的相互比较使用的是 NUDTPerson 类中定义的__lt__方法。p4 与 p1 由于类型不同,所以它们之间的比较是

不同类型对象间的比较,此时由＜左边的操作数决定使用哪个__lt__方法,因此等价于 p4.__lt__(p1),即小于比较使用的是 Person 类中定义的__lt__方法。而 p1 是 NUDTPerson 类型的对象,可以使用其基类 Person 类中定义的方法,所以比较的依据是名字的字典序。

因此输出为

```
p1<p2=True
p3<p2=False
p4<p1=True
```

但是将上面程序的最后一句改为 print('p1＜p4 =', p1＜p4)时会报错。因为此时小于比较由 p1 决定,使用的是 NUDTPerson 中定义的方法,比较依据是 idNum,而 p4 没有这样一个属性,所以无法进行比较而报错。

2.8 Python 编程示例——打印月历

在计算机和手机上,都可以显示某个月的日历,用来查看自己关心的那几天是星期几,是否与某些预先安排有冲突,等等。本节介绍如何用 Python 编程实现打印指定年份和月份的月历。通过这个例子,还将看到自顶向下、逐步求精以及分而治之设计策略的应用。

所谓"自顶向下、逐步求精"的设计策略,是指在分析问题设计解决方案时,先考虑总体,后考虑细节;先考虑全局目标,后考虑局部目标。也就是说,先设计第一层(即顶层)问题的求解方法,然后步步深入,设计一些比较粗略的子目标作为过渡,再逐层细分,直到整个问题的解可以明确地描述出来为止。

打印出的月历格式如图 2-5 所示,第一行为年和月,第二行为星期日至星期六,从第三行开始,按照该月第一天对应的星期逐行打印,直至最后一天。

2018年5月						
日	一	二	三	四	五	六
		1	2	3	4	5
6	7	8	9	10	11	12
13	14	15	16	17	18	19
20	21	22	23	24	25	26
27	28	29	30	31		

图 2-5 月历样式

如图 2-6 所示,图中每个矩形框即为一个任务。打印指定年月的月历是一个较为复杂的任务,由几个子任务组成,分别为"获得年、月""计算该月第一天是星期几""计算该月的天数"以及"打印月历"。其中的子任务"计算该月的天数",又可分解出一个子任务"是否闰年",因为闰年的二月天数是不同的。子任务"打印月历"进一步分解为"打印月历头"和"打印月历体"两个子任务。

图 2-6 展示了典型的"自顶向下、逐步求精"的设计过程,"打印指定年月的月历"是顶

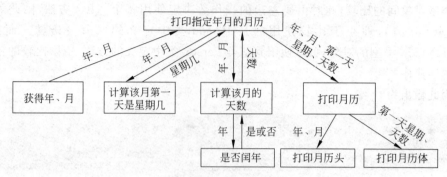

图 2-6　打印日历结构图

层问题,其下的"获得年、月"等 4 个子任务是求解"打印指定年月的月历"问题的解决方案,而"是否闰年"等第 3 层子任务,是第 2 层子任务的求解方案。图中上层到下层的箭头表示上层任务对下层任务的调用,箭头上的文字表示调用的参数,即下层子任务要实现其功能所必需的已知条件。下层到上层的箭头表示下层任务完成后,返回给上层任务的结果,箭头上的文字即为返回的结果。

任务分解后,编程实现解决方法时,一般每个任务对应一个函数。每个顶层任务的实现将变成对第二层任务以自左向右顺序的调用。本示例打印指定年份和月份月历的实现将如下所示。

> 获得年份、月份;
> 计算该月第一天是星期几;
> 计算该月的天数;
> 打印月历。

各层子任务可独立实现,只需要按箭头规定,定义好参数及返回值即可。因此,在实现时,可采用自底向上的方式,即先实现子任务,再组合实现整个问题的解。此处按图 2-6 自上而下、逐层自左向右的顺序实现每个任务对应的函数。

首先定义函数 get_year_month 来实现"获得年、月",其 Python 程序如下所示。

```
def get_year_month():
    year =eval(input("请输入年份:"))
    month =eval(input("请输入月份:"))
    return year, month
```

函数 get_year_month 的主体是两条输入语句,请注意前面已介绍过,通过 input 函数得到的输入是字符串,需用 eval 函数将其转换成整数。最后返回得到的年份和月份值。

程序设计中,分解带来的好处是每实现一个函数,可以在顶层任务对应的函数中进行测试。此处命名顶层任务对应的函数为 month_calendar,则在编写完 get_year_month 函数后可以如下方式进行测试。运行这段代码,将检查输入是否被正确获得。

```
def month_calendar():
    year, month = get_year_month()
    print(year, month)

month_calendar()
```

此后每完成一个函数的编程,都可按类似方式,在其上一层任务中进行测试,此后将不再赘述。

计算某年某月某日是星期几的公式在本章习题 4 给出,基于这些公式,实现"计算该月第一天是星期几"的函数 date_of_first_day,程序如下所示。请注意,需预先知道年份和月份才能进行计算,因此,该函数有两个参数 year 和 month。

```
def date_of_first_day(year, month):
    day = 1
    y0 = year - (14 - month) // 12
    x = y0 + y0 // 4 - y0 // 100 + y0 // 400
    m0 = month + 12 * ((14 - month) // 12) - 2
    d0 = (day + x + (31 * m0) // 12) % 7
    return d0
```

计算指定年某月有多少天的任务需用到判断某年是否闰年的子任务,因此,先实现判断闰年的函数 is_leap_year,该函数需要一个参数 year,返回结果为 True 或 False,判断条件是:能被 4 整除且不能被 100 整除,或能整除 400 的为闰年。函数代码如下:

```
def is_leap_year(year):
    isLeapYear = (year % 4 == 0)
    isLeapYear = isLeapYear and (year % 100 != 0)
    isLeapYear = isLeapYear or (year % 400 == 0)
    return isLeapYear
```

由此,可以实现计算某年指定月份的天数的函数 days_of_month,该函数需要两个参数 year 和 month,返回值是对应的天数。除了对 2 月份进行特殊处理外,其他月份天数的计算按照常理得出。函数代码如下:

```
def days_of_month(year, month):
    days = 0
    if month in [1, 3, 5, 7, 8, 10, 12]:
        days = 31
    elif month in [4, 6, 9, 11]:
        days = 30
    else:
        if is_leap_year(year):
            days = 29
        else:
            days = 28
    return days
```

至此，顶层任务对应的函数代码可能如下所示，即每实现一个子任务对应的函数就测试一个，同时逐渐构造出函数框架和完整实现。

```
def month_calendar():
    year, month = get_year_month()
    print(year, month)
    date = date_of_first_day(year, month)
    print(date)
    days = days_of_month(year, month)
    print(days)
```

接下来实现打印月历的函数 print_calendar。该函数需要 year、month、date 和 days 共 4 个参数，这些是前面子任务计算的结果，可直接使用。print_calendar 函数需要两个子任务的支持，分别实现为 print_head 和 print_body 函数。print_calendar 函数代码如下：

```
def print_calendar(year, month, date, days):
    print_head(year, month)
    print_body(date, days)
```

print_head 需要 year 和 month 两个参数，用来显示月历头，标识是何年何月的月历，并让其居中显示。月历头的第二行为从周日至周六的星期。函数代码如下：

```
def print_head(year, month):
    print('\t\t {}年{}月'.format(year, month))
    print('日\t一\t二\t三\t四\t五\t六')
```

打印月历体时，首先，需确定第一天的位置。由于月历头从星期日开始排列，经计算可知，星期日对应的值为 0，因此，计算出来本月第一天星期对应数，与 0 差几，即在前面加几个"'\t',"。其次，每一行只显示 7 天，因此，需统计每一行已显示的天数，当满 7 天时，应另起一行。输出不换行，需要用到 print 函数的 end 参数，具体用法见如下所示 print_body 函数代码：

```
def print_body(date, days):
    count = date
    for i in range(date):
        print('\t', end='')
    for d in range(1, days + 1):
        print(str(d) + '\t', end="")
        count = (count + 1) % 7
        if count == 0:
            print()
    print()
```

至此，所有的子任务都已实现，将程序设计过程中添加的输出中间结果的语句删除后，最终的 month_calendar 函数代码如下：

```
def month_calendar():
    year, month =get_year_month()
    date =date_of_first_day(year,month)
    days =days_of_month(year, month)
    print_calendar(year, month, date, days)
```

打印月历的程序设计过程应用了结构化程序设计方法,即对问题不断分解,直到分解出来的任务的解决方法变得简单,然后组合子任务实现初始问题的解。

2.9 小　　结

本章简要地介绍了 Python 语言,包括基本元素、常用数据结构、基本控制语句、模块化程序设计及面向对象程序设计等基本内容,并用打印月历示例展示了"自顶向下、逐步求精"的结构化程序设计过程。通过本章学习,希望能初步掌握一门程序设计语言,能看懂后续章节的 Python 程序,并能对其进行改进扩充,以解决实际问题。

2.10 习　　题

1. 设计一个 Python 程序来计算、显示通过如图 2-7 所示的管道的水流速率。进入管道的水流速率的单位为英尺/秒,管道入口半径和出口半径的单位为英寸。出口速率的计算公式为 $v_{out}=v_{in}\left(\dfrac{r_{in}}{r_{out}}\right)^2$,其中 v_{out} 为出口速率,v_{in} 为入口速率,r_{out} 为管道出口半径,r_{in} 为管道入口半径。

2. 圆杆(如图 2-8 所示的自行车踏板)的最小半径(能够支撑一个人的脚所施加的压力,而不至于超过附着在曲柄臂链轮的压力)的计算公式为 $r^3=\dfrac{d\times P}{\pi\times S}$,其中 r 为圆杆的半径(inches),d 为曲柄臂的长度(inches),P 为施加在踏板上的重量(lbs),S 为每 in^2 上的压力(lbs/in^2)。

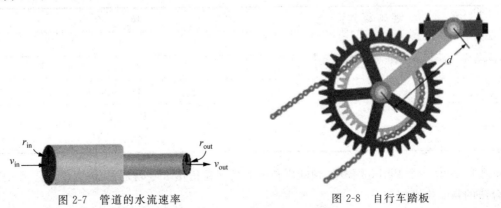

图 2-7　管道的水流速率　　　　　　图 2-8　自行车踏板

基于上述信息,编写一个 Python 程序根据用户输入来计算 r 的值(如曲柄臂的长度为 7inches,最大重量为 300lbs,承受的压力为 10 000lbs/in^2)。

3. 编写出一个 Python 程序,在给定年限 N 和复合利率 r(如 6.5% 时,$r=6.5$)的情况下,计算当贷款金额为 P 时,每月需还贷的金额,每月还贷公式为 $\frac{Pr'(1+r')^N}{(1+r')^{N'}-1}$,其中 r' 为月利息(提示:$r'=r/1200, N'=N\times12$)。

4. 编写一个 Python 程序,将日期作为输入并打印该日期是一周当中的周几。用户输入有 3 个:m(月)、d(日)、y(年)。对于 m,用 1 表示一月,2 表示二月,以此类推。对于输出,0 表示周日,1 表示周一,2 表示周二,以此类推。对于阳历,可用以下公式计算:

$$y_0 = y - (14-m)/12$$
$$x = y_0 + y_0/4 - y_0/100 + y_0/400$$
$$m_0 = m + 12 \times ((14-m)/12) - 2$$
$$d_0 = (d + x + (31 \times m_0)/12) \% 7$$

例如:2000 年 2 月 14 日是周几?

$$y_0 = 2000 - 1 = 1999$$
$$x = 1999 + 1999/4 - 1999/100 + 1999/400 = 2483$$
$$m_0 = 2 + 12 \times 1 - 2 = 12$$
$$d_0 = (14 + 2483 + (31 \times 12)/12) \% 7 = 2500 \% 7 = 1$$

5. 编写一个计算并打印地球上两点的大圆弧距离的 Python 程序。该程序接收用户的 4 个输入 x_1, y_1, x_2, y_2(分别表示地球上两个点的纬度和经度,单位是度)。大圆弧距离计算公式为(单位是英里)

$d = R * \arccos(\sin(x_1) * \sin(x_2) + \cos(x_1) * \cos(x_2) * \cos(y_1 - y_2))$,其中 $R = 69.1105$ 英里,1 英里 $= 1.609$km。请计算所给坐标之间的大圆弧距离,单位是千米。(注意,sin、cos 函数输入的是弧度值,而程序中给的是角度值,需要转换。arccos 结果是弧度值,需要转化成角度值)。

6. 气象预报时,一般按照风速对飓风进行分级,表 2-3 是飓风风速(英里/小时)与飓风分级对照表。编写一个 Python 程序,根据用户输入的风速值,输出其飓风级别。

表 2-3 飓风风速与飓风等级   单位:英里/小时

飓风级别	风速
1	74~95
2	96~110
3	111~130
4	131~154
5	155 及以上

7. 编写一个 Python 程序,判断用户输入的 8 位信用卡号码是否合法,信用卡号是否合法的判断规则如下。

(1) 对给定的 8 位信用卡号码,如 43589795,从最右边数字开始,隔一位取一个数相加,如 5+7+8+3=23。

(2) 将卡号中未出现在第一步中的每个数字乘 2,然后将相乘的结果的每位数字相加。例如,对上述例子,未出现在第一步中的数字乘 2 后分别为(从右至左)18、18、10、8,则将所有数字相加为 1+8+1+8+1+0+8=27。

(3) 将上述两步得到的值相加,如果结果的个位为 0,则输入的信用卡号是有效的。

要求:用户输入的卡号必须是一次性输入,不能分成 8 次,每次读一个数字。

8. 国际标准书号(ISBN)用 10 位数字唯一标识一本书。最右边的数字为校验和,可由其他 9 位数字计算出来,且 $d_1+2d_2+3d_3+\cdots+10d_{10}$ 必须是 11 的倍数(d_i 的下标 i 表示从右边起第 i 个数)。校验和必须是介于 0~10 中的一个数字,用字母 X 表示 10。例如,020131452 的校验和是 5,因为对于以下 11 的倍数的公式,5 是唯一的介于 0~10 之间的数:$10×0+9×2+8×0+7×1+6×3+5×1+4×4+3×5+2×2+1×x$。编写一个 Python 程序,将 9 位整数作为输入,计算校验和并打印 ISBN 号(注意:输入必须是一个 9 位数的整数,不能一位一位地输入,如输入为 020131452,输出为 201314525)。

9. 编写一个函数 majority,参数为 3 个 bool 类型数据,返回类型为 bool,其功能是当 3 个参数中至少有两个值为 True 时,返回 True,否则,返回 False。

10. 编写一个 Python 程序,将用户输入的一个 1~999 的整数转换成其对应的英文表示,例如,729 将被转换成 seven hundred and twenty nine。要求,在程序中尽可能地使用函数封装一些常用的转换,不得少于 3 个函数。

11. 基于本章 NUDTPerson 类,分别定义代表教师和学生的两个子类,并为教师类添加教师所授课程的属性,为学生添加学生所选课程的属性,用适当的数据类型来表示所授课程和所选课程,课程可能不止一门。并添加适当的方法来对新增的属性进行添加、删除、更改、查询的操作。

12. 编写一个程序,打印给定年份全年的月历,每个月单独打印,格式参考 2.8 节的示例。

第 3 章 计算思维

【学习内容】

本章介绍计算思维与计算机问题求解,主要知识点如下。
(1) 计算思维的定义及其核心概念。
(2) 逻辑思维与算法思维。
(3) 问题求解策略。
(4) 模式与归纳。
(5) 抽象与建模。
(6) 评价解决方案。
(7) 计算机问题求解的步骤。
(8) 算法、数据结构与程序设计语言的关系。
(9) 算法设计常用策略。
(10) 程序设计语言要素。

【学习目标】

通过本章的学习,读者应该掌握以下内容。
(1) 了解计算思维的定义与核心概念。
(2) 理解分解法问题求解策略。
(3) 理解模式与归纳方法。
(4) 理解科学抽象方法与原则。
(5) 理解计算机问题求解的一般步骤。
(6) 理解算法的概念、算法的描述方法。
(7) 了解常用的算法设计策略和常用典型算法。
(8) 了解常用的数据结构及其特点。
(9) 了解算法复杂度等评价标准。
(10) 了解软件开发方法及其应用。
(11) 了解典型算法的 Python 实现。

计算思维应成为信息社会每个人必须具备的基本技能。本节将围绕计算思维的核心概念——逻辑思维、算法思维、问题求解策略、模式与归纳、抽象与建模、解的评价,以及算法、数据结构与程序等内容展开,为读者利用计算思维解决各领域问题奠定基础。

3.1 概　　述

1.5节中简要介绍了计算思维及其重要性,但目前仍没有一个明确而统一的计算思维的定义,不同的学者从不同的角度来定义计算思维,这些定义有很多相似的地方,但也有差别。例如,周以真认为,计算思维是定义和解决问题,并将其解决方案表达为人或机器能有效执行的形式的思维过程。也有学者认为计算思维是对问题进行抽象并形成自动化解决方案的思维活动,等等。因此,理解并学习计算思维的最好可行方法,是从各类定义中提取出共有的核心概念,识别出那些外围的、不应包括在计算思维定义中的非核心概念,然后聚焦于核心概念的学习。

通常认为计算思维的核心概念有以下一些,本章将在后面具体介绍。

(1) 逻辑思维。

(2) 算法思维。

(3) 分解。

(4) 泛化与模式识别。

(5) 建模。

(6) 抽象。

(7) 评估。

而以下一些概念一般不认为是计算思维的核心概念。

(1) 数据表示。

(2) 批判性思维。

(3) 计算机科学。

(4) 自动化。

(5) 模拟与可视化。

计算思维不是计算机科学家所特有的,而应该成为信息社会每个人必须具备的基本技能。计算思维已经在其他学科中产生影响,而且这种影响在不断拓展和深入。计算机科学与生物、物理、化学,甚至经济学相结合,产生了新的交叉学科,改变了人们认识世界的方法。例如,计算生物学正在改变生物学家的思考方式,计算博弈理论正在改变经济学家的思考方式,纳米计算正在改变化学家的思考方式,量子计算正在改变物理学家的思考方式。

任何人都可以应用计算思维,利用计算机来解决其领域(不止是计算机科学)的问题。计算思维的核心概念对不同领域的人来说是不同的。例如,对计算机科学家来说,算法思维指的是对算法及其在不同问题上的应用进行研究;对数学家来说,算法思维可能意味着按照运算规则进行某一种运算;对科学家来说,算法思维可能指的是按照某个流程进行一次实验。再例如,用隐喻和比喻写故事,对语言学家来说就是使用了抽象,当科学家构建了一个模型,或数学家使用代数描述问题时,就意味着使用了抽象。

考虑这样一个场景,在各类表彰大会上,一般都要给被表彰者颁发奖状或证书,由于主席台场地所限，一次只能上去一部分人。每组获奖者在领取证书后，要拍照，然后退场。为使颁奖过程尽量高效，通常在一组人上台领奖时，下一组就已经在台下等候了。上一组人一离场，下一组人直接从台下登台重复领奖过程。这就是计算思维中流水线的应用。

也可从另一个角度来理解计算思维——计算思维不是什么，通过对这个问题的讨论和研究，能深入地理解计算思维。

首先，学习计算思维不等于学习计算机科学。后者学习的主要目标是学习和运用数学计算原理，来研究与计算机科学自身紧密相关的问题。前者的学习目标不是"像计算机科学家一样思考"，而是希望能用计算思维的核心概念，帮助解决日常生活或工作中的问题。其次，学习计算思维不是学习程序设计，后者的主要目的是如何更好地写程序，产出高质量的软件。前者会包含一部分程序设计的内容，但最主要的目标是如何在使用计算机的条件下，进行问题求解。

因此，学习计算思维的最终目标不是让每个人都像计算机科学家一样思考，而是能应用计算思维的概念，在所有学科领域内或学科之间解决问题、发现新问题。

此处，用一个简单的例子来展示利用计算思维求解问题与常用数学思维的区别。

例 3-1 有一些数，除以 10 余 7，除以 7 余 4，除以 4 余 1，求满足条件的最小正整数。

解：这些数满足的条件是比 10 的倍数小 3，且比 7 的倍数小 3，且比 4 的倍数小 3。即比 10、7 和 4 的公倍数小 3 的数都会满足条件。因此，最小的满足条件的数为 10、7 和 4 最小公倍数减 3，即 140-3=137。

如果利用计算思维解这道题，核心是设计能自动执行的算法。思路是从 1 开始，不断地枚举数并判断枚举的数是否满足题设条件。不满足条件，则增 1 枚举下一个数。重复该过程，直到找到第一个满足条件的数，且第一个满足题目要求的数就是最小的数。按照该思路编写的 Python 程序代码如下所示。这个程序利用题设条件做了优化，即该数除以 10 余 7，则这个数的个位数是 7。因此，从 7 开始，每次增加 10，获得下一个数。该程序的输出为 137，与求最小公倍数的方法得到的结果一致。

```
for i in range(7, 1000, 10):
    if i%7 ==4 and i%4 ==1:
        print(i)
        break
```

在展开介绍计算思维的核心概念之前，先用一个简单的问题来说明各核心概念在问题求解时的体现。条形码是日常生活中常见的符号，如出现在各种商品包装上的条形码，图 3-1 是一个条形码示例。条形码的数字不是随便生成的，有一个公式，对条形码各位数字进行运算，如果条形码正确，则得到的结果是 10 的倍数。当条形码有错误（扫码器读入有误或印刷有错）或相邻两位数字调换了位置，则组合后的结果将不是 10 的倍数，这样就检测出了条形码中的错误。

图 3-1 一个条形码示例

具体的计算过程：从条形码最右边的数字开始，逐个取出数字，轮流用 1 和 3 乘以取出的数字,然后把所有的乘积累加,看看得到的结果是否是 10 的倍数。对图 3-1 的示例,最右边数字是 9,则计算 9×1,9 的下一位数字是 4,则计算 4×3。照此依次计算 5×1、4×3、6×1、7×3、8×1 和 9×3,累加这些乘积,即 9+12+5+12+6+21+8+27=100,为 10 的倍数,因此,可以判断这个条形码是正确的。

假设扫码器将图 3-1 最左边的数字扫成了 5,则最后的计算结果是 9+12+5+12+6+21+8+15=88,不是 10 的倍数,则检测到扫码错。又例如,如果图 3-1 最左边两位数字印刷反了,变成了 8976 4549,则最后的计算结果是 98,也会检测到条形码的错误。

下面的代码给出了检测条形码正确性的 Python 实现。

```python
barcode = input("请输入 8 位条形码: ")
total = 0
multiplier = 1
position_in_code = len(barcode)
while position_in_code != 0:
    total += int(barcode[position_in_code-1]) * multiplier
    if multiplier == 1:
        multiplier = 3
    else:
        multiplier = 1
    position_in_code -= 1
if total % 10 == 0:
    print("条形码扫码正确!")
else:
    print("条形码有错误!")
```

程序中将条形码以字符串的形式读入,然后 position_in_code 从最右边开始扫描,每扫描一个字符,根据当前的状态决定是乘 1 还是乘 3,并将字符转换成整数后再进行乘运算。

这个程序从设计到实现,处处都体现了计算思维的核心概念,总结于表 3-1 中。

表 3-1 计算思维的核心概念在条形码例子中的体现

核心概念	定 义	本例中的体现
逻辑思维	逻辑是研究推理的科学,逻辑思维帮助人们理解事物、建立和检查事实	逻辑让人们能读懂程序,理解其检测错误的工作原理。推理能用于预测检查正确或不正确的条形码时会发生什么
算法与算法思维	算法是用于完成某个任务的一系列指令或一组规则。算法思维能让人们设计出借助计算机解决问题的算法	能帮助人们理解利用公式验证条形码正确性的指令序列。也可以设计其他的算法完成同样的验证
分解	分解是将问题或系统拆分成更小、更易管理的小问题或小系统的过程。它有助于人们解决复杂的问题,因为拆分出的每个小部分都可以被单独解决,组合它们的解决方案后,可以构造出整个问题的解,而不需要一次考虑整个问题的解	把"在条码中查找错误"这个问题分解成多个小问题,例如,把条码解码成数字,把这些数字相乘和相加,检查运算结果,以及如果有错误或问题时给出错误信息

续表

核心概念	定 义	本例中的体现
泛化与模式	使用模式意味着发现解决方案之间的相似之处和共同的差异。通过提取模式,可以做出预测、制定规则并解决更一般的问题,这就是泛化	一个算法就能发现条形码中的典型错误,算法能够发现交替乘 1 和 3 的操作模式,用循环来消除重复的交替乘操作
抽象	抽象是通过识别和丢弃不必要的细节来简化事物,它使人们能处理复杂的问题。数据可以通过抽象来表示(例如,用数字来表示文本、图像、声音等)。模拟提供了真实场景的抽象	不同粗细的条纹表示不同的数字,一串数字表示一种产品。此外,该程序用交替乘 1 和 3 来构造校验和,而其他场合使用不同的校验和(例如,信用卡号码的校验和是通过乘以 2 来构造的,而 ISBN-10 号码用每个数字乘以不同的数来构造校验和),所以,可以抽象出使用不同数字构造校验和的算法
评估	评估指以客观的和系统的方式做出判断,并评估问题的可能解决方案。其目标是利用现有资源实现最有效率和最有效的解决方案	对该算法可以考虑这些评估问题:是否会发现所有可能的条形码错误?用该程序发现错误要花多长时间?一台小型机器能否快速高效地执行这个检错操作?

3.2 逻辑思维与算法思维

逻辑思维和算法思维都是计算思维的核心概念,处于非常重要的地位。关于逻辑和算法的内容,可以写成很厚的书籍。本节不会完备地介绍逻辑与算法相关的知识,而会关注于如何使读者形成逻辑思维和算法思维习惯的一些核心要素。

3.2.1 逻辑思维

简单来说,逻辑是关于推理的科学,是一种区分正确和不正确论证的系统。所谓论证,指的是从假设出发,经过一系列推理,得出结论的过程。逻辑包含一组规则,当将这组规则应用于论证时,能证明什么是成立的。下面是一个典型的逻辑论证证明。

1. 苏格拉底是人。
2. 所有的人都会死。
3. 所以,苏格拉底会死。

即便是没学过哲学和逻辑,也能看懂这个论证证明。这样的推理过程在日常生活中经常被使用,例如,房间里有风,房间的窗户是开着的,所以,风是从窗户吹进来的。但是,这样的推理并不能保证总是对的,有时会导致错误的结论。同时,计算思维需要利用计算机自动地完成各种推理,因此,在学习如何得出计算的解之前,要学会如何正确地运用逻辑。

在逻辑推理中,所有已知的事实称为前提。前提的表示形式是带有真假含义的陈述句,因此,每个前提都对应一个值——"真"或"假"。在前面的苏格拉底论证中,前两句话就是前提——对应着"真"的两个陈述句。

有了前提后,就可以在此基础上进行推理,得出结论。推理的方法通常分为演绎推理和归纳推理。演绎推理从前提条件开始,推导出其结论,是最强的推理形式。初中数学中的几何证明,就是典型的演绎推理,从已知条件、公理和定理出发,证明题目结论的成立。例如,三角形内角和为 $180°$,$\triangle ABC$ 是一个三角形,所以,$\triangle ABC$ 内角和为 $180°$。

但是,也要注意在使用演绎推理时常犯的两种错误。第一种是前提有错,导致结论错误。例如下面这个推理,第 2 个前提是错误的,所以,推理过程即便是正确的,但是结论是错误的。

1. 卡拉是条狗。
2. 所有的狗都是棕色的。
3. 所以,卡拉是棕色的。

第二种错误是因为结论与前提没有必然联系导致的,例如下面这个推理,其过程是错的,所以导致结论是错的。

1. 所有的乒乓球是圆的。
2. 地球是圆的。
3. 所以,地球是乒乓球。

现实生活中其实很少使用演绎推理,因为演绎推理对所使用的前提要求较高,最好是简洁、清晰的。但是,现实生活中碰到的情况主要是混杂而不明晰的,所以,常用的推理是归纳推理。例如,直角三角形的内角和是 $180°$;锐角三角形的内角和是 $180°$;钝角三角形的内角和是 $180°$;直角三角形、锐角三角形和钝角三角形是全部的三角形;所以,一切三角形的内角和都是 $180°$。这个例子从直角三角形、锐角三角形和钝角三角形内角和分别都是 $180°$ 这些个别性知识,推出了"一切三角形内角和都是 $180°$"这样的一般性结论,这就是归纳推理。又例如,在数学题目中看到数列 0、2、4、6、8、10…时,会很自然地归纳出这个数列是由所有非负偶数构成的,据此,有很大把握归纳出 10 后面的数应是 12。

归纳推理对前提的要求较低,不一定是绝对的"真"或绝对的"假",可以是"百分之多少的真"。因此,得到的结论也不能保证是绝对的"真"或"假",而是有一定可能可信的结论。例如,下面的推理是正确的,在结合了概率知识后,结论是可信的。

1. 一个袋子里有 99 个红球和 1 个黑球。
2. 有 100 个人从袋子里取球,每人只能取 1 个。
3. 小明是 100 人中的 1 人。
4. 所以,小明有很大可能取到一颗红球。

逻辑推理对掌握计算思维非常重要,因为最后的解决方案要在计算机上运行,计算机给出的结果严格依赖于解决方案中的逻辑推理。因此,应用计算思维设计问题的解时,必须保证以下3方面。

(1) 推理是有效的。

(2) 给计算机的输入是可靠的。

(3) 能解释计算机的输出,是绝对正确的(演绎推理)还是可能正确的(归纳推理)。

日常生活中大量使用的是归纳推理,得出的结论通常是"百分之多少的真",而计算机更擅长处理非黑即白的绝对性问题。因此,为指示计算机进行逻辑决策,需要一种逻辑系统,能将日常的推理系统映射到计算机能理解的形式上。布尔逻辑即是这样一种逻辑系统,其处理的逻辑只能在"真"和"假"中取一个值。"真"和"假"在不同的问题背景下有不同的形式,例如,Python中的True和False,数字电路里的0和1,等等。

布尔逻辑中的语句称为命题,命题指的是具有明确真假含义的陈述语句,其含义只能为真(True)或假(False),不能同时既为真又为假。其含义必须是明确的,而不是含糊的。可以将这种陈述句进行符号化,即用一个字母来表示一个命题,这样的字母称为命题词。多个命题结合起来构成更复杂的命题,称为复合命题,而连接命题的符号称为逻辑运算符。

下面以五子棋为例,介绍布尔逻辑的相关知识。五子棋游戏是大家基本玩过的棋类游戏(见图3-2),它是一种两人对弈的纯策略型棋类游戏,棋具与围棋通用,是起源于中国古代的传统黑白棋种之一。五子棋专用棋盘为15×15,盘面由纵横各十五条等距离垂直交叉的平行线构成,共225个交叉点,交叉点即为落子点,盘面正中一点为"天元"。

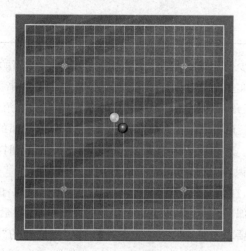

图3-2 五子棋盘

五子棋的行棋顺序为黑先白后,从天元开始相互顺序落子。某些规划中,对双方前两步的行棋有约束,可分解为以下几条规则,可见每条规则是一个命题。每个命题后面的字母为其对应的命题词,注意字母的选取是任意的,也可用其他字母来表示这些命题。

1. 黑方的第一个棋子应下在天元上。(P)
2. 白方第一个棋子只能下在与天元邻近的8个点上。(Q)
3. 黑方第二个棋子只能下在与天元邻近的5×5点上。(R)
4. 白棋第二个棋子不受限制,可下在棋盘任意位置。(U)

可知这些条件必须同时成立,才是合规的下棋过程,即应该表达为"黑方的第一个棋子应下在天元上;并且白方的第一个棋子只能下在与天元邻近的 8 个点上;并且黑方第二个棋子只能下在与天元邻近的 5×5 点上;并且白棋第二个棋子不受限制,可下在棋盘任意位置"。用来连接这种所有条件必须同时成立的"并且",是一种逻辑运算符,称为"与"(And),对应着 Python 中的 and 运算符。上述行棋规则可用 Python 表达式表达为 P and Q and R and U。

五子棋判断胜负的规则较多,包括以下几条,每个命题后面的字母为其对应的命题词。

1. 最先在棋盘横向、竖向、斜向形成连续的相同色 5 个棋子的一方为胜。(P)
2. 黑棋禁手判负,白方应立即向黑方指出禁手,自然而胜。(Q)
3. 当黑方在落下关键的第五子时,若在形成五连的同时,又形成禁手,则禁手失效,黑方胜。(R)
4. 黑方走出长连禁手时,白方无论何时指出,立即获胜。(U)

可知这些条件只要有一条成立,则棋局以某一方获胜而结束。因此,上述规则又可表达为"最先在棋盘横向、竖向、斜向形成连续的相同色 5 个棋子的一方为胜;或黑棋禁手判负,白方应立即向黑方指出禁手,自然而胜;或当黑方在落下关键的第五子时,若在形成五连的同时,又形成禁手,则禁手失效,黑方胜;或黑方走出长连禁手时,白方无论何时指出,立即获胜"。用来连接这种所有条件至少有一条成立的"或",称为"或"(Or)逻辑运算符,对应着 Python 中的 or 运算符。上述行棋规则可用 Python 表达式表达为 P or Q or R or U。

除了上述五子棋规则外,其实还隐含着一些显而易见、一般不做专门说明的规则。例如,如果棋盘上某个交叉点没有棋子,则该交叉点称为空闲交叉点。在遵循行棋规则的前提下,只能将子落在空闲交叉点上。此处,"没有棋子"就是对"有棋子"的否定,此处"没"是一种逻辑运算符,称为"非"(Not),对应着 Python 中的 not 运算符。假设"有棋子"被符号化为 P,则"没有棋子"可用 Python 表达式表达为 not P。

上述用字母表示命题,用运算符表示自然语言中的连词的方法,称为符号化,它是符号逻辑的基础。符号逻辑是用数学方法研究逻辑或形式逻辑的学科。

3.2.2 算法思维

逻辑系统给出了一组规则用来对(一部分)现实世界进行建模和推理,既可以描述静态的事物,也可以描述事物的发展变化过程。例如,3.2.1 节的五子棋游戏,用布尔逻辑描述了行棋规则和输赢判断规则,通过将这些逻辑规则与具体棋局结合,可以使逻辑命题在具体棋局中做出真假判断,从而得出棋局在不同时刻的状态——谁赢了,是否还可继续落子,等等。

算法构建于逻辑之上,但不等同于逻辑,算法既要基于逻辑做出逻辑判断,又要基于逻辑判断执行某些动作,算法是现实世界计算系统的根本。

计算机执行算法时,只会关注当前正在执行的步骤,而在进入下一步时,会忘记上一步做的所有事情。因此,要让算法正确执行,必须提供一种机制记住上一步或前几步做的事情。算法在执行过程中有其需要处理的对象,如参与加运算的加数。因此,本质上,只要记住每一步完成后,算法操作对象的值,即记住了该步所做的操作。这种用于保存操作对象结果的机制称为变量,变量的值可通过赋值进行修改。这种每一步都需要记住的信息称为状态,它是算法执行过程中需要记住的所有事物的总和。如五子棋游戏中,当前棋盘黑子和白子的位置、轮到谁落子等信息,就是五子棋算法需要记住的状态信息。

第1章已经介绍过,算法中动作步骤的组织可有3种方式:顺序的、选择的、循环的。顺序结构是最简单的、最常用的,只要按照解决问题的顺序写出相应的动作即可,动作执行顺序是自上而下,依次执行。

日常生活中有很多做事情的动作就是典型的顺序结构,例如,吃小笼汤包的十二字口诀"轻轻提、慢慢移、先开窗、后吸汤",按照这个顺序,就能完成吃一个小笼汤包的动作。非常重要的一点是顺序非常重要,这4个动作的顺序一旦发生变化,吃小笼汤包的事就不会太顺利。

在地铁站自动售票机上买车票的过程,也是典型的顺序结构,如下所示。

1. 选择目的地。
2. 选择车票张数。
3. 投入硬币或插入合适的纸币。
4. 取找回的零钱。
5. 取车票。

现实世界中,还有许多场合需要先做逻辑判断,再根据判断,在多个动作中选择一个执行,此时就需要用到选择结构。例如,学校鼓励学生帮家里做家务,考虑这样一个场景,家长让你到楼下的小超市买一瓶酱油:如果有李锦记的生抽,就买李锦记的,没有就买其他牌子的也行。这段话是指导你购买酱油的算法,重新编排一下,用选择结构进行组织,如下所示。进入超市后,购买何种酱油是基于"是否有李锦记生抽"的判断结果的,如果有,则买李锦记的;如果没有,则买其他品牌的。但是不论如何,只会买一种酱油,而不会两种都买。

1. 如果超市有李锦记生抽
   买李锦记生抽。
2. 否则
   买其他品牌生抽。
3. 带上酱油,离开超市回家。

在使用选择结构组织动作序列时,必须考虑全部可能的情况。特别是当算法要由计算机来执行时,一定要记住计算机只会按你规定的动作执行,而不会帮你补充你遗忘的动作,也不会对你给的含糊描述的动作做出额外的解释。

假设家长让你到楼下小超市买酱油,只吩咐了买李锦记生抽。那么,如果当你到超市时,发现没有李锦记生抽,你会怎么办?打电话回去问,还是自己随便买一瓶?假设让计算机去买酱油的话,如果没有李锦记生抽,计算机将留在超市,再也回不来了。原因就是在设计买酱油的算法时,只考虑有李锦记生抽的情况,而没有告诉计算机,如果没有李锦记生抽怎么办。计算机只能执行你告诉它的动作,因此,如果超市没有李锦记生抽,它就再也回不来了。

在日常生活中,很多情况下需要重复做同一个动作,只到达到了某个条件,才会停下来。例如,学过的急救知识中,对呼吸、心跳不规则或停止的病人,需马上进行体外心脏按压和口对口的人工呼吸。体外心脏按压和人工呼吸这个动作会重复做下去,直到病人心跳恢复,或救护车到来。

对这些需要重复做多次的动作序列,可用循环结构来组织。通常用一些条件来控制重复执行的动作序列,当达到停止条件时,可以结束重复动作的执行。这些停止条件即为循环控制条件。通常有两种方式来决定重复做的事是否能停下来:一种是计数器控制;另一种是标志值控制。

通常,为了加深对知识点的理解,老师要求学生多遍抄写某些重点知识点,假设是 10 遍。那么,抄写的过程可以用下面的动作序列来描述。其中,"抄写次数"即为计数器,当它达到 10 时,就不要抄了。注意,也可以一开始就把抄写次数设成 10,每抄写一遍,次数减 1。那么,此时的循环结束条件是什么呢?下面是抄写知识点的算法描述。

1. 抄写次数是 0。
2. 当抄写次数没到 10,重复做下面的动作。
   ① 抄写一遍知识点。
   ② 抄写次数加 1。
3. 完成作业。

下五子棋时,双方轮流落子,这个动作会重复执行下去。没办法像抄书一样,预先就知道下多少个回合就会结束棋局。因此,很难设一个计数器来控制双方落子次数。此时,可以通过设置一个标志值来控制落子的动作,这个值可以设成"黑胜或白胜",黑胜或白胜的判断可用 3.2.1 节的规则判断,此处不再展开。下棋的过程即可用下面的算法来描述。

1. 当不是黑胜或白胜时,重复做下面的动作。
   ① 黑落子。
   ② 白落子。
2. 宣布获胜方。

算法的有限性要求算法在有限步内必须停下来,那么,当算法中出现了循环时,必须仔细设置循环的结束条件,确保循环总能停下来。通常称没法停下来的循环为无限循环,算法中的无限循环通常是一种错误(Bug)。

3.2.3 小结

逻辑思维和算法思维对掌握计算思维非常重要。在设计问题解决方案时,必须对逻辑有很好的理解,并能将自然语言描述的命题等正确地转换成符号逻辑。逻辑同时是算法的基础,也是计算的基础。算法描述的是过程性知识,这是利用计算思维设计问题解决方案的基石。因此,需要掌握算法思维来正确地组织解决方案的动作序列。

3.3 问题求解策略

问题求解是一种创造性的工作,有时确实需要"灵光一闪",好像得到解的过程无迹可寻。但是,前人总结出来的系统化的求解问题的策略,对这种创造性的活动有很大的帮助。此外,需要借助计算机求解的问题,通常不是人们用纸和笔就能解决的小规模问题,因此,如何寻找大规模问题的解,分解策略就显得非常重要,也就不难理解其在计算思维中的核心地位了。

3.3.1 基本步骤

人进行问题求解的过程可归纳为以下的步骤[1]。
(1) 理解问题:输入是什么,输出是什么。
(2) 制订计划:准备如何解决问题。
(3) 执行计划:具体解决问题。
(4) 回头看:检查结果……
对上述问题求解的步骤逐条进行考察,看看计算机能在每一步做些什么事:
(1) 理解问题:计算机如何理解问题?
(2) 制定计划:计算机能制订计划吗?如果不能,如何针对计算机制订计划?即什么样的计划可能在计算机上实现?什么样的形式才能让计算机知道该做什么和怎么做?
(3) 执行计划:只有这个才真正是计算机能做的。
(4) 回头看:为什么结果是(不)正确的?求解效率还能提高吗?
因此,在理解问题并设计问题解时,解必须适合于在计算机上运行,并能发挥计算机的威力,这种解通常以算法形式给出。此外,还可以看出,计算机只能完成人给它规定的动作,而不要指望它做额外的事情。这也是运用计算思维求解问题时,需要特别注意的。

进行问题求解时,首先,不要害怕问题的规模和复杂度,复杂的大问题通常能被分解成相关的小问题,而这些小问题是较易解决的。其次,不要一拿到问题就开始写解决方案,这样做会导致对问题认识不清,可能会在解题过程中走偏,在错误的方向上越走越远。因此,不论何种情况,都必须先理解问题。

问题求解就是要在问题(起点)和答案(终点)之间建立一个连接。理解问题阶段就是要认清问题的起点和终点是什么,对起点的认识越深入,越能帮助人们发现什么是终点,以及如何到达终点。所谓终点,指的是要达成的目标,而不是如何达成。在理解问题阶段,要避免过早陷入寻找"如何做"中。

理解问题需要用到多方面的知识,如阅读理解、问题相关的背景知识、数学知识、物理知识,等等,这些需要经过学习不断地积累,非一日之功。有些用于认识问题的建议,可以

---

[1] 源自 George Polya 的 *How to Solve It* 一书

帮助我们有效认识问题。

(1) 对拿到的问题,尽量用自己的话再陈述一遍。

(2) 尽量用图表或其他图形方式重新描述问题。

(3) 尽量明确哪些是已知的,哪些是未知的,把未知的尽量明确。

(4) 给出问题解决的标准,即明确"如何知道问题被解决了",这常常就是问题求解的目标。

(5) 尽量用可度量的词汇来描述问题求解目标。

(6) 大略地描述一下有效的解决方案看起来是什么样的,需要具备什么特征,等等。

对问题有很清楚的认识之后,可以开始制订解题计划。在制订解题计划过程中,有一些需要时刻牢记的原则。

(1) 解的质量。一般来说,某个问题的解会有多种,有些好,有些差,有些介于二者之间。关注解的质量指的是寻求你所能找到的最优解。现实是有时最优解不存在,每种解法有其好的一方面,此时,需要在各种解之间做折中。

(2) 协作。在制订解题计划过程中多与人交流,对发现解中的错误或改进解都会有帮助。尽量尝试着向别人陈述你的解,与别人进行头脑风暴,用开放的心态考虑各种角度反馈回来的意见,等等,都有助于通过协作完善解题计划。

(3) 迭代。第一次得出的解题计划通常不是最好的那个。因此,在得出一个解题计划后,多重复几次制订解题计划的步骤,不断地对解进行检查和改进,弥补不足。

3.3.2 分解法

在各种解题策略中,分解法(Decomposition)是计算思维的核心概念之一。计算思维通常用于解决大型复杂问题,而由于人每次能处理的问题规模有限,对大型复杂问题进行分解是必需的。

采用分解法,将对问题进行划分,得到一组子问题,这些子问题是易于理解的,并且其解是显而易见的。通常,这种分解过程会一直持续下去,直到每个子问题的解都很简单为止。在分解过程中,子问题与原问题会形成一棵树。

计算机科学中的树结构与自然界的树是相反的——根在最顶上,向下生长。树结构一般用来组织具有层次关系的数据。树中每个节点或没有父节点,或有唯一的父节点。没有父节点的节点是唯一的,称为根节点。每个节点可以有多个子节点,没有子节点的节点称为叶节点。节点之间用线连接。图 3-3 显示了一棵描述《红楼梦》中贾家部分家族关系的树,线段代表树的边,用来表示父-子层次关系。

以撰写某问卷调查报告为例,来展示如何进行问题的分解。假设学校布置任务,要完成关于某主题——如共享单车——的问卷调查报告。在确定了主题后,撰写问卷调查报告不是一步就能完全解

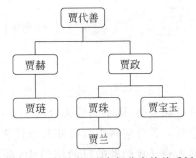

图 3-3 《红楼梦》贾家部分家族关系树

决的问题,因为要解决该问题,所需考虑的细节太复杂,难以一次处理完,因此,需要将该问题进行分解。分解后各子问题要变得简单,通过组合各子问题的解,构成整个问题的解。

通常来说,撰写问卷调查报告须分为几个步骤:制作问卷、收集数据、分析数据、撰写报告、提交报告。据此,该问题分解为 5 个子问题,每个子问题将变得相对简单,且子问题的目标很明确。分解后得到如图 3-4 所示的树形图。

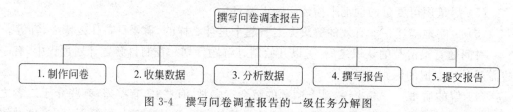

图 3-4　撰写问卷调查报告的一级任务分解图

通过分解,对撰写问卷调查这个问题认识更清楚,分解展示了解决问题所需的更多细节,也展示了更多的未知因素。例如,撰写报告子问题中,报告由哪些部分组成,格式是什么样的,目前还是未知的。此外,用什么方法收集数据,用什么工具分析数据,也是未知的,等等。

通过调研,发现有很多网站提供免费的问卷调查发布、数据统计与分析功能。假设拟基于这样的网站进行本次问卷调查报告的撰写,那么"制作问卷"任务将被分解为编写问卷题目和通过网络发布问卷两个子问题。而收集数据、分析数据将变得简单了,可直接利用网站提供的功能,在人们通过计算机、手机等方式完成问卷调查时,自动完成数据的收集和分析。因此,这两个问题将不再被分解。撰写报告任务相对而言较为复杂,可以根据报告格式分解成多个子任务,例如,撰写摘要和引言,进行数据分析等。最后提交报告只需要通过邮件将报告发送给老师即可。根据上述分析,可以得到如图 3-5 所示的问题分解树形图。

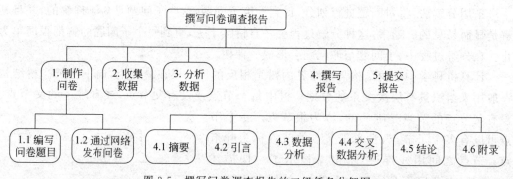

图 3-5　撰写问卷调查报告的二级任务分解图

在问题分解时,按照子问题编号逐个考察,看该问题的解是否显而易见、是否足够简单。如果是,则不需要再分解了,否则,可进一步分解成更小的子问题。该过程持续下去,直到问题分解树中所有叶节点代表的问题足够简单为止。此外,在分解过程中,不要过度陷入到寻找问题的解的细节中,即如何做,而要将主要精力放在为解决该问题,需要做什么。

2.8节展示了如何用分解法打印月历。此处再以绘制如图3-6所示的脸图形为例，利用分解法，可将绘制笑脸形状的任务分解成几个简单图案的绘制，每个简单图案的绘制都是较为容易的。

(1) 作为头的一个圆。
(2) 作为眼睛的两个同心圆图形（小的圆是实心的）。
(3) 作为嘴的一个圆弧。

图3-6 脸图形示例

按照这个分解，绘制笑脸图形的过程如图3-7所示。

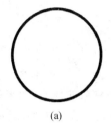   
(a)　　　　　　(b)　　　　　　(c)　　　　　　(d)

图3-7 脸图形绘制过程

分解的结果是制订详细解题计划的起点。基于分解树，可以知道需要做什么才能解决问题，可以看到各子问题之间的依赖关系——先做什么，后做什么，哪些可以一起做。分解也有助于协作，可以将分解出来的子问题交给不同的人去（同时）完成，提高效率。

3.3.3 模式与归纳

有效的问题求解不仅仅是找到一个解决方案就结束了，还涉及在得出解后，改进解，使其更具效力。解的问题多了，会发现有些问题之间具有相似性，相似性会导致问题的解中有些元素是重复出现的，或解中有些元素是类似的。仔细考察这些相似性，找出解决方案中的相似性，归纳出普适解决方案，这是改进解决方案使其更具效力的第一步。

以图3-7绘制脸图形的问题为例，下面给出一个示例算法，用于绘制某个脸图案，假设初始绘制颜色默认为黑色。请注意，坐标原点在左上角，x轴正向为右，y轴正向为下。

1. 以坐标(50,50)为圆心，30为半径，线宽为2，绘制一个圆。
2. 以坐标(40,40)为圆心，6为半径，线宽为1，绘制一个圆。
3. 以坐标(40,40)为圆心，3为半径，绘制一个实心圆。
4. 以坐标(60,40)为圆心，6为半径，线宽为1，绘制一个圆。
5. 以坐标(60,40)为圆心，3为半径，绘制一个实心圆。
6. 线宽为1，从坐标(30,70)到(70,70)，绘制一条红线。

这个例子中，各指令间的模式很容易归纳出来。这种归纳使得解决方案变得简单，因为包含的概念减少了。本例中，虽然有6步，但是只有绘制圆和绘制线两个概念。并且这两个概念可以重复应用到绘制其他图形的解决方案中。

识别解决方案中的模式有一些通用的规则，下面列举这些规则。

(1) 看看哪些名词重复出现,名词对应着解决方案的操作对象。

(2) 看看哪些动词重复出现,动词对应着解决方案的操作。

(3) 看看有哪些具体描述,这些具体描述在不同情况下可能被替换为其他的具体描述。这些可被替换的描述称为变量。例如:

① 形容词红、长、光滑表示事物的性质,可以归纳成颜色、尺寸、材质,在不同的解决方案中会被其他相应的形容词替换。

② 具体的数值,在不同的解决方案中会被其他的值替换。

根据这些原则来考察上面绘制形状的算法,可以看到:

(1) 出现的名词:圆、半径、圆心、线宽、线。

(2) 出现的动词:绘制。

(3) 出现的形容词:红色、黑色、实心。

(4) 出现的数值:各个坐标。

进一步考察,有些名词是算法操作的对象,如圆、线,而有些是对象的性质,如半径、圆心、线宽。因此可知,线和圆是形状的特例,"形状"是线和圆的归纳。算法中的动词只有一个,即绘制,它是该算法的核心操作。操作通常需要操作对象,对象是可变的,因此,通常以参数形式出现。在该算法中,绘制的参数是形状。

算法中的形容词除了颜色,还有实心,所谓实心,指的是用某种颜色填充某个形状。因此,又发现算法的一个操作,该操作有两个参数:颜色和形状。算法中出现的所有数值都是坐标,是操作对象的属性,不同的对象,坐标值不同。

根据上述分析,可以对该算法进行如下归纳,带括号的操作,括号中是操作的参数。

(1) 绘制(形状):一个画给定形状的操作。

(2) 填充(形状,颜色):一个用给定颜色涂满给定形状内部的操作。

(3) 形状:带有外部边界的对象,特殊形状有圆和线。

① 圆:具有半径、圆心和线宽属性的形状。

② 线:具有两个端点和线宽属性的形状。

至此,从一个具体形状的绘制算法出发,归纳出了其中的模式,并对其进行了简化。归纳出来的模式可用于绘制其他形状的算法。

上述对算法中模式的归纳还停留在操作和操作对象上,更复杂的模式需要拓展视野,寻找不同操作步之间的共性。这种归纳相对而言更难,并且需要更多的经验。但是这种归纳是值得的,后面可以看到这种模式的归纳带来的效力。

简而言之,更复杂模式的归纳有下面这些可遵循的原则。

(1) 操作步间的模式可归纳为循环。

(2) 操作步块间的模式可归纳为子过程(函数)。

(3) 条件和等式间的模式可归纳为规则。

1. 归纳为循环

仍以图 3-7 绘制脸图形的问题为例,考察下述算法。

1. 以坐标(40,40)为圆心,6 为半径,线宽为 1,绘制一个圆。
2. 以坐标(40,40)为圆心,3 为半径,绘制一个实心圆。
3. 以坐标(60,40)为圆心,6 为半径,线宽为 1,绘制一个圆。
4. 以坐标(60,40)为圆心,3 为半径,绘制一个实心圆。

经观察,可以发现第 3、4 步重复了第 1、2 步,唯一的差别是圆心坐标。由此,可以将这 4 步归纳为一个循环,如下所示。

1. 令坐标集合为{(40, 40), (60, 40)}。
2. 对坐标集合中的每个坐标(x, y):
   ① 以坐标(x, y)为圆心,6 为半径,线宽为 1,绘制一个圆。
   ② 以坐标(x, y)为圆心,3 为半径,绘制一个实心圆。

至此,归纳出了一个循环,循环的控制条件是坐标集合中的所有元素,每次会用集合中每个元素的值替换 x 和 y,分别执行循环中的两个绘制操作,即第一次 x=40 且 y=40,第二次 x=60 且 y=40。

2. 归纳为子过程

子过程是对操作步块间的模式进行归纳,操作步块是由多个操作步构成的结构,如上面的循环就是一个操作步块。该循环中两个绘制动作实现的功能是绘制一个眼睛,将这两个绘制动作置于循环内,是为了连续绘制两个眼睛。

假设在某次绘制形状时,需要绘制多个脸的形状,那么,绘制两个眼睛的循环将在绘制算法的多个地方出现。此时,多次出现的操作步块就会呈现出相似或相同的模式,当需要更改绘制眼睛的方法时,需要在算法的多个地方进行修改。对此可以进行改进,进一步归纳出绘制眼睛的子过程,将绘制眼睛的操作集中到该子过程内,而不需要在算法中重复出现多次具体绘制眼睛的操作。

对上面归纳出的循环进一步归纳,可以看到,半径和线宽是可变的,因此,可归纳为如下步骤。

1. 以坐标(x, y)为圆心,r1 为半径,线宽为 w,绘制一个圆。
2. 以坐标(x, y)为圆心,r2 为半径,绘制一个实心圆。

基于此,可以定义一个画眼睛的子过程。

"画眼睛"是一个子过程,参数为(x, y, r1, r2, w)。
1. 以坐标(x, y)为圆心,r1 为半径,线宽为 w,绘制一个圆。
2. 以坐标(x, y)为圆心,r2 为半径,绘制一个实心圆。

现在,当需要绘制眼睛时,只需要用特定的参数调用"画眼睛"子过程即可。例如:

1. 以 r1=6、r2=3、x=40、y=40、w=1 为参数调用"画眼睛"。
2. 以 r1=6、r2=3、x=60、y=40、w=1 为参数调用"画眼睛"。
3. 以 r1=4、r2=2、x=240、y=40、w=1 为参数调用"画眼睛"。
4. 以 r1=4、r2=2、x=250、y=40、w=1 为参数调用"画眼睛"。

可以看到,归纳出子过程后,绘制眼睛的操作集中在了子过程内,其他需要绘制眼睛的操作变成了子过程调用。并且,不同的参数可以绘制不同的眼睛。这样带来的好处是不言而喻的。

3. 归纳为规则

进一步考察"画眼睛"操作,可以发现构成眼睛的两个同心圆中,内圆半径是外圆半径的 1/2。如果对任何形状的眼睛来说,这个归纳都是成立的,那么,可进一步改进"画眼睛"子过程,如下所示。此处总结出来的半径间的关系就是一条规则。

"画眼睛"是一个子过程,参数为(x,y,r,w)。

1. 以坐标(x,y)为圆心,r 为半径,线宽为 w,绘制一个圆。
2. 以坐标(x,y)为圆心,$\frac{r}{2}$ 为半径,绘制一个实心圆。

规则通常以"当……"或"如果……则……"。例如,对绘制形状的问题来说,算法中有一些圆是不需要填充的,其实隐含着使用背景颜色填充这样的圆。因此,可归纳出一条规则:如果绘制的圆不是实心的,则其内部用背景的颜色填充。

3.3.4 小结

分解与归纳是相关的概念,分解将问题拆分成小问题,而归纳是将解决方案中的小步骤组合成较大的步骤。归纳的目的是改进问题的解,使其更易于处理,适用于更多的相似问题。

3.4 抽象与建模

抽象是计算思维的核心概念,对问题求解有非常大的作用,它会让人们聚焦于求解问题相关的细节,而避免无用细节的干扰。对抽象出来的结果,建模是用另一种方式对其进行描述,包括其静态的属性和动态的行为,利用前面所学的逻辑思维和算法思维,可以在建模的基础上构建出计算的解。

3.4.1 抽象

抽象(Abstraction)包含两个方面的含义:第一个方面指的是舍弃事物的非本质特征,仅保留与问题相关的本质特征;第二个方面指的是从众多的具体实例中抽取出共同的、本质性的特征。这是两种不同的操作。

抽象在计算思维中有着非常重要的地位,计算思维是"抽象的自动化执行"。

首先,计算思维涉及用计算机求解现实问题,那么,需要在计算机中构建现实问题的模型。但是,这种模型不是将现实问题原封不动地迁移到计算机内,而只能在计算机中描述现实问题。现实问题涉及的事物多且较为杂乱,包含大量的无用的、干扰性的细节。因此,难以完全地描述现实问题,只能是将与问题求解相关的本质性细节保留下来,针对这些细节进行建模和求解问题。只有人自己对这些模型有很好的理解之后,才能通过编程等方法,指导计算机使用这些模型求解问题。

其次,从人处理事物的能力角度看,人最多只能在大脑中同时记忆并处理不超过 7 个信息。这个能力限制了人能同时处理的问题规模,因此,除了 3.3 节介绍的分解方法外,结合问题求解背景,进行必要的抽象是必要的。

1. 第一类抽象

以中学数学习题中常见的以汽车追及问题为例,其实出题人已经对实际情况进行了抽象,舍弃了与追及问题无关的汽车的特性,如汽车的颜色、汽车的排量、汽车的换挡方式等,仅留下了汽车的速度。在其他涉及汽车的问题上,可能汽车的速度将不再是本质特征,此时速度这个特征可被舍弃。可见,抽象是与场景相关的,事物的有些特征在某些场景下是无关紧要、可被舍弃的,而在某些场景下是本质性的、不可舍弃的。

日常生活中抽象也是无处不在的,很多经常接触到的事物就是对某些真实环境的抽象。典型的例子是各城市的地铁图。美术中的抽象画派也是利用抽象这一技术,抓住绘画对象的本质特征,通过简单的线条等进行绘制。非常典型的例子是著名的抽象画派画家毕加索画牛时,只保留了"究竟哪里使得它能被我们认为是一头牛"的特征,而其他的特征被舍弃了。即如果某一个时刻,剪掉某个东西之后,它不像牛了,那么说明那个东西就是关键的、体现牛的本质特征的。

如图 3-8 所示,第 1 步的图 3-8(a)中,有许多牛的细节,比如牛皮的明暗、牛的表情、牛背上竖着的牛毛,等等。第 2 步去掉了一定的立体关系,使牛更平面,但仍然很像。第 3 步继续削弱明暗光影的因素后仍然很像牛,因此,可见光影并不是识别牛的关键。第 4 步,把牛头处理得更加抽象、简化,还是很像。第 5 步,更加简化线条,同时删去了五官。可以看到它仍然很像牛,可见五官并不是识别牛最关键的要素。第 6 步,更加简化线条,同时简化了黑白灰配比。此时仍可看出是头牛,说明黑白灰配比也不是那么重要的因素。第 7 步,彻底去掉明暗,去掉色块、黑白灰。虽然造型略抽象,但还是可以认出是牛。这表明明暗等因素都不重要。但是散乱的线条,使造型略混乱。第 8 步时,头部的眼睛等东西被简化成一个小圆圈,并把打散的线条进行了修补,使线条变的简洁,此时,比第 7 步的结果更加像头牛。

图 3-9 是毕加索画牛的最终版,可以看到,所有不关键的元素都被舍弃,留下的是牛的强壮躯干、四肢、牛角、牛尾巴,以及地面的投影。这就是一个典型的舍弃非本质特征进行抽象的例子。

2. 第二类抽象

3.3 节将在两个不同位置画同心圆得到眼睛的操作,逐步抽象成一个"画眼睛"子过程的过程,是典型的第二类抽象。通过提取画眼睛的共同特征,即除了圆心坐标不一样,其余操作都相同,将画眼睛的细节进行了屏蔽,只剩下"画眼睛"这个动作。每次调用"画眼睛"子过程就在指定的坐标处画出了眼睛,而不需要关心画眼睛具体是如何实现的。这种抽象是分层的,从高层看下去,只有"画眼睛"这个动作,而不关心细节。

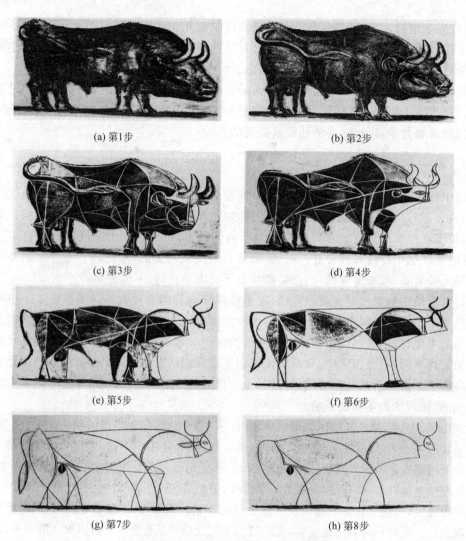

(a) 第1步　　　　　　　　(b) 第2步

(c) 第3步　　　　　　　　(d) 第4步

(e) 第5步　　　　　　　　(f) 第6步

(g) 第7步　　　　　　　　(h) 第8步

图 3-8　毕加索画牛的抽象过程

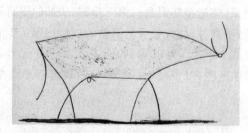

图 3-9　毕加索画的牛

继续这种抽象,可以将画脸、画眼睛、画嘴巴这些共同特征提取出来,构成"画人脸"这样一个子过程。

又例如,数学上,对数列 0、2、4、6、8、10…进行共同特征的提取,每个偶数与其出现的位置紧密相关,即第 1 个是 0,第 2 个是 2,等等。对这些共同特征进行抽象,用 n 来表示

第 n 个数,则这个数列可用 $2\times(n-1)$ 且 $n\geqslant 0$ 表示。抽象后,只看到了 $2\times(n-1)$ 这个式子,而数列中具体的偶数被屏蔽了,当需要得到第 i 个数时,只需要计算 $2\times(i-1)$ 即可。

这种类型的抽象在日常生活中是很常见的。以汽车为例,汽车是由非常复杂的机械系统、电子系统构成的。这些琐碎的复杂的机械或电子设备又分别构成点火系统、刹车系统、动力系统、转向系统等。对司机来说,开车只需要会打方向盘转向、踩油门加速、踩刹车停车、转动钥匙发动汽车即可,而不需要了解各种驾驶行为会涉及哪些复杂的机械或电子设备,以及这些设备是如何工作的。这里,点火系统、刹车系统、动力系统、转向系统等就是对复杂的汽车内机械和电子设备的一层抽象,隐藏了各系统内的复杂细节。方向盘、油门踏板、刹车踏板等是汽车提供给司机的操作界面,这个界面也是对这些系统的一层抽象,隐藏了各系统的细节。

在第 1 章中介绍了图灵机模型,它是一个抽象的计算模型。图灵把他的计算模型抽象成一种非常精简的装置:一条无限长的纸带、一个读写头、一套控制读写头工作的规则、一个状态寄存器。有了图灵机这一抽象模型,可以得到很多本质的规律,如对于计算的本质问题,计算机科学中著名的邱奇-图灵论题(The Church-Turing thesis)就说明了所有计算或算法都可以由一台图灵机来执行。本书第 5 章中介绍的冯·诺依曼体系结构就是对现代计算机体系结构的一种抽象认识。在冯·诺依曼体系结构中,计算机由内存、处理单元、控制单元、输入设备和输出设备五部分组成。这一体系结构屏蔽了实现上的诸多细节,明确了现代计算应该具备的重要组成部分及各部分之间的关系,是计算机系统的抽象模型,为现代计算机的研制奠定了基础。

网络协议也是计算机科学与技术中运用抽象思维解决复杂问题的典型。本书第 6 章介绍了网络协议的 ISO/OSI 七层体系结构模型,该模型将复杂的网络通信任务分解成 7 个层次,每个层次都是利用下一层的接口,完成本层的数据处理,并为上一层次提供更加高层的服务接口。越靠近底层的协议越接近物理实现细节,越靠近顶层的协议越接近人们的认识和理解,每一层都是在下一层的基础上做更高层的抽象,屏蔽细节,提供更高级的、更本质的服务。借助七层体系结构模型,网络系统最终完成了用户信息到物理线路信息的正确、可靠的转换,实现了计算机之间的通信。

3.4.2 建模

在讨论抽象时,经常出现的一个词是建模(modeling),它是对现实世界事物的描述,这种描述通常会舍弃一些细节。建模的结果是各种模型,是对现实世界事物的各种表示,即抽象后的表现形式。

抽象得到的结果有很多种形式,可以是最简单的概念,如日历,就是对时间的抽象,为人们观察地球完成特定运动所需时间进行了命名,即年/月/日。又例如 3.3 节中的"画眼睛"子过程,等等。也可以是较为复杂的形式,如解数学题时画的线段图等。本节重点介绍计算思维中,设计基于计算机的解时,如何图形化地给出模型。

一般来说,模型展示了问题解决方案涉及的对象,以及对象之间的关系。并且,根据问题求解背景,所有的模型都会隐藏所建模的对象的一些细节,如图 3-10 所示。模型中的对象又称为实体,通常一个模型由两部分构成。

(1) 实体:所要建模的系统的核心构成。

(2) 关系:所要建模的系统中实体之间的关系。

通常来说,对同一个问题(系统)进行求解时,可能会有多种解决方案。因此,得到的模型可能也会有多种,但是,目标问题或系统中的实体不会变。因此,同样的实体可能应用于不同的模型中,且在

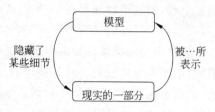

图 3-10　模型与现实的关系

不同模型中的用途也会不一样。这些模型提供了对同一个系统的不同视角,不同视角带来不同的解决方案。例如,中学数学中同样的问题可用列方程的方法,也可用画线段图的方法得到解,或同样的问题可用代数方法,也可用几何方法得到解。此外,根据考察问题视角的不同,实体间的关系也会有不同。因此,要根据实际问题背景来决定选用哪种模型,来决定模型中实体之间的关系。

模型中的实体和关系通常还会有额外的信息,一般包括 4 种。

(1) 属性:实体或关系的离散信息。例如,地铁图中某个站的名称。

(2) 类型:实体的所属的分类。例如,地铁图中两个站点之间的连线表示这两个站点属于同一条地铁线;地铁线的颜色标明了不同的地铁线。

(3) 规则:关于某个实体的命题,且该命题在实体上必须为真。例如,地铁线上某个站点可能会被打上标记"周六下午 4 点到 8 点不停靠本站"。

(4) 行为:用自然语言或算法表达的实体的动作。例如,地铁线上某段可能要求地铁以慢速通行。

一般会将模型分为静态模型和动态模型。静态模型展示的是系统的快照视图,描述了在某个时间点上实体及其关系。例如,地铁图就是一个静态模型,展现了当前时刻所有线路和站点的状态。当然,将来其状态可能会发生改变,如某个站点会被关闭、可能会新增一条线路,但是,地铁一旦建成后,其布局很少会发生变化,这种静态地铁图模型对大众来说足够了。

动态模型展示的是模型随时间发生的变化,其目的是解释随时间推移,模型状态变化的情况。通常涉及两个要素。

(1) 状态:特定时间点的实体状况。

(2) 迁移:状态的一次变化。

动态模型多种多样,但一般会包含以下某些或全部内容。

(1) 事件:导致状态迁移的事件。

(2) 动作:随状态迁移产生的计算。

以地铁出入口使用的旋转闸机的动态模型为例,人们在使用旋转闸机时,其状态会发生变化。旋转闸机的动态模型可用状态图进行描述,如图 3-11 所示,图中圆角矩形表示状态,由所有状态构成的集合称为该状态机的状态集合,锁止状态为该状态机的初始状态。圆角矩形间的带箭头的线表示迁移关系,迁移上的标志表示导致迁移发生的事件。迁移关系又称为迁移函数,输入是当前状态和事件,输出是下一状态。图中的解释如下。

图 3-11 地铁旋转闸机的状态图

(1) 在初始状态(黑色实心点所指的)旋转闸机处于锁住状态。
(2) 刷卡或投币将使锁住的闸机解锁,变成可推动的。
(3) 推一个解锁的闸机,在人通过后,将使闸机变成锁住状态。
(4) 推一个锁住的闸机,不会产生任何效果。

下面,给出有限状态机的形式定义。一个有限状态机 A 是一个五元组 $\langle \Sigma, Q, \delta, q_0, F \rangle$,其中:

Σ 是一个有穷的字母表;

Q 是一个有穷的状态集合;

$\delta: Q \times \Sigma \rightarrow Q$,是一个状态迁移函数;

$q_0 \in Q$,是一个初始状态;

$F \subseteq Q$,是一组接收状态。

通过抽象得到的各种模型,在问题求解中所起的作用非常明显。首先,模型有助于理解和简化问题,理清思路。数学家欧拉解决哥尼斯堡七桥问题,就是模型简化问题的典型例子。18 世纪初普鲁士的哥尼斯堡,有一条河穿过城区,河上有两个小岛,有七座桥把两个岛与河岸联系起来,如图 3-12 所示。有个人提出一个问题:一个步行者怎样才能不重复、不遗漏地一次走完七座桥,最后回到出发点。

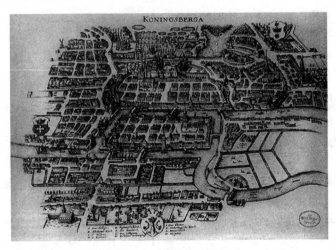

图 3-12 哥尼斯堡地图

看城市地图的话,问题非常复杂,图中有河流、桥、街道、各种建筑物,这些都给问题求解带来了不必要的细节。数学家欧拉对地图进行了抽象,将陆地抽象成了一个点,桥抽象成了连接点的边,得到了一种典型的模型——图(graph),如图 3-13 所示。图是一种由节点和边组成的模型。通过构建图模型,舍弃了与问题无关的细节,欧拉可以专注于问题求解。通过解决该问题,欧拉开创了数学的一个新的分支——图论与几何拓扑。

随着计算机技术的发展,计算机被大量用于这类动态模型的建模与模拟。气象这种复杂系统的分析,只凭理论和简单试验是难以完成的。通常用数学模型来建模气象系统——大气、冰川、地表和紫外线等实体及其关系,并借助超级计算机的能力,对模型进行模拟,实现中长期天气预报。

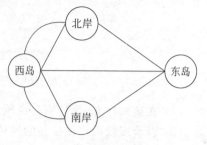

图 3-13　哥尼斯堡七桥问题的图模型

第 7 章将介绍的 E-R 图模型,也是一种常用的建模方法。

3.5　评价解决方案

按照问题求解过程,至此相信读者已学会了分析和理解问题、利用分而治之等策略设计和实现解决方案、用测试和调试方法找出 bug,最后得到一个能解决问题的程序或软件。那么,是否意味着问题求解就结束了呢?答案是并没有结束。在结束之前,要确保你的解是一个"好"解,必须对解进行评价,即解的质量如何。

评价涉及很多方面,根据每个方面的问题进行回答,根据回答来评估。这些问题包括如下。

(1) 解是否正确?是否确实解决了你要解决的问题?

(2) 解的效率如何?是否合理地使用了各种资源?

(3) 解是否优雅?是否简单而有效?

(4) 解是否可用?是否提供了一种令用户满意的使用方法?

本节就与评价解相关的问题进行介绍。从此处开始,将用算法、软件、程序来称呼"问题的解"。因为计算思维的产物——问题的解——是软件或程序。

3.5.1　解是否正确

评价解的最重要指标是解的正确性:是否真正解决了所给的问题?如果解不正确,那么其他指标的评价无论多完美,都是多余的。

那么,如何评价一个程序的正确性呢?谨慎的做法是假定一个程序是不正确的,直到被证明是正确的。这种方法在很多方面都是说得通的。实践上,在没有经过详尽的测试和调试之前,任何一个解决方案都几乎是有错误的;哲学上,不正确的解决方案比正确的解决方案要多得多,这种方法在科学、医药、法律等领域都被大量使用;技术上,程序正确性保证是计算机科学中的"大问题",通常用数学的方法来证明程序是正确的。

但在实际工程中，用数学方法证明程序正确性的代价太大，因此，基本上采用测试来评价解的正确性。但是，并不表示随便测试一下就能说明程序是正确的，需要系统化的、有计划的测试。通常在开始设计和实现程序的时候，所要解决的问题已经被转换为程序或软件的需求了。此时，会将需求映射为测试计划。测试计划写明了对需求中每一个要求，应该用什么样的输入去运行程序、什么样的运行结果是正确的，等等。表3-2是2.8节打印月历程序的测试计划示例。根据测试计划，对程序的测试将涵盖所求解问题的各个方面，并判断是否是预期的行为。

表3-2 月历打印程序的测试计划示例

序号	测 试 输 入	预 期 输 出	真 实 输 出	是 否 匹 配
1	2018年2月	第一天为星期四，本月有28天	与预期输出相同	是
2	2016年2月	第一天为星期一，本月有29天	第一天为星期一，本月有28天	否
3	2017年7月	第一天为星期六，本月有31天	第一天为星期六，本月有30天	否
4	2018年4月	第一天为星期日，本月有30天	与预期输出相同	是

但是，测试是不完备的，要想把程序的所有可能输入都测试一遍是不可能的。测试无法证明程序没有错误，它只能暴露出程序中的错误。随着通过的测试越来越多，对被测程序的正确性的信心越高。下面给出基于测试的程序正确性信心的渐进视图，级别从最低到最高。

1. 程序无语法错，或其他可被自动检测到的无效操作。
2. 对某些测试，程序的运行结果是正确的。
3. 对典型或随机的测试，程序的运行结果是正确的。
4. 对特意设计成难处理的测试，程序的运行结果是正确的。
5. 对所求解问题的所有可能的测试，程序的运行结果是正确的。
6. 除了对错误的测试数据给出正确的(或合理的)响应外，与5级相同。
7. 对于所有可能的输入，解决方案给出正确或合理的回应。

需要注意的是，测试失败的测试输入数目的减少，不会增强对程序正确性的信心，因为只要有一个失败的测试，就足够说明程序是不正确的。换句话说：

(1) 既没有成功的测试，也没有失败的测试，只意味着没有证据表明程序是正确的。

(2) 只有一些成功的测试，而没有失败的测试，只意味着有一些证据表明程序是正确的。

(3) 有一些成功的测试和至少一个失败的测试，意味着程序是不正确的。

解的正确性只保证它能解决给定的问题，而求解速度是快是慢、解的实现是复杂的还是简单的等因素并不影响正确性，但这些因素会影响解的质量。

3.5.2 解的效率如何

对同一个问题可以设计出不同的算法对其求解。算法实现为计算机程序时,需要占用计算机的 CPU 进行运算、占用主存保存程序及数据。解的效率关心的就是程序在占用计算资源方面的表现。可以看到,如果算法运行时间短,则其占用 CPU 的时间短,如果数据结构组织得好,则占用的存储空间少。通常用时间和空间两个指标来度量算法效率。

(1) 时间:算法从开始运行到结束所需的时间,通常用执行的命令数来度量。

(2) 空间:算法工作时占用的主存存储量。

用程序实现算法,会和具体的编程方法、编程语言,甚至计算机的软硬件平台紧密相关,同一个算法可以在不同的平台上、用不同的方法实现为不同的程序,这些程序可能在功能上都能实现算法的操作,但是在实际运行时间和空间上差距很大,所以,程序在计算机上实际运行时间和空间不适合用来反映算法的时间复杂度和空间复杂度。但是,算法中循环执行的次数不会因计算平台的不同而不同。因此,分析算法的时间复杂度和空间复杂度时,考虑的是算法的主要操作步骤,用主要操作步骤的数目以及所需的空间来度量时间和空间复杂度。这种评价方法使得对算法复杂度的分析,能够独立于算法的程序实现和具体计算装置。

算法的时间复杂度指算法需要消耗的时间资源,一般用算法中操作次数的多少来衡量。算法的时间复杂度是问题规模 n 的函数,记作 $T(n)$。这里的 T 是英文单词 Time 的第一个字母,n 是一个反映问题规模大小的参数。例如,从前几个自然数中找出所有的素数。假设一个算法面临的问题规模为 n,它需要 $2\times n^3+5\times n+8$ 步操作解决该问题。如果 $n=10$,需要 2058 步;如果 $n=100$,需要 2 000 508 步,等等。随着 n 的增大,对操作步数影响最大的是多项式中的 $2n^3$ 这一项,更确切地说是项 n^3,其他的 $5n+8$,甚至 n^3 项的系数 2 都不重要了,这时只要说明该算法是 n^3 数量级的,就足够体现它的时间复杂度了。

由此,算法复杂度并不是程序运行时实际的运行时间和空间需求,而是指随着问题规模的增长,算法所需消耗的运算时间和内存空间的增长趋势。算法的复杂度除了不考虑计算机具体的处理细节,一般也忽略算法所需要的、与问题规模无关的固定量的时间与空间需求,即对于 $T(n)$ 函数,关心的是该函数在数量级上与 n 的关系。为此,在算法的复杂度研究中,引入了一个记号 O(读作大 O),它源自英文单词 $Order$(数量级)的第一个字母。用大 O 来表示算法复杂度在数量级上的特点,有 $2\times n^3+5\times n+8=O(n^3)$。

下面给出"大 O"的严格定义。

假设 $f(n)$ 和 $g(n)$ 是两个参数为正整数的函数,如果存在一个正整数 n_0 和常数 $c>0$,使得当 $n\geqslant n_0$ 时,都有 $f(n)\leqslant c\cdot g(n)$ 成立,就称函数 f 的增长不会超过函数 g,记为 $f=O(g)$。

如果有 $f=O(g)$ 且 $g=O(f)$,则函数 f 和函数 g 是同数量级的。

根据上面的定义,则 $2n^3+5n+8=O(n^3)$,且 $2n^3+5n+8$ 和 n^3 是同数量级的。

通过引入大 O 记号,使得算法复杂度分析能够聚焦到数量级上。常见的大 O 形式如下。

(1) $O(1)$ 表示常数级复杂度,算法的复杂度不随问题的规模增长而增长,是一个常量。

(2) $O(\log n)$表示对数级复杂度(说明:此处不需要给出底数,log 只是表示复杂度的级别,无论以何数为底,其渐近意义都是一样的)。

(3) $O(n)$表示线性级复杂度。

(4) $O(n^c)$表示多项式级复杂度,c 为常数。

(5) $O(c^n)$表示指数级复杂度,c 为大于 1 的常数。

(6) $O(n!)$表示阶乘级复杂度。

图 3-14 给出了各种不同算法复杂度下,运算步数随问题规模 n 的增大的变化趋势。假设某台计算机每秒运行 10^6 条指令,表 3-3 给出了各种算法复杂度随问题规模增加,运行时间上的增加程度。表中除明确给出的时间单位外,默认时间单位是秒。

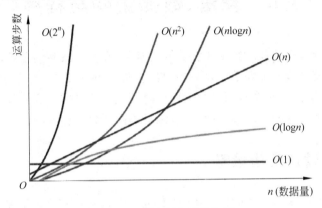

图 3-14 算法复杂度的比较

表 3-3 算法复杂度运算时间的比较

n	$O(\log n)$	$O(n)$	$O(n\log n)$	$O(n^2)$
10	0.000 003	0.000 01	0.000 033	0.0001
100	0.000 007	0.0001	0.000 664	0.1
1000	0.000 01	0.001	0.01	1.0
10 000	0.000 013	0.01	0.1329	1.7min
100 000	0.000 017	0.1	1.661	2.78min
1 000 000	0.000 02	1.0	19.9	11.6 天
1 000 000 000	0.000 03	16.7min	18.3h	318 世纪

算法的空间复杂度是指算法需要消耗的空间资源,即占用的存储空间的大小。算法所需的空间也是问题规模 n 的函数,记为 $S(n)$,S 是英文单词 Space 的第一个字母。空间复杂度函数 $S(n)$ 一般也用"大 O"表示。同时间复杂度相比,空间复杂度的分析要简单得多。例如,对素数筛选问题,需要的存储空间主要来自于存放 $2 \sim n$ 的整数序列,所以它的空间复杂度是 $O(n)$。

3.5.3 小结

当在解决方案的设计中综合考虑各种评估指标时,并不能一次就将所有指标调整到最优状态。实际设计中,往往需要在各项指标间进行权衡,达到各指标的折中。以解的效率为例,衡量效率的指标是解决方案的运行时间和所需的存储空间。当强调运行时间时,可能会用更大的存储空间来获得更快的速度;当强调存储空间时,可能会牺牲运行时间以获得更小的存储空间。这就是时空折中。

评估解涉及许多方面,评价解的质量的指标也有很多,其中最重要的是解的正确性。在保证了正确性后,再来考虑其他的指标,如效率、优雅和可用性等。要想在解决方案中兼顾各种指标,很难做到每个指标都是最优的,需要进行权衡,在各指标间进行折中。

3.6 算法、数据结构与程序

设计算法是计算机问题求解中非常重要的步骤,在分析清楚问题后,需要通过设计算法把问题的数学模型或处理需求转化为使用计算机的解题步骤,然后再将算法实现为程序,最后在计算机上运行程序从而得到问题的解。尤其是当问题比较复杂时,如果不经过分析问题和设计算法这两个环节,是不可能编写出高质量的程序的。

3.6.1 算法设计常用策略

在用计算机求解实际问题的过程中,计算机科学家发现很多问题都会涉及类似的问题,而这些问题又可以采取一些通用的方法或策略进行解决。因此,计算机科学中已经有很多典型的算法设计方法和策略,它们解决了很多重要的、基础性问题。下面简要介绍几个比较简单、但又非常有效的算法设计策略。

1. 分治法(Divide and Conquer)

分治法属于计算思维中的分解方法,采取"分而治之"的思想,把一个复杂的问题分成两个或更多子问题,再把子问题分成更小的子问题……直到最后子问题可以简单地直接求解。最后,通过子问题的解的合并得到原问题的解。分治法是很多高效算法的基础,如排序中的快速排序、归并排序等算法。

2. 贪婪法(Greedy)

贪婪法在算法的每一步骤中都采取在当前状态下最好或最优(即最有利)的选择,从而希望导致结果是最好或最优的。这是一种最直接的方法,但并非在任何情况下都能找到问题的解。对于大部分的问题,贪婪法通常都不能找出最佳解,因为它一般没有测试所有可能的解。贪婪法容易过早做决定,因而没法获得最佳解,对于寻求最优解的问题,贪婪法通常只能求出近似解。只有在一些特殊情况下,贪婪法才能求出问题的最佳解。一旦一个问题可以通过贪婪法来解决,那么贪婪法一般是解决这个问题的最好办法。贪婪法可以用于解决很多问题,如背包问题、最小延迟调度、求最短路径、Huffman 编码问题等。

3. 回溯法(Backtracking)和分支限界法(Branch and Bound)

为了寻求问题的解答,有时需要在所有的可能性(称为候选对象)中进行系统的搜索。例如,在寻求最优解的问题中,通常会把所有候选对象组织成一棵树,每个树叶对应着一个候选对象,而每个内部节点就表示若干个候选对象(即在此顶点下面的树叶)。回溯法是从树的根开始按深度优先的搜索原则向下搜索,即沿着一个方向尽量向下搜索,直到发现此方向上不可能存在解答时,就退到上一层内部顶点,沿另一个方向进行同样的工作。分支限界法也是从树根开始向下搜索,不同的是,分支限界法常常利用一个适当选取的评估函数,以决定应该从哪一点开始下一步搜索(分支),以及哪一点下方不可能存在解答,从而确定这点的下方不必进行搜索(限界)。

4. 动态规划(Dynamic Programming)

动态规划是以分治法为基础,也是将原问题分解为相似的子问题,在求解的过程中通过子问题的解求出。但是,如果原问题的解无法由少数几个子问题的解答直接组合得出,而依赖于大量子问题的解答,并且子问题的解答又需要反复利用多次时,动态规划方法会系统地记录各个子问题的解答,据此求出整个问题的解答。动态规划采取的是分治法加消除冗余,是一种将问题实例分解为更小的、相似的子问题,并存储子问题的解而避免重复计算子问题,从而解决问题的算法策略。使用动态规划的算法有很多,如求两个字符序列中最长公共子序列的算法、求解图中任意两点间的最短路径的 Floyd-Warshall 算法等。

3.6.2 算法的描述

算法的描述有多种方法,包括文字描述、图形描述、伪码描述等方法。

1. 文字描述

文字描述即用自然语言(汉语、英语等)来描述算法,通常是使用受限的自然语言来描述,以提高描述的准确性。采取这种描述方法,可以使得算法容易阅读和理解。例如,下面给出了求解两个整数的整商的算法的文字描述。

---
1. 输入两个整数,即被除数和除数。
2. 如果除数等于0,则输出"除数为0错误"。
3. 否则,计算被除数和除数的整商,并输出计算结果。
---

2. 图形描述

由于自然语言本身所固有的二义性,所以用文字描述算法难免会出现不精确、二义性问题。图形描述是一种更加准确的算法描述手段,主要包括流程图(也称为框图)、盒图(也称为N-S图)、PAD图等。在这里主要介绍流程图这种描述方法。流程图是对算法逻辑顺序的图形描述。例如,用长方形表示计算公式,用菱形框表示条件判断等。图形描述作为一种算法描述方法,虽然也会受到自然语言的影响,但其画法简单,结构更加直观清晰,可以不涉及太多的机器细节或程序细节;其主要弱点和文字描述一样,计算机很难直接识别。

流程图采用一些图形表示各种操作。美国国家标准化协会(American National Standard Institute,ANSI)规定了一些常用的流程图符号,已被普遍采用。主要的流程图符号如图 3-15 所示。

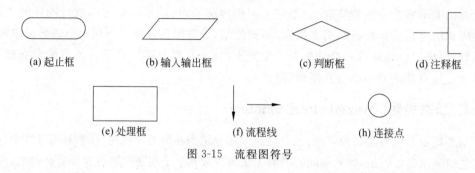

图 3-15　流程图符号

各符号说明如下。

(1) 起止框:用椭圆框表示,表示一个过程的开始或结束,"开始"或"结束"写在框内。

(2) 输入输出框:用斜的平行四边形表示,表示输入或输出数据,输入输出操作写在框内。

(3) 判断框:用菱形框表示,用来表示过程中的一个判定操作,判定的说明写在菱形内,一般是以问题形式出现,对该问题的不同回答决定了菱形框引出的路线,每条路线标上相应的回答。

(4) 注释框:用来对算法进行说明和解释。

(5) 处理框:用矩形框表示,表示过程的一个单独的操作步骤,操作的简要说明写在矩形内。

(6) 流程线:用带箭头的线条表示,以说明程序执行的先后次序。

(7) 连接点:用小的圆圈表示,用来标识不同的流程图的连接点。

流程图是描述算法的较好工具。图 3-16 是求解两个整数的整商算法的流程图描述。

3. 伪码描述

伪码(Pesudocode)也是一种算法描述方法,它的可读性和严谨性介于文字描述和程序描述之间,提供了一种结构化的算法描述工具。使用伪码描述的算法可以方便地转换为程序设计语言实现。伪码保留了程序设计语言的结构化的特点,但是排除了程序设计的一些实现细节,使得设计者可以集中精力考虑算法的逻辑。下面是用伪码描述的求解两个整数的整商的算法。

```
Input dividend, divisor
IF divisor = 0 THEN
```

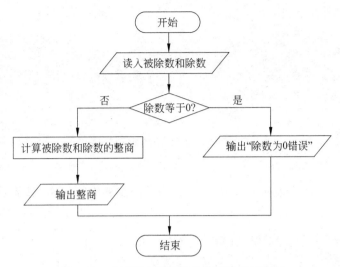

图 3-16 求解两个整数的整商算法的流程图

```
    Print "Error: the divisor can not be 0."
ELSE
    quotient :=dividend % divisor
    Print quotient
ENDIF
```

3.6.3 算法示例

下面从简单的问题出发,到复杂的问题,介绍几个经典问题的求解算法。

1. 辗转相除算法

辗转相除算法是古希腊数学家欧几里得在公元前三世纪为了求两个正整数的最大公约数而设计的算法,所以该算法又被称为"欧几里得算法"。该算法基于如下原理:两个正整数的最大公约数等于其中较小的数与两数之差的最大公约数。基于该原理,可以将求两个整数的最大公约数问题,转换成求这两个数中较小的数和两数相除的余数的最大公约数,如此反复,直至其中一个变成零。这时,剩下的还没有变成零的数就是原来两个正整数的最大公约数。

用两个变量 M 和 N 表示两个正整数,该算法可以求出它们的最大公约数,用自然语言描述如下所示。

1. 如果 $M < N$,则交换 M 和 N。
2. M 被 N 除,得到余数 R。
3. 判断 $R=0$,正确则 N 即为最大公约数,否则进入下一步。
4. 将 N 赋值给 M,将 R 赋值给 N,转到步骤 2 继续执行。

该算法的伪码描述如下：

```
IF M <N THEN SWAP M,N
R =M MOD N
DO WHILE R <>0
    M =N
    N =R
    R =M MOD N
LOOP
PRINT N
```

该算法的 Python 实现如下所示，按照算法伪码步骤编写程序，每条语句几乎可与算法步骤一一对应。

```
def gcd(M, N):
    if M <N:
        M, N =N, M
    R =M %N
    while R !=0:
        M =N
        N =R
        R =M %N
    return N
```

2. 累加求和的算法

假设需要计算整数 1～100 这 100 个自然数的总和。在解决该问题时，可以采取逐次将这 100 个自然数累加起来的方法。为此，用变量 S 表示每步累计的和，N 表示需要累加的自然数，算法流程图如图 3-17 所示。

该算法的 Python 实现如下所示。左边是按照算法流程图编写的程序，右边是用等价的 for 语句实现的程序，可以看到，借助语言的机制，可以用更少的语句实现算法。

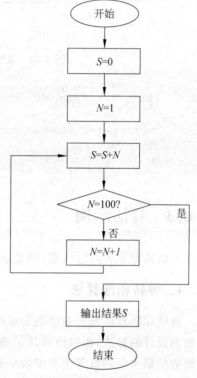

图 3-17　计算 1～100 的和的流程图

```
S=0                    S=0
N=1                    for I in range(1,101):
S=S+N                      S +=I
while N !=100:         print(S)
    N=N+1
    S +=N
print(S)
```

3. 排序

排序是信息处理中经常用到的一种操作,目的是将一串数据依照特定方式进行排列。这是一种常用的计算思维方法。排序算法有很多种,本节选用冒泡排序进行介绍。

冒泡排序(Bubble Sort)是一种简单直观的排序算法。该算法重复地扫描要排序的数列,依次比较相邻的两个元素,如果它们的顺序不符合要求,就把它们交换过来。扫描数列的工作是重复地进行直到没有再需要交换的元素,也就是说该数列已经排序完成。在这个算法的工作过程中,较小的元素会经由交换慢慢"浮"到数列的前端,较大的元素会慢慢"沉"到数列的末端,这就是该算法得名的原因。算法描述如下所示。

1. 比较相邻的元素。如果第一个比第二个大,就交换它们两个。
2. 对每一对相邻元素做同样的工作,从开始第一对到结尾的最后一对。在这一点,最后的元素应该会是最大的数。
3. 针对所有的元素重复以上的步骤,除了最后一个。
4. 继续对越来越少的元素重复上面的步骤,直到没有任何一对元素需要交换。

算法最后一次扫描将发现没有任何一对元素需要交换,这时整个序列就按照从小到大的顺序排好了。

基于上述算法思想,冒泡排序的 Python 程序如下所示,其中第一条 print 语句用于显示每次扫描后,数组中元素顺序的变化情况。

```python
arr = [18,35,36,61,9,112,77,12]
for i in range(1,len(arr)):
    for j in range(0,len(arr)-i):
        if arr[j]>arr[j+1]:
            arr[j],arr[j+1]=arr[j+1],arr[j]
    print(arr)
print(arr)
```

运行上述程序,可以看到,在排序过程中,每扫描一遍数组,各数位置变化情况将如图 3-18 所示。

```
排序前：     18  35  36  61   9  112  77  12
第1次扫描后： 18  35  36   9  61   77  12  112
第2次扫描后： 18  35   9  36  61   12  77  112
第3次扫描后： 18   9  35  36  12   61  77  112
第4次扫描后：  9  18  35  12  36   61  77  112
第5次扫描后：  9  18  12  35  36   61  77  112
第6次扫描后：  9  12  18  35  36   61  77  112
排序后：      9  12  18  35  36   61  77  112
```

图 3-18 冒泡排序过程示例

4. 背包问题

考虑这样一个问题：有 n 种物品,物品 j 的质量为 w_j,价格为 p_j。假定所有物品的质量和价格都是非负的,背包所能承受的最大质量为 W。限定每种物品只能选择 0 个或

1个(也就是说,每个物品可以选择放入或不放入背包)。求解将哪些物品装入背包可使这些物品的质量总和不超过背包质量限制,且价格总和尽可能大。这一问题被称为"背包问题",相似问题经常出现在商业、组合数学和密码学等领域中。下面用贪婪法设计求解该问题的算法。

采用贪婪法求解背包问题,可以设计多种贪婪策略,每种贪婪策略都采用多步过程来完成背包的装入,在每一步过程中利用贪婪准则选择一个物品装入背包。算法描述如下所示。

1. 将背包清空。
2. 如果背包中的物品质量已达到背包的质量限制,则转 5。
3. 否则(即背包中的物品质量未达到背包的质量限制),则按照贪婪准则从剩下的物品中选择一个加入背包,转 2。
4. 如果找不到这样的物品,则转 5。
5. 结束。

下面给出两种贪婪准则。

(1) **价格准则**:从剩余的物品中选择可以装入背包的价格最高的物品(没有超过背包的质量限制)。根据这一准则,价格最高的物品首先被装入(如果没有超过背包的质量限制),然后是剩下物品中价格最高的可以装入背包的物品,如此继续下去,直到剩下的物品中再也找不到可以装入背包的物品了,这样就得到了问题的一个解。这种策略一定找到一个解,但不能保证得到最优解。例如,考虑 $n=3$ 个物品,这 3 个物品的质量和价格分别为 $w=[50,30,20]$,$p=[40,30,30]$,背包的质量限制为 $W=60$。利用价格准则时,获得的解为 $x=[1,0,0]$(即物品 1 装入,而物品 2 和 3 不装入),这种方案的总价格为 40;而最优解为 $[0,1,1]$,其总价格为 60。

(2) **质量准则**:从剩下的物品中选择可以装入背包的质量最小的物品。对于前面的例子,按照这种规则能产生最优解,但在其他情况下,也不能保证得到最优解。考虑 $n=2$,$w=[10,20]$,$p=[50,100]$,$W=25$。当利用质量准则时,获得的解为 $x=[1,0]$,比最优解 $[0,1]$ 要差。

贪婪法在每一步做选择时,都是按照某种标准采取在当前状态下最有利的选择,以期望获得较好的解。贪婪法并非在任何情况下都能找到问题的最优解。

5. 递归算法

实际生活中有许多这样的问题,这些问题比较复杂,问题的解决又依赖于类似问题的解决,只不过后者的复杂程度或规模较原来的问题更小,而且一旦将问题的复杂程度和规模化简到足够小时,问题的解法其实非常简单。对于这类问题,可以采取递归的方法进行解决。

递归在数学与计算机科学中,是指在函数的定义中使用函数自身的方法。许多数学问题的求解方法都采取了递归的思想。例如,计算某个自然数 n 的阶乘,有如下公式:

$$n! = n\times(n-1)\times(n-2)\times\cdots\times 2\times 1$$

从数学上看,自然数 n 的阶乘可以通过递归定义为

$$n! = n\times(n-1)! \quad (n>1)$$
$$n! = 1 \quad (n=1)$$

可以看出,为了计算5!,要先计算出4!,要计算4!,又要先计算出3!的结果,等等,最终需要先计算1!。根据定义,1!为1,有了1!就可以计算2!了,依次最后可以得到5!的结果。这种解决问题的方法具有明显的递归特征。从这一递归计算过程可以看到,一个复杂的问题,被一个规模更小、更简单的类似的问题替代了,经过逐步分解,最后得到了一个规模非常小、非常简单的、更容易解决的类似的问题,将该问题解决后,再逐层解决上一级问题,最后解决了较复杂的原始问题。

递归与数学中的数学归纳法有一定的联系,可以看作是镜子的两面,如图3-19所示。递归在处理规模为n的问题时,将n减小为$n-1$或$n-2$,而数学归纳法在证明规模为n的命题时,先假设$n-1$成立,再从$n-1$推演到n成立。因此,归纳和归纳法就分别像镜子前的物体和镜中的像。

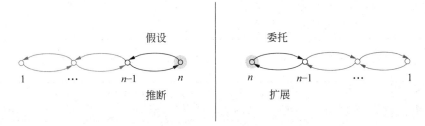

图3-19 递归与归纳法的关系

这种对称性对算法设计有启发作用:将求解规模为n的问题看作是证明规模为n的命题是成立的,利用数学归纳法进行证明,而在构造具体的计算的解时,逆向地利用归纳法的证明过程,即可方便地得到问题解的递归算法。

归纳法使得人们在解决问题时首先聚焦于小规模的问题,然后利用小规模问题的求证和假设,将解决方法推广到更大规模的同类问题上。利用归纳法设计递归算法的优势如下。

(1) 提供了一种系统化的算法设计方法。

(2) 在设计算法的同时就证明了算法的正确性。

以排序问题为例,对n个整数按照大小关系从小到大进行排序的问题,首先可用数学归纳法证明这样的排序是可行的、存在的,证明如下所示。

(1) 若n为1,即只有一个整数,则不需要排序。

(2) 假设对$n-1$个整数如何排序的问题已经解决了,即当整数个数为$n-1$个时,怎么排序是知道的。

(3) 当对n个整数排序时,从这n个整数中取出1个,则根据归纳假设,剩余的$n-1$个整数的排序问题已经解决了,则只要将取出的那个整数放到已排好序的$n-1$个整数序列中适当位置即可。

① 如果取出来的那个整数是随机的,假设为i,则在将i放回到$n-1$个排好序的整数中时,需要将i插入到适当的位置,这就是插入排序。

② 如果取出的那个整数是特殊的,如n个整数中最大的那个,则在将其放回到$n-1$个排好序的整数序列中时,只要将其放于序列最后即可,这就是选择排序。

基于上述证明过程，很自然地可得到插入排序和选择排序的算法，如下所示。

InsertSort(seq, n)算法	SelectSort(seq, n)算法
输入： 　　整数序列 seq； 　　整数个数 n； 输出： 　　排好序的整数序列 seq； 1: if 只有 1 个整数 then 2:　　return 3: InsertSort(seq, n-1) 4: 将第 n 个整数依次与前 n-1 个已排好序的整数比较 5:　if 其数值介于两个相邻整数之间，then 6:　　　将第 n 个整数插入到这两个整数之间	输入： 　　整数序列 seq； 　　整数个数 n； 输出： 　　排好序的整数序列 seq； 1: if 只有 1 个整数 then 2:　　return 3: 从 n 个整数中选择最大的整数，设为 k； 4: 将整数 k 与 seq 最后一个元素交换位置； 5: SelectSort(seq, n-1)

根据上述算法，用 Python 分别实现插入排序与选择排序，程序如下所示。

```
def InsertSort(seq, n):
    if n == 1:
        return
    InsertSort(seq, n - 1)
    j = n
    while j > 0 and seq[j-1] > seq[j]:
        seq[j-1], seq[j] = seq[j], seq[j-1]
        j = j - 1
```

```
def SelectSort(seq, n):
    if n == 1:
        return
    max_j = n
    for j in range(n):
        if seq[j] > seq[max_j]:
            max_j = j
    seq[n], seq[max_j] = seq[max_j], seq[i]
    SelectSort(seq, n-1)
```

注意：插入排序中要将整数插入到已排好序的序列中时，需要将插入位置右边的所有整数右移一个位置。另一个需要注意的地方是，由于 Python 中序列数据结构索引从 0 开始，若 seq 中有 n 个元素，则应用 n−1 为参数调用这两个函数，即 InsertSort(seq, n−1)和 SelectSort(seq, n−1)。

3.6.4　数据结构

　　数据结构是指相互之间存在一种或多种特定关系的数据元素的集合，一般涉及数据的逻辑结构、数据的物理结构，以及数据结构上的运算。

　　数据的逻辑结构是从具体问题抽象出来的数学模型，用于描述数据元素及其关系的数学特性，有时就把逻辑结构简称为数据结构。数据结构在计算机中的表示称为数据的物理结构，它包括数据元素的机内表示和关系的机内表示，通常一种逻辑结构可表示成一种或多种存储结构。物理表示中的机内表示采用的是二进制编码，数据元素之间的关系的机内表示可以分为顺序映像和非顺序映像。顺序映像借助元素在存储器中的相对位置来表示数据元素之间的逻辑关系。非顺序映像借助指示元素存储位置的地址来表示数据元素之间的逻辑关系。数据结构上的运算通常包括结构的生成与销毁、在结构中搜索满足某条件的数据元素、结构中插入新元素、结构中删除某元素，以及遍历结构内的数据元素。

数据的逻辑结构通常分为集合结构、线性结构、树结构和图结构四类。

（1）集合结构。该结构内的数据之间是属于同一集合的关系，集合的特征是结构内数据是可区分、无序的。Python中提供了set数据类型支持集合结构的运算。

（2）线性结构。该结构内的数据是一个有序数据元素的集合，每个元素有一个索引值，成一一对应关系。常用的线性结构有线性表、栈、队列、双队列、数组、串等。Python中的List即是一种线性结构。

线性结构的应用较为广泛。例如，将学生信息按照年龄大小罗列成一张表，表中每一项放入一个学生的信息。物理相邻的项，在年龄上具有顺序性，即为线性表。

队列可以看作是从日常生活中的"排队"现象抽象出来的结构。在火车售票厅买票，每个售票窗口前都排有一个队列。队列中最前面的人最先得到处理，他（她）的事务处理完后，从队列中出来，队列中余下的人向前进一个位置。如果有人希望进入这个队列，他（她）只能排在队尾。队列这样的数据结构两端区分队的头部和队的尾部。数据元素进入队列，只能从队尾进，成为队列的最后一个元素。出队列的元素只能是现队列中的最前面的元素。第一个元素出来后，队列中其他元素都需要向前移动一个位置。

栈可看作这样一个结构，它由若干方格叠加起来，每个方格存放一个数据项。栈的上端称为栈顶，栈的底端称为栈底。出栈时，只有栈顶的元素才能出来，而进栈时，只能从栈顶进入。如果一个非栈顶的元素要出栈，首先得把其上面的元素都出栈，它才能出来。因此，数据元素进出栈的原则是"先进后出"。栈这种数据结构也是对现实世界中某些现象的抽象。例如，一个探险队进入一个仅能容纳一人通过的山洞，进去后发现，洞的另一端是堵塞的，他们必须按照原路退出来。探险队员们出山洞的顺序与进去的顺序刚好相反。

（3）树结构。树结构是具有层次的嵌套结构，该结构中的数据成一对多的关系。一个树结构的外层和内层有相似的结构，所以这种结构大多可以用递归表示。Python中，可用元组数据类型来模拟一个树结构。

（4）图结构。图结构是一种复杂的数据结构，该结构内的数据存在多对多的关系，也称为网状结构。图的数据结构由节点和边组成，但对节点的连接关系没有限制。也就是说，图中任意两个节点之间都可存在一条边。实际上树是图的特例。图可以表示数据元素之间的复杂关系。例如，可以用图表示城市之间的公路交通。在这样的图中，节点代表城市，边代表连接城市的公路。通常用矩阵来存储图结构，Python中List可用来构成矩阵。

3.6.5 程序设计语言

用某种程序设计语言编写代码，这只是程序编码（coding），它是在算法设计工作完成之后才开始的。程序应包括以下两方面的内容。

（1）对数据的描述。在程序中要指定数据的类型和数据的组织形式，即数据结构。

（2）对操作的描述，即操作步骤。说明如何对数据进行处理，包括进行何种处理和处理的顺序。

程序从本质上来说是描述一定数据的处理过程。著名的计算机科学尼古拉斯·沃斯(Niklaus Wirth)用下面的公式说明了这种关系：

程序＝数据结构＋算法

程序设计语言是用于书写计算机程序的语言，其基本功能是描述数据和对数据的运算。程序设计语言不同于汉语和英语等自然语言，它是人工语言。程序设计语言的定义由 3 个方面组成，即语法、语义和语用。语法表示程序的结构或形式，即表示构成语言的各个单位之间的组合规律，但不涉及这些单位的特定含义，也不涉及使用者。语义表示程序的含义，即表示各个单位的特定含义，但不涉及使用者。语用则表示程序与使用者的关系。语言的好坏不仅影响其使用是否方便，而且涉及程序人员所写程序的质量。

程序设计语言的发展经历了从低级语言到高级语言的发展过程，而且新的程序设计语言还在不断产生。当今使用的程序设计语言很多，可以分为低级语言和高级语言两大类。

1. 低级语言

早期的计算机只有低级语言，包括机器语言和汇编语言。

1）机器语言

计算机能识别的指令是由 0 和 1 构成的二进制机器指令，这些数码形式的基本机器指令集构成了机器语言(Machine Language)。所有计算机只能直接执行本身的机器语言指令。机器语言程序通常由一组指令组成，每条指令指示计算机完成一个基本操作。机器语言是和具体机器相关的，用机器语言编写程序非常复杂、烦琐和冗长。下面的代码是某机器的机器语言程序，它的功能是把两个整数相加，并把结果保存在总和中。

```
0001  01  00001111
0011  01  00001100
0100  01  00010011
```

这些指令的意义：前 4 位为操作码，0001 表示取数，0011 表示加运算，0100 表示存数；中间 2 位为寄存器，01 表示寄存器 R1；最后 8 位表示操作数地址。

2）汇编语言

随着计算机的普及，用机器语言编程对大多数程序员来说都是烦琐而痛苦的。为此，人们设计了汇编语言，它是对机器语言进行符号化的结果。汇编语言使得程序员能够使用类似英语缩写的助记符来编写程序，从而摆脱了复杂、烦琐的二进制数据。下面的汇编程序也是把两个整数相加，并把结果保存在总和中，与机器语言程序相比要清晰得多。

```
MOV  a,  R1
ADD  b,  R1
STO  R1, sum
```

用汇编语言编写程序比用机器语言更直观、更易于理解。但是汇编语言并不能被计算机直接执行,为此,人们开发了相应的翻译程序——汇编器,它能把汇编语言编写的程序转换为机器语言程序,从而可以在计算机上运行。汇编语言虽然比机器语言更抽象,但是还是与具体机器关联太紧密。

2. 高级语言

为了提高编程效率,人们在汇编语言的基础上,开发出了高级程序设计语言(也称为高级语言,High Level Language),如 Pascal、C/C++、Python、Java 等。同样是上面的问题,把两个整数相加,并把结果保存在总和中,用高级语言编写起来非常简单。例如:

```
sum=a+b
```

显然,高级语言更接近于数学语言和自然语言,比低级语言更接近于人们认识问题的抽象层次,具有更强的表达能力,并且在一定程度上与具体机器无关,易学、易用,编写的程序也更容易维护。

如同汇编语言程序一样,使用高级语言编写的程序也不能直接在计算机上执行,需要一个编译器或解释器将高级语言转化为计算机能理解的指令。

(1) 编译器的功能是将高级语言编写的程序翻译成等价的机器语言,使其能直接在计算机上运行。基于编译的程序执行模型如图 3-20 所示。

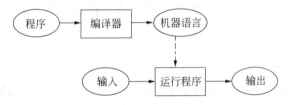

图 3-20　基于编译的程序执行模型

(2) 解释器模拟一台能理解某高级语言的计算机,并在这台模拟出来的计算机上,以逐条执行程序语句的方式来运行程序。程序的解释执行模型如图 3-21 所示。

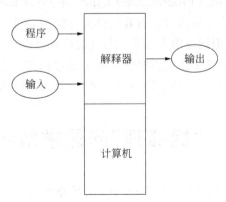

图 3-21　程序的解释执行模型

程序设计语言(特别是高级程序设计语言)总是随着计算机科学技术的发展而发展。不同的程序设计语言代表了不同的思考问题和解决问题的方式,形成了多种程序设计模式(也称为程序设计范型)。以此为分类依据,当今的大多数高级程序设计语言可划分为以下 4 类:过程式程序设计语言、面向对象程序设计语言、函数式程序设计语言和逻辑程序设计语言。

1) 过程式程序设计语言

过程式程序设计语言(Procedural Programming Language)以命令或语句为基础,逻辑相关的若干语句组成一个个模块(有的语言称为过程、子程序或函数等),若干程序模块构成整个程序。过程式程序设计语言提供了准确定义任务执行步骤的机制,程序设计人员编程时需要指定计算机将要执行的详细的算法步骤。在过程式程序设计语言中,可以使用过程(或函数、子程序)来实现代码的重用,而不需复制代码。过程式程序设计语言的代表有 FORTRAN、C、Pascal 和 Ada 等。

2) 面向对象程序设计语言

面向对象程序设计语言(Object-Oriented Programming Language)是当前最流行、最重要的程序设计语言,支持封装、继承和多态性等重要特性。面向对象程序设计语言能够把复杂的数据和作用于这些数据的操作封装在一起,构成类,由类可以实例化成对象;可以对简单的类进行扩充、继承简单类的特性,从而设计出复杂的类;通过多态性使得设计和实现易于扩展的系统成为可能。一个面向对象程序是由对象组成的,通过对象之间相互传递消息、进行消息响应和处理来完成功能。面向对象程序设计语言的代表有 Smalltalk、C++ 和 Java 等。

3) 函数式程序设计语言

函数式程序设计语言(Functional Programming Language)更注重程序所表示的功能,它把计算过程看成是数学公式的计算序列,而不是描述一个语句接一个语句地执行。程序的开发过程是从前面已有的函数出发构造出更复杂的函数。LISP 和 ML 属于典型的函数式程序设计语言。

4) 逻辑程序设计语言

逻辑程序设计语言(Logic Programming Language)将计算视为在一定知识集合上的自动推理过程,它所描述的程序的计算过程:检查一定的条件,当它满足值,则执行对应的动作。它的条件一般是谓词逻辑表达式。与过程式程序设计语言重在描述解决问题的过程相比,逻辑程序设计语言是在更高概念层次上描述问题。逻辑程序设计语言在人工智能等领域有着广泛的应用。Prolog 语言是一种典型的逻辑程序设计语言。

3.7 "捉狐狸"问题求解示例

设有这样一个问题:有排成一排的 5 个洞,编号分别为 1~5。已知其中某个洞中有一只小狐狸——它每天待在某个固定的洞中,第二天会跳到某个与之相邻的洞口(**注意:1 号洞与 5 号洞之间不相邻**)。如果每天只准打开一个洞观看,如果某一天狐狸恰好待在当天打开的洞里,就说"捉到"了狐狸。请给出一个"策略",保证在若干天内必然能够捉到狐狸。策略用一个数字序列 $t_1,t_2,\cdots,t_n$ 表示,其中,$t_i \in \{1,2,\cdots,5\}$,表示第 i 天所打开洞的编号。

这个题目的难点如下。

(1) 不知道狐狸开始位于哪个洞以及具体的运动轨迹。

(2) 策略必须事先给定,并要保证一定在有限天(不超过策略的长度)内捉到狐狸。

事实上,这个问题可以基于自动机给出解答。

(1) 首先,需要确定"状态集"。由于狐狸可能处在 1~5 号洞中,记 $T=\{1,2,3,4,5\}$,那么 T 的每个子集都可以看作是一个状态——它表示"如果目前狐狸没有被捉住,它可能出现的位置"。

(2) 字母表 $\Sigma=\{1,2,3,4,5\}$,其中,数字 i 表示该天要观察的洞的编号。

(3) 最重要的是要确定迁移函数。设当前状态为 $U \subseteq T$,当读入 $i \in \Sigma$ 时,若没有发现狐狸,那么其后继状态变为 U',这里
$$U'=\{j+1 | j \in U \setminus \{i\}, 1 \leqslant j+1 \leqslant 5\} \cup \{j-1 | j \in U \setminus \{i\}, 1 \leqslant j-1 \leqslant 5\}$$
其中,$U \setminus \{i\}$ 表示集合 U 减去集合 $\{i\}$,即从集合 U 中删除元素 i。

(4) 初始状态为 T,表示狐狸可能在 1~5 号洞的任何一个洞中。

(5) 终止状态集中仅包含一个状态:空集($\varnothing$)。按照定义——若狐狸没被捉到,则此时它不可能在任何洞中,因此,该状态表示狐狸一定被捉到。

完整的自动机如图 3-22 所示。

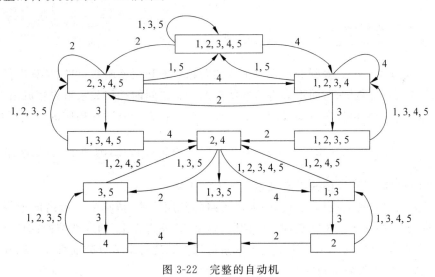

图 3-22 完整的自动机

从图 3-22 可以看出:从初始状态 T 到终止状态 $\varnothing$ 有一条路径:2,3,4,2,3,4。事实上,这就是一个策略。

可以验证:无论狐狸最初在哪个洞,也不管其如何跳转,依此策略,一定能够在 6 天之内捉到狐狸。同时,还有下面三组长度为 6 的策略:

• 2,3,4,4,3,2

- 4,3,2,4,3,2
- 4,3,2,2,3,4

同时,从图 3-22 可以看出:不存在长度小于 6 的策略。

至此,用"笔"和"纸"找到了问题的解。但是,当问题的规模改变时,例如,当洞的数目由 5 变为 6,则需要重新计算。现在讨论如何编程对该问题进行求解。

首先,要解决的问题是如何表示自动机的状态、迁移等信息。

为了使程序更具扩展性,这里定义一个变量 N,表示洞的数目。按照前面的分析,状态集由 $\{1,2,\cdots,N\}$ 的全部子集构成。于是,如果要将自动机完整地构建出来,则需要 $O(2^N)$ 个状态,这是一个非常庞大的量。

为此,这里用一个 N 位二进制整数来表示一个状态。例如,当 $N=5$ 时,状态 $\{1,3,5\}$ 的二进制编码为 10101(对应于十进制数 21)。现在的问题是,如何表示自动机的迁移函数?假设当前的状态表示为 B,那么遇到字母 i 时,应当:

(1) 将 B 的第 i 位置为 0,记新得到的二进制串为 B',表示如果此时未抓住狐狸,应当将 i 号洞排除。

(2) 将 B' 整体右移一位得到的二进制数为 B'';将 B' 整体左移一位,并除以 2^N 后得到的余数的二进制数为 B'''(想一下右移、左移模掉 2^N 所代表的意义)。

(3) 后继状态就是 $B''|B'''$,其中 | 表示"位或"操作。

于是,迁移函数可以用下面的函数定义:

```
def trans(B, i):
    B &=~(1<<i)
    return (B<<1 | B>>1) % (1<<N)
```

这样,就避免了前面提到的自动显示存储问题——利用该函数,可以计算出任意状态关于任意输入的后继状态,而不必将这些状态及状态之间的迁移关系事先生成出来。

现在的任务,转化为在自动机的图上寻找从初始状态 $\underbrace{11\cdots1}_{N}$(其相应的十进制数为 2^N-1)到终止状态 $\underbrace{00\cdots0}_{N}$(其相应的十进制为 0)的某条最短路径,确切地说,是该路径上的字母构成的序列(尽管该图并没有被显式地表示出来)。

宽度优先搜索是寻找(非加权)图上最短路的常用算法,该算法一般借助于一个队列 Q、一个堆栈 S 和一个字典 D 实现。所谓队列,是指"先进先出"的线性结构;而堆栈是"先进后出"的结构;字典的作用是用于记录搜索过程中到达每个节点的前继节点以及相应经过的边。宽度优先搜索的算法表述如下。

输入:有向图 $G=\langle V,E\rangle$,其中 V 是节点集,E 是边集;起点 v_s,终点 v_t,其中 $v_s \in V, v_t \in V$。

输出:若从 v_s 可达 v_t,则输出最短路径;否则报告"不可达"。

(1) 将 v_s 加入 Q 尾部。

(2) 字典 D 和堆栈 S 初始化为空。

(3) 若 Q 为空,算法结束,报告"不可达"。

(4) 从 Q 头部取出节点 v。

(5) 若 v 为 v_t,转至(8)。

(6) 对 v 的每个后继 v'(判断条件 $(v,v')\in E$),若 D 中不含以 v' 为关键字的项,则:

① 将 $(v':v)$ 加入 D(这里,v' 和 v 分别是该项的关键字和值)。

② 将 v' 加入 Q 尾部。

(7) 转至(3)。

(8) $v \leftarrow v_t$。

(9) 将 v 压入 S。

(10) 若 v 为 v_s,将 S 中的元素全部逆向输出,算法结束。

(11) $v \leftarrow D[v]$。

(12) 转至(9)。

上述是得到非加权图上最短路的算法,若指定的节点之间可达,则输出一个节点构成的序列。但是这个问题具有一定的特殊性——相对于节点(自动机的状态)序列,我们更加关心由节点间边上的标记构成的序列——这才对应于一个策略。因此,需要对上面的算法稍微做修改。

首先,这里假设 E 中每条边的数学表示是一个三元组 (v,a,v')。

其次,D 中元素的形式是 $(v':(a,v))$,即一条反向边。

相应地,(11)修改为 $v \leftarrow D[v][1]$。

最后,S 中存放的元素为边中三元组的中间元素。

相应的 Python 程序如下:

```
N = 5

def trans(A, i):
    A &= ~(1<<i)
    return   (A>>1 | A<<1) % (1<<N)


Preds = {}
Que = [(1<<N)-1]

while len(Que) >0 and 0 not in Que:
    A = Que.pop(0)
    for i in range(N):
        B = trans(A, i)
        if B not in Preds:
            Preds[B] = (i+1, A)
            Que.append(B)

if len(Que) == 0:
    print("No such strategy!")
else:
    A = 0
    Lst = []
    while A != ((1<<N)-1):
```

```
     T = Preds[A]
     Lst.insert(0,T[0])
     A = T[1]
print(Lst)
```

3.8 小　　结

本章首先介绍了计算思维的定义及其核心概念,借助大量日常生活中的案例进行介绍,以帮助读者理解。最后介绍了算法、数据结构和程序。希望通过本章的学习,能对这些知识有深入理解,并运用到后续章节的学习中去。

3.9 习　　题

1. 列举出计算思维的核心概念。
2. 列举日常生活和工作中运用计算思维的例子。
3. 计算机问题求解过程包括哪些步骤?
4. 假设你准备为自己的生日办一次聚会,用分解法对举办聚会涉及的任务进行分解,并画出分解后的树形图。
5. 对 3.3.3 节绘制脸图形的算法进行修改,以绘制:
(1) 带颜色的眼睛、嘴、脸。
(2) 一个部分遮挡眼睛的大红鼻子。
请找出其中的模式,进行抽象。
6. 汽车出租也是一个涉及对汽车和租赁人进行抽象的应用,判断租车公司是否需要关心下列要素,并说明理由。
(1) 车辆当前行驶里程数。
(2) 租赁人的身高。
(3) 车的轮胎数。
(4) 车辆当前油量。
(5) 租赁人的驾驶证号。
7. 选择一个日常生活中的例子,画出其状态图。
8. 什么是算法?什么是程序?
9. 程序设计语言的功能是什么?
10. 如何评估一个算法的效率?
11. 设计一个算法,输入实型变量 x 和 y,若 $x \geqslant y$,则输出 $x-y$;若 $x<y$,则输出 $y-x$。画出算法的框图,并用 Python 编写程序实现算法。
12. 设计一个算法,输入一个不多于 5 位的正整数,要求:①求出它是几位数;②分别打印出每一位数字;③按逆序打印出各位数字,例如原数为321,应输出123。给出你的算法的文字描述,并用 Python 编写程序实现算法。

13. 编写一个递归函数,近似地计算黄金分割。计算公式如下:

$$f(N)=1 \qquad 如果 N=0$$
$$f(N)=1+1/f(N-1) \qquad 如果 N>0$$

其中,N 是用户输入的整数。

14. 冯·诺依曼不单是一位计算机科学家,也是很有名的数学家,他用集合来定义自然数系统,定义如下:

$$0=\{\}=\{\}$$
$$1=\{0\}=\{\{\}\}$$
$$2=\{0,1\}=\{\{\},\{\{\}\}\}$$
$$3=\{0,1,2\}=\{\{\},\{\{\}\},\{\{\},\{\{\}\}\}\}$$
$$\vdots$$

根据上述定义,写出递归函数,由用户输入一个自然数 N,输出该自然数对应的集合表示。例如,如输入为 2,则输出为 $\{\{\},\{\{\}\}\}$。

15. 为背包问题的贪婪求解算法设计一种价格密度准则,即从剩余物品中选择可装入包的 p_i/w_i 值最大的物品。这种策略能否保证得到最优解?分别利用价格准则、质量准则和价格密度准则,试解 $n=4, w=[20,15,10,5], p=[40,25,25,20], W=35$ 时的背包问题,并对这 3 种准则的求解结果进行比较分析。

16. 设计一个算法,验证哥德巴赫猜想:任何一个充分大的偶数(大于等于6)总可以表示成两个素数之和,并请编写 Python 程序实现该算法。

17. 对 3.7 节的示例:

(1)增大 N 的值,观察输出结果,看看有什么规律?能否从数学上证明这个规律?

(2)尝试将非加权图上的最短路搜索算法扩展为加权图上的最短路搜索算法。

第 4 章 信息、编码及数据表示

【学习内容】

本章将介绍信息及计算机的基本信息表示,主要知识点如下。

(1) 信息论基本知识。

(2) 0-1 符号串及其解释。

(3) 基本逻辑运算和逻辑值的二进制表示。

(4) 数值信息数字化的方法,以及计算机表示二进制数的方法,包括定点数和浮点数形式。

(5) 字符信息的数字化,即字符编码,包括 ASCII 码、汉字国标码和 Unicode 码。

(6) 图像与声音的数字化方法,采样、量化及编码过程。

(7) 常用数字信息处理的示例及 Python 实现。

【学习目标】

通过本章的学习,读者应该掌握以下内容。

(1) 了解信息的概念、信息量的度量。

(2) 理解 0-1 符号串及其解释。

(3) 掌握数值、字符、图像、声音等信息的数字化方法。

(4) 理解逻辑运算的概念和逻辑值的编码方法。

(5) 了解常用数字信息的处理方法及自动化实现。

0-1 符号串是计算机信息表示的基础,用 0-1 串可表示各种信息,包括数值、字符、声音和图像等,其中,数值和字符是基础。本章首先介绍信息的概念及信息量的度量方法。然后介绍如何用 0-1 串表示各类信息、0-1 串的解释及其处理方法。最后介绍几种常用的信息处理方法及其 Python 实现。

4.1 信息论基础

我们经常说或听到"信息技术""21 世纪是信息时代""计算机是人类社会进入信息时代的基础和重要标志"等耳熟能详的词语和语句。那么,到底什么是信息呢?一般来说,信息是客观存在的表现形式,是事物之间相互作用的媒介,是事物复杂性和差异性的反映。更有意义的是,信息是对人有用、能够影响人的行为的数据。信息可以是不精确的,可以是事实,也可以是谎言。香农(Shannon)给信息的定义是:信息是事物运动状态或存在方式的不确定性的表述,即信息是确定性和非确定性、预期和非预期的组合。

信息是个很抽象的概念。我们常常说信息量很大,或者信息量较少,但却很难说清楚信息量到底有多少。通常人们通过各种消息获得信息,那么,每条消息带来的信息量是多少呢?这就是信息量度量问题。例如一本50万字的中文书到底有多少信息量。1948年,香农提出了信息熵的概念,解决了信息量的度量问题。一般来说,信息度量的尺度必须统一,有说服力,所以,需要遵循下面几条原则。

(1) 能度量任何消息,并与消息的种类无关。
(2) 度量方法应该与消息的重要程度无关。
(3) 消息中所含信息量和消息内容的不确定性有关。

在继续讨论之前,回顾一下人类对问题的认识过程。通常碰到一个问题时,开始时对问题毫无了解,对它的认识是不确定的。然后,人们会通过各种途径获得信息,逐渐消除不确定性。最后,经过不断的尝试,人们对这一问题会非常了解,此时,不确定性将会变得很小。如图4-1所示,人们对问题的认识是通过不断获得信息,消除对问题认识的不确定性的过程,是一个从黑箱到灰箱,最后变成白箱的过程。所以,启发人们尝试用消除不确定性的多少来度量信息。下面的例子展示了不确定性与信息度量之间的关系。

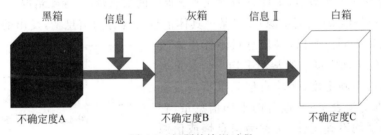

图4-1 问题的认识过程

例4-1 当你去大会堂找某个人时,甲告诉你两条消息:①此人不坐在前10排;②他也不坐在后10排;乙只告诉你一条消息:此人坐在第15排。请问谁提供的信息量大?

分析:乙虽然只提供了一条消息,但这一条消息对此人在什么位置上这一不确定性消除得更多,所以后者包含的信息量应比前者提供的两条消息所包含的总信息量更大。

又例如:

例4-2 假如在盛夏季节气象台突然预报"明天无雪"的消息。一般来说,在夏天是否下雪的问题上,根本不存在不确定性,所以这条消息包含的信息量为零。但是播报"明天有雪"的消息更令人惊讶,信息量更大。

通过对消息中不确定性消除的观察和分析,香农(美国贝尔实验室)应用概率论知识和逻辑方法推导出了信息量的计算公式,即事件的不确定程度可以用其出现的概率来描述,消息出现的概率越小,则消息中包含的信息量就越大:

令 $P(x)$ 表示消息 x 发生的概率,有 $0 \leqslant P(x) \leqslant 1$;令 I 表示消息 x 中所含的信息量,

则 $P(x)$ 与 I 的关系满足：

(1) I 是 $P(x)$ 的函数：$I=I[P(x)]$。

(2) $I[P(x)]$ 是一个连续函数，即如果消息只有细微差别，则其包含的信息量也只有细微差别。

(3) $I[P(x)]$ 是一个严格递减函数。

(4) $P(x)$ 与 I 成反比，即 $P(x)$ 增大则 I 减小，$P(x)$ 减小则 I 增大。

(5) $P(x)=1$ 时，$I=0$，即如果消息 x 发生的概率为 1，并且我们被告知消息 x 发生了，则我们没有获得任何信息；$P(x)=0$ 时，$I=\infty$。

自信息量是一个事件（消息）本身所包含的信息量，它是由事件的不确定性决定的，定义为

$$I(x)=\log_a\frac{1}{P(x)}=-\log_a P(x)$$

(1) 若 $a=2$，信息量的单位称为比特（bit），可简记为 b。

(2) 若 $a=e$，信息量的单位称为奈特（nat）。

(3) 若 $a=10$，信息量的单位称为哈特莱（Hartley）。

自信息量说明：

① 事件 x 发生以前，事件发生的不确定性的大小。

② 当事件 x 发生以后，事件 x 所含或所能提供的信息量（在无噪情况下）。

自信息量是信源（或消息源）发出某一具体消息所含有的信息量，发出的消息不同所含有的信息量不同。所以，自信息量不能用来表征整个信源的不确定度。通常用平均自信息量表征整个信源的不确定度，平均自信息量指的是事件集（用随机变量表示）所包含的平均信息量，它表示信源的平均不确定性，又称为信息熵或信源

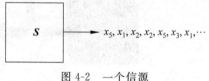

图 4-2 一个信源

熵，简称为熵。香农信息论的开创性想法，为一个消息源赋予了一定的信息熵。如图 4-2 所示，假设 S 为一个信源，它能发出的消息来自于集合 $x_1,x_2,\cdots,x_n$，S 发出消息 $x_1,x_2,\cdots,x_n$ 的概率分别为 $p_1,p_2,\cdots,p_n$，其中 $p_i \geqslant 0$，并且有 $\sum_{i=1}^{n}p_i=1$。则根据自信息量公式，S 发出消息 x_i 时，接收端可以获得 $I(p_i)=-\log_2 p_i$ 位的信息量，则每个消息 x_i 包含的平均信息量为

$$H(x)=\sum_{i=1}^{n}p_i I(p_i)=-\sum_{i=1}^{n}p_i\log_2 p_i \quad （比特）$$

$H(S)$ 称为信源 S 的熵[①]。信源的熵可以指信源输出后，消息所提供的平均信息量；也可以指信源输出前，信源的平均不确定性；或信息的随机性。

根据上面的定义和信息熵的公式，可以对日常生活中各类现象包含的信息量进行度

---

① 假设信源 S 是离散无记忆信源，即消息 x_i 之间是独立同分布的。关于更多信息论的论述，有兴趣的读者可参考"Thomas M. Cover and Joy A. Thomas. 2006. Elements of Information Theory 2nd Ed. Wiley-Interscience"，机械工业出版社出版了中文版。

量,以下几个例子说明了如何进行度量。

例 4-3 投掷一枚骰子的结果有 6 种,即出现 1~6 点,且出现每种情况的概率均为 1/6,故熵 $H = -\sum_{i=1}^{6} \frac{1}{6} \log_2 \frac{1}{6} = \log_2 6 \approx 2.585$(比特)。

例 4-4 抛一枚硬币的结果为正、反面两种,出现的概率均为 1/2,故熵 $H = -\sum_{i=1}^{2} \frac{1}{2} \log_2 \frac{1}{2} = \log_2 2 = 1$(比特)。

例 4-5 向石块上猛摔一只鸡蛋,其结果必然是将鸡蛋摔破,出现的概率为 1,故熵 $H = \log_2 1 = 0$(比特)。

例 4-6 某离散信源由 0、1、2 和 3 四个符号组成,它们出现的概率分别为 3/8、1/4、1/4 和 1/8,且每个符号的出现都是独立的。试求某消息
201020130213001203210100321010023102002010312032100120210
(57 位)的信息量。

解:信源的平均信息量为 $H = -\frac{3}{8} \log_2 \frac{3}{8} - \frac{1}{4} \log_2 \frac{1}{4} - \frac{1}{4} \log_2 \frac{1}{4} - \frac{1}{8} \log_2 \frac{1}{8} = 1.906$(比特/符号)。所以,这条消息的信息量为 $I = 57 \times 1.906 = 108.64$(比特)。

从上述例子可以看出,香农利用信息的熵回答了消息的信息量的问题:即任一消息的信息量由用于传输该消息的 1 和 0 的数量构成。

4.2 编码及其解释

由"任一消息的信息量由用于传输该消息的 1 和 0 的数量构成"这个结论可推知,任一信息都可只用 1 和 0 这两个符号构成的符号串来表示,这种表示称为编码。编码中每一个 0 或 1 字符称为一位(bit)。例如,对例 4-4,表示硬币正反面的熵为 1 比特,即可以用 1 位来表示正反面,如字符 0 表示反面,字符 1 表示正面,反之亦然。又如对例 4-3,表示骰子的 6 面,平均需要 2.585 比特,近似于 3 比特,即可用 3 位来表示 6 个面,例如,可用符号串 001 表示骰子的 1,010 表示 2,…,110 表示 6。

现代数字计算机存储、处理的信息都以 0-1 符号串表示。编码只是一个符号串,而对符号串含义的解释,依赖于应用背景。有时一个 0-1 符号串被解释成一个数值,有时被解释成英文字符或标点符号,有时又被解释成图像,有时又表示声音,等等。

对编码最基本的解释有两种:第一种解释中,将符号 0 解释为"假"(False 或 F),将符号 1 解释为"真"(True 或 T),在真、假值上的运算称为布尔运算。

主要的布尔运算有 4 个,"与(and)""或(or)""非(not)"和"异或(xor)"。与运算符可为∧或"·",或运算符为∨或+,非是一个一元运算,常用运算符有¬或-。异或运算的操作符为⊕。逻辑运算通常使用真值表方法定义,即用表穷举操作数的赋值组合,及相应的运算结果。4 个逻辑运算的定义分别见表 4-1~表 4-4。在这些表中,设 P、Q 为两个参与布尔运算的 1 位符号,可为 0 或 1,第一行给出操作数及其运算,其他各行给出操作数的值,

以及对应运算的结果。

计算机中采用"位运算"方式来实现 0-1 符号串的布尔运算。给定两个等长 0-1 符号串,从左到右将它们按位对齐,逐步对每一位进行布尔运算,例如:

$10101011 \wedge 01110110 = 00100010$　　$00110100 \vee 11100101 = 11110101$
　　$\neg 10101101 = 01010010$　　　　　$00100111 \oplus 10010101 = 10110010$

数字电路是现代计算机的重要基石,利用硬件物理上实现了对 0-1 符号串的表示、处理和存储。数字电路本质上实现的是 0-1 符号串的布尔运算,并通过逻辑运算实现加、减、乘、除等算术运算。

计算机硬件系统由各种电路构成,而组成这些电路的基本单元是金属氧化物半导体(Metal-Oxide-Semiconductor,MOS)晶体管。通过晶体管可以构成相应的逻辑门,以完成对应的布尔运算,这些逻辑门有与门、或门、非门和反相器等,其符号如图 4-3 所示,符号中小圆圈表示对输出值进行非运算。左边的连线是逻辑门的输入端,右边为输出端,与门、或门、非门和反相器的功能请参见表 4-1~表 4-4。由这些逻辑门构成的电路通常称为数字电路。

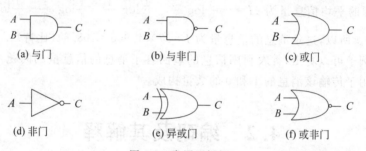

图 4-3　常用逻辑门

表 4-1　与运算定义的真值表

P	Q	P∧Q
0	0	0
0	1	0
1	0	0
1	1	1

表 4-2　或运算定义的真值表

P	Q	P∨Q
0	0	0
0	1	1
1	0	1
1	1	1

表 4-3　非运算定义的真值表

P	¬P
0	1
1	0

表 4-4　异或运算定义的真值表

P	Q	P⊕Q
0	0	0
0	1	1
1	0	1
1	1	0

对编码的第二种解释是将 0-1 串解释为数值,称为二进制。二进制的基本符号集合由两个数字符号 0 和 1,正负号＋和一,以及小数点"."组成。除了使用的数字符号限制(0 和 1)不同,由基本符号形成字符串的语法规则与十进制的语法规则相同。10100、＋1101、－111、11.0101、0.001 和 .0101 等都是合法的二进制数的表达式;而 1.10.1、110＋10 和 1210 都不是合法二进制数。

二进制的语义规则可用"逢二进一"来概括。设 $d_n \cdots d_1 d_0 . d_{-1} d_{-2} \cdots d_{-m}$ 是一个合法的二进制数字符号串,整数部分由数字 $d_i(i = 0, 1, \cdots, n)$ 组成,小数部分由数字 $d_j(j = -1, -2, \cdots, -m)$ 组成。则这个数字符号串代表的数为

$$(d_n \cdots d_1 d_0 \cdot d_{-1} d_{-2} \cdots d_{-m})_2 = \sum_{i=-m}^{n} 2^i \times d_i \tag{4-1}$$

式(4-1)是二进制数的一般形式,二进制整数不含小数部分和小数点,左边括号下标的 2 表示这是一个二进制数。纯小数则是整数部为 0 的数。二进制数可以带数符＋或者一,从而区分正数和负数(约定,不带数符的二进制为正数)。用二进制可以表示任意有穷的有理数。

在计算机领域,用 b 来表示二进制数的位,如 16b 指 16 个二进制位。八位二进制称为一个字节(Byte),如 8B 指 8 个字节,即 64 个二进制位。其他常用的数值计量单位有:千用 K 标示,百万用 M 标示,十亿用 G 标示。惯常认为,$1K = 1024(2^{10})$,$1M = 1024K(2^{20})$,$1G = 1024M(2^{30})$。

二进制算术运算与十进制算术运算基本相同,其不同之处在于加法的"逢二进一"规则和减法的"借一为二"规则。"逢二进一"的意思在此不用解释了,而"借一为二"的意思是指,某位的两个二进制数相减时,若被减数小于减数,则向其相邻高位借一,在本位当作二使用。二进制算术运算使用的操作符与对应的十进制算术运算的操作符相同。

表 4-5～表 4-8 分别给出了二进制加法、减法、乘法和除法的运算法则(表中列为第一个操作数的值,行为第二个操作数的值,其他方格的数值为相应运算结果)。表中只考虑一位运算结果,忽略了进位。下面给出了利用这些运算法则进行二进制算术运算的例子:

表 4-5 二进制加法定义

＋	0	1
0	0	1
1	1	0

表 4-6 二进制减法定义

－	0	1
0	0	－1
1	1	0

表 4-7 二进制乘法定义

×	0	1
0	0	0
1	0	1

表 4-8 二进制除法定义

÷	0	1
0	出错	0
1	出错	1

$$10101+10110=101011 \qquad 11+1011010=1011101$$
$$11010-10101=101 \qquad 1010-10111=-1101$$
$$11\times 101=1111 \qquad 101\times 1100=111100$$
$$1.01+100.01=101.1 \qquad 0.11\times 110=100.1$$
$$1010\div 100=10.1 \qquad 101.101\div 101=1.001$$

二进制中,包含负数的简单算术表达式的意义与十进制中同类表达式的意义相同。请看下面的例子:

$$11011+(-11001)=10 \qquad 11010-(-101)=11111$$
$$-1.01+0.101=-0.101 \qquad -11.101-(-1.01)=-10.011$$
$$11\times(-100)=-1100 \qquad -10.1\div 0.1=-101$$

二进制数与八进制数以及二进制数与十六进制数之间有一种直接的对应关系。一位八进制能表示 0~7 的 8 个数值,恰好对应 3 位二进制能表示的数值范围;一位十六进制表示 0~15 的 16 个数值,恰好对应 4 位二进制能表示的数值范围。用这种对应关系可推导出它们之间的转换方法,其中二进制到八进制(或十六进制)的转换方法称为"三位压缩成一位"(或"四位压缩成一位"),八进制(或十六进制)到二进制之间的转换方法称为"一位展开成三位"(或"一位展开成四位")。

此处详细介绍二进制与八进制之间的转换方法。对于二进制与十六进制之间的转换,其方法与二进制与八进制之间的转换类似,只要将其中的"三"字换成"四"即可。

二进制到八进制的转换分两个步骤进行:第一步转换数值的整数部分;第二步转换数值的小数部分。对于整数部分,按照三位一组,从右至左逐步将二进制数字字符分组。如果最左边的一组二进制串不够三位,最高位填充 0,直到该组包含三位二进制数字。对于每组的三位二进制数字串表示的数,用对应的八进制数字字符替换之,就得到了整数部分的八进制表示。

对于小数部分,按照三位一组,从左至右逐步将二进制数字字符分组。如果最右边一组的二进制数字不够三位,最低位填充 0,直到该组包含三位二进制数字。同样,对于每组的三位二进制数字串表示的数,用等价的八进制数字字符替换之,就得到了小数部分的八进制表示。将这两部的结果合并起来,小数点的位置保持不变,就产生了与该二进制数等价的八进制表示。

下面的连等式显示了将二进制数 $(1010010101.10111)_2$ 转换为等价八进制数的过程。

$$(1010010101.10111)_2 = (1\ \ 010\ \ 010\ \ 101\ .\ 101\ \ 11)_2$$
$$=(001\ \ 010\ \ 010\ \ 101\ .\ 101\ \ 110)_2$$
$$=(1225.56)_8$$

类似地,可得到该二进制数的十六进制表示:

$$(1010010101.10111)_2 = (10\ \ 1001\ \ 0101\ .\ 1011\ \ 1)_2$$
$$=(0010\ \ 1001\ \ 0101\ .\ 1011\ \ 1000)_2$$
$$=(295.B8)_{16}$$

从八进制到二进制的转换很简单,只需将八进制数的每个字符代表的数值用对应的三位二进制字符串替代,并且小数点位置不变。转换后高位 0 和低位 0 可以省略。例如,将八进制数(3705.426)$_8$ 转换为对应的二进制数的过程如下：

$$(3705.426)_8 = (011\ 111\ 000\ 101\ .\ 100\ 010\ 110)_2$$
$$= (11111000101.10001011)_2$$

用类似方法,能将十六进制数(1F59.A28)$_{16}$ 转换成对应的二进制表示：

$$(1F59.A28)_{16} = (0001\ 1111\ 0101\ 1001\ .\ 1010\ 0010\ 1000)_2$$
$$= (1111101011001.101000101)_2$$

计算机处理信息之前,必须将文字、数值、图像、声音等信息转换为 0-1 符号串,才能在计算机中存储和使用。将声、光、电、磁等信号及语言、图像、报文等信息转变成为 0-1 符号串编码后进行处理、存储、传递,称为信息的数字化。

4.3 数值的数字化

当将数值输入到计算机中时,必须将十进制转换为二进制,而将计算机中的数值输出时,一般要将其转换为十进制,以便于人阅读和理解。对整数而言,虽然进制不同,但是一个数的不同进制表示在数值上是相等的,因此有

$$(N)_{10} = a_n \times 2^n + \cdots + a_1 \times 2^1 + a_0 \times 2^0 \tag{4-2}$$

式 4-2 等号左边下标 10 表示用十进制表示整数 N。由式 4-2 可得,将二进制整数转换为十进制整数,可直接按照等号右边的式子,做十进制的乘法和加法就能完成。例如,二进制整数 $(10111)_2$ 可按照上式转换为十进制整数：$1\times 2^4 + 0\times 2^3 + 1\times 2^2 + 1\times 2^1 + 1\times 2^0 = (23)_{10}$。

十进制整数到二进制整数的转换可采用"除 2 取余"法,其方法也可由式 4-2 推导出来。N 代表给定的十进制整数,a_n、$\cdots a_1$、a_0 分别代表需要求出的各位二进制数字。式 4-2 等号两边同时除以 2,等式保持不变。从等式右边可看出,N 除以 2 得到的余数是 a_0,得到的商为 $a_n \times 2^{n-1} + \cdots + a_2 \times 2^1 + a_1$,对商再除以 2,又得余数 a_1 和商 $a_n \times 2^{n-2} + \cdots + a_3 \times 2^1 + a_2$,等等,依此进行下去,直到商为 0。这个过程中得到的所有余数或为 0 或为 1,将它们按照求得的顺序的反序拼接在一起,就得到所需要的二进制表示形式。图 4-4 给出了将 $(37)_{10}$ 转换成二进制的过程,可知 $(37)_{10} = (100101)_2$。

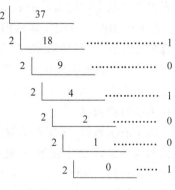

图 4-4 十进制整数转换为二进制整数示例

二进制小数与十进制小数之间的转换方法也能通过公式推导出来。如下式所示,其中 $0.a_{-1}a_{-2}\cdots a_{-m}$ 是二进制小数,下标 m 可能为无穷大,N 是等价的十进制小数。

$$(N)_{10} = a_{-1} \times 2^{-1} + a_{-2} \times 2^{-2} + \cdots + a_{-m} \times 2^{-m} \tag{4-3}$$

同样地,将二进制小数转换为十进制小数,可直接按照等号右边的式子,做十进制的除法和加法即可。例如,已知 $(0.1011)_2$,求其等价的十进制小数,转换过程为：$1\times 2^{-1} +$

$0\times 2^{-2}+1\times 2^{-3}+1\times 2^{-4}=(0.6875)_{10}$。

十进制小数到二进制小数的转换可采用"乘 2 取整"法,将式 4-3 两边同时乘以 2,等式仍成立,此时,右边整数部分变成 a_{-1},小数部分变为 $a_{-2}\times 2^{-1}+a_{-3}\times 2^{-2}+\cdots+a_{-m}\times 2^{-m+1}$。再对结果的小数部分两边乘以 2,右边整数部分变成 a_{-2},小数部分为 $a_{-3}\times 2^{-1}+\cdots+a_{-m}\times 2^{-m+2}$,等等,依此进行下去,直到乘 2 的结果中小数部分为 0,或者达到所需要的二进制位数。对于很多十进制小数,上述乘 2 的过程,达不到结果小数部分为 0 的情形。因此,十进制小数到二进制小数的转换是不精确的转换。图 4-5 给出了十进制小数到二进制小数转换的两个例子,左边是将十进制数 0.625 转换成二进制数,它是精确转换;右边是将十进制数 0.34 转换成二进制数,它是不精确转换。从图中可得,$(0.625)_{10}=(0.101)_2$,$(0.34)_{10}\approx(0.010101)_2$。

0.	625	(×2	0.	34	(×2
1.	25		0.	68	
0.	5		1.	36	
1.	0		0.	72	
			1.	44	
			0.	88	
			1.	76	

图 4-5 十进制小数转换为二进制小数示例

从图 4-5 的例子还可知道,用二进制来表示十进制数时,有些数不能精确表示,只能在表示能力范围内给出近似表示。这与可用的二进制位数和十进制数自身相关。

(1) 可用的二进制位数是由计算机的能力决定的,对 32 位计算机,可以用来表示数的位数通常有 8 位、16 位和 32 位,位数越多,能表示的数值越多,精度也越高。

(2) 对不能精确转化为二进制的十进制小数,即便能用的二进制位数很多,也无法精确地表示出来。例如,0.1 这个十进制小数转换成二进制小数是一个无限循环小数,理论上就无法精确表示。

除了表示数值,还需表示数值的符号:+ 或 −。通常用二进制表示的最高位来表示数值的符号位,0 表示正数,1 表示负数。因此,如果能用的二进制位为 8 位,那么,$(23)_{10}=(00010111)_2$,而 $(-23)_{10}=(10010111)_2$,这种表示方式称为原码表示。

计算机中通常用浮点数来表示实数,浮点数是指有理数中某特定子集的数的数字表示,在计算机中用于近似表示任意的某个实数。浮点计算是指浮点数参与的运算,这种运算通常伴随着因为无法精确表示而进行的近似或舍入。考察下面的 Python 语句:

```
>>>print(0.1)
0.1
>>>print("%.17lf" %0.1)
0.10000000000000001
```

0.1 这个十进制小数转换成二进制数时,是一个无限循环小数,在计算机中通常用浮点数表示,是一种近似的表示。现代程序设计语言的输出带有一定的智能,在保证误差较小的前提下会自动舍入。所以,第一个 print 语句打印 0.1。但是,当用第 2 个 print 语句指定输出精度时,就能看到 0.1 在计算机中不是真正的 0.1,而是有一定误差的。同理,浮点数之间用>、<、==来比较大小是不可取的,需要看两个浮点数是否在合理的误差范围,如果误差合理,即认为相等;否则,两个在十进制中相等的数可能在计算机中是不相等的。

此外,浮点数的误差会在其计算过程中累积,考察下面的 Python 程序:

```
x = 0.0
for i in range(100):
    x += 0.1
print("%.17lf" % x)
print(x)
```

运行该程序得到的输出如下所示:第 1 行是 x 的较为精确的表示,第 2 行是 print 自动舍入,显示出来的看似正确的结果。

```
9.99999999999998046
10.0
```

4.4 计算机数值表示

一个二进制数一般由 3 类符号组成:第一类是数字 0 和 1,第二类是数符＋和－,第三类是小数点"."。若要表示这样的数值,必须解决如何用二进制对这 3 类符号进行编码的问题。数字 0 和 1 的二进制编码是直接的,不用赘述。剩下的问题是数符和小数点如何处理。

本节介绍数值的二进制表示方法,首先讨论不含小数点的数值的编码方法,其中包含 3 种编码,即原码、反码和补码。然后描述小数点的处理方法,不同的处理方法衍生出数值的不同表示格式,即定点数格式和浮点数格式。

表示某范围的数值,需要足够的比特数。计算机使用不同数目的比特,表示不同的范围、不同类型的数。常用的比特数有 8、16、32 和 64 等,它们都是一个字节长度的整数倍。参加运算的两个数必须是相同类型的,这包括编码形式相同和编码长度相同。如果两个数的类型不同,则需要经过转换使它们变为相同。

4.4.1 计算机码制

二进制数的码制由原码、反码和补码构成,码制定义数值的编码方法。其中原码和补码是现代计算机中实际使用的编码。反码是从原码过渡到补码的中间形式,是一种辅助编码,在计算机中不直接使用。这些编码形式用来表示带数符而不含小数点的数值。

计算机中参加算术运算的数都带有数符,以区别正数和负数。一个带符号的二进制数由两部分组成,即数符部分和数字部分。在计算机中用0表示正,用1表示负。将数符数字化而得到的数值表示称为机器数,相对应的原始带符号的数称为真实值。原码、反码或补码都分别是机器数的一种形式,而+1010101和-1101101是真实值的两个例子。

假设用 n 位(n 个比特)二进制对真实值 X 进行编码,原码的编码方法如下。

(1) n 位原码的最高位(最左边的一位,称为符号位)对真实值 X 的数符部分进行编码,若 X 的符号为+,则该位为0,否则该位为1。

(2) 原码中剩下的 $n-1$ 位对 X 的数字部分进行编码,编码与 X 的数字部分相同。但是,如果 X 的数字不足 $n-1$ 位,则高位补0,补足至 $n-1$ 位。

设有两个真实值 X 和 Y,$X=+101$,$Y=-1010$。用8位二进制编码,则它们的原码为

$$[X]_\text{原} = 00000101 \quad [Y]_\text{原} = 10001010$$

对应于数值0,既可以写成+0,又可以写成-0。所以,0的原码有两个:00…0 和 10…0。

若真实值中数字的个数(不含高位0)多于 $n-1$,则不能用 n 位原码编码。例如,若 $X=+10101010$,则8位原码不能对其进行编码。它的正确原码至少有9位。

假设用 n 位原码表示真实值 X,则能表示的 X 大小范围是 $-(2^{n-1}-1) \leqslant X \leqslant (2^{n-1}-1)$,总共 2^n-1 个整数。

原码的优点是简单直观,容易理解,缺点是做加法和减法运算较为复杂。

正数的反码、补码与原码完全相同。负数的反码可以在其原码的基础上,将数字部分按位取反得到。按位取反是指将数字部分的每一位上的0变1,或者1变0。负数的补码通过对其反码加1得到。在补码中,数值0只有一种表示,即00…0。而符号位为1、数字位全0的补码代表其所能表示的最小整数。若补码有 n 位,则 10…0 是数值 -2^{n-1} 的补码。

设 $X=+1101$ 和 $Y=-1110$ 是两个真实值。用8位二进制编码,则它们的反码和补码分别为

$$[X]_\text{反} = 00001101 \quad [Y]_\text{反} = 11110001$$
$$[X]_\text{补} = 00001101 \quad [Y]_\text{补} = 11110010$$

而 00000000 是0的8位补码,10000000 则是数值-128的8位补码。

n 位补码能表示的数有 2^n 个,是 $-2^{n-1} \sim 2^{n-1}-1$ 范围中的所有整数。

下面讨论补码的加法和减法运算。其中,有两点要给予充分的注意,其一是补码的减法可用补码的加法实现,其二是补码运算的溢出。

因为 $[X+Y]_\text{补} = [X]_\text{补} + [Y]_\text{补}$ 和 $[X-Y]_\text{补} = [X]_\text{补} + [-Y]_\text{补}$,所以算术运算中的加法和减法都能用补码加法实现。用加法操作实现减法时,将减数从正数变为负数,或从负数变为正数,然后做变换后的两个数的加法。补码表示中,正负数之间的变换操作相对简单。

在做加法时补码的数符位同样参与运算,其进位自动忽略。也就是说,在补码的加法运算中不需区分数符和数字,可把它们同等对待。下面的两个例子说明了如何做补码加

法运算,其中第二个是用补码加法实现减法的例子。

例 4-7 设真实值 $X=+1010, Y=-1101$,求 $X+Y$。

解:利用公式 $[X+Y]_{补}=[X]_{补}+[Y]_{补}$ 求解该问题。首先分别求 X 和 Y 的补码,然后做补码加法。

$$[X]_{补} = 01010$$
$$[Y]_{补} = 10011$$
$$[X]_{补}+[Y]_{补} = 01010+10011 = 11101$$

因此,$[X+Y]_{补}=11101, X+Y=-11$。

例 4-8 设真实值 $X=+1010, Y=-10$,求 $X-Y$。

解:利用公式 $[X-Y]_{补}=[X]_{补}+[-Y]_{补}$,用补码加法实现它们之间的减法运算。首先分别求 X 和 $-Y$ 的补码,然后做补码加法。

$$[X]_{补} = 01010$$
$$[-Y]_{补} = 00010$$
$$[X]_{补}+[-Y]_{补} = 01010+00010 = 01100$$

所以,$[X-Y]_{补}=01100, X-Y=+1100$。

计算机在做算术运算时,要检测运算过程中可能出现的错误,一旦检测出错误,计算机将报告该错误,以便用户进行处理。例如,除法运算中除数为 0 的错误。另外一个典型的错误称为"溢出"。

所谓溢出是指,对两个操作数做运算时,其结果超出机器数能表示的范围。如果作为结果的正数超出了范围,称为正溢出;如果作为结果的负数超出了范围,称为负溢出。很显然,发生溢出时,结果的误差之大,一般是不能接受的。下面用补码的加法运算进一步解释溢出的概念。

设 $X_1=+1101, X_2=+1001, Y_1=-1011, Y_2=-1100$。假定用 5 位二进制补码表示一个数,则

$$[X_1]_{补}+[X_2]_{补} = 01101+01001 = 10110 \cdots\cdots\cdots 正溢出$$
$$[Y_1]_{补}+[Y_2]_{补} = 10101+10100 = 01001 \cdots\cdots\cdots 负溢出$$

由于符号位参加运算,且补码限定为 5 位,在上面的第一个加法中,符号位的加法运算结果为 1,出现正溢出。在第二个加法中,符号位的加法运算结果为 0,出现负溢出。

判断补码加法运算溢出错误的规则是,当加法的两个操作数的符号位相同,结果的符号位相反时,则出现溢出错误。如果操作数的符号位为 1,则是正溢出,否则是负溢出。

补码的引入,简化了运算规则,例如算术运算加法和减法都能用补码加法实现,且加法结果的正负不需要通过判断两个操作数的绝对值的大小来决定。运算规则的简洁性将能够以更小的代价获得其物理实现。

要理解补码的原理,首先要建立"模"(module)的概念。模是一个数,它规定了计数范围的上界。时钟的计数范围是 0~11,模为 12。当时针越过 12 时,计数又从 0 开始。也就是说,当计数达到或超过模时,产生"溢出",计数重新从 0 开始。假设现在的实际时间是七点钟,而时针指向 10。要纠正时钟的错误,有两种方法。一种是做加法,将时针沿顺时针方向拨 9 个小时,即 $(10+9) \mod 12 = 7$(其中 mod 代表除法取余运算,在该式中,

19 除以 12 得余数 7)。另一种是做减法,将时针沿逆时针方向拨 3 个小时,即(10－3) mod 12＝7。由此可见,减法和加法的效果是一样的。这说明,在模运算中用加法可以实现减法。相对于模 12,1 与 11、2 与 10、3 与 9、……、6 与 6 互为"补数"。在计算机中补数就是补码。

下面解释前面所述求补码方法是如何得来的。假设用 n 位二进制编码,a 是小于 2^{n-1} 的正数,$a=a_{n-2}a_{n-3}\cdots a_1 a_0$,则 a 可表示为

$$a = a_{n-2} \times 2^{n-2} + a_{n-3} \times 2^{n-3} + \cdots + a_1 \times 2^1 + a_0 \times 2^0$$

2^{n-1} 可表示成

$$2^{n-1} = 1 + 2^0 + 2^1 + 2^2 + \cdots + 2^{n-2}$$

相对于模 2^{n-1},a 的补码是 $2^{n-1}-a$。将上面两个式子带入补码中,则有

$$2^{n-1} - a = (1-a_{n-2}) \times 2^{n-2} + (1-a_{n-3}) \times 2^{n-3} + \cdots + (1-a_1) \times 2^1 + (1-a_0) 2^0 + 1$$

由于 $a_i(i=0,\cdots,n-2)$ 或为 0,或为 1,则 $1-a_i$ 是 a_i 的取反。令负数 $-a=-2^{n-1}+(2^{n-1}-a)$,前一项 -2^{n-1} 是补码的最高位 1,也即负数的符号位 1,代表数符。后一项 $2^{n-1}-a$ 是 a 相对于模 2^{n-1} 的补数。

4.4.2 定点数和浮点数

二进制数中,小数点只有一个,能够出现在数值中的任何位置。由于小数点的位置不固定,如果按照处理数符的方法,将小数点数字化,则没有直接的方法将它与数字区分开来。所以,只能通过计数确定小数点的位置。表示一个数值需要两部分:一部分表示数值中的二进制数字串,另一部分确定小数点的位置。当然,如果小数点位置固定不变的话,对小数点位置的计数就不是必需的了。

定点数用来表示整数和纯小数,纯小数指整数部分为 0 的数值。设想整数的小数点在所有数字的后面,纯小数的小数点在所有数字的前面(整数部分的 0 可省略)。如此可认为整数和纯小数的小数点位置是固定的。既然小数点的位置固定不变,就能够在数值的表示中隐藏起来,所以,一个定点数只包含一个编码,这个编码可以是原码或补码。定点格式表示的整数称为定点整数,表示的小数称为定点小数。假定用 n 位二进制对数值编码,图 4-6 显示了定点整数的格式,其中每个小方格表示一个二进制位,并约定小数点在最低数字位之后。图 4-7 显示了定点小数的格式,约定小数点在符号位之后、最高数字位之前。从这两个图可看出,用定点格式表示的整数和纯小数,在形式上没有区别。一个定点数表示的是整数还是小数,取决于如何解释它。

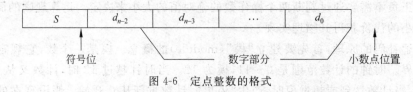

图 4-6 定点整数的格式

浮点数可用来表示整数、纯小数和混合数(整数部分和小数部分皆不为 0)。整体上说,这些数的小数点位置不确定,在表示时需要记录小数点的位置。科学计数法提供了一

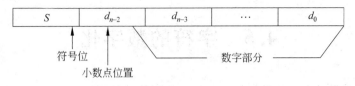

图 4-7 定点小数的格式

种经济、自然且有效的方法来记录小数点的位置。对于 R 进制,任何一个有穷数都可表示为 $M \times R^E$。其中,M 称为尾数,E 称为阶码。下面给出了科学计数法的 3 个例子,其中阶码和尾数都是用二进制表示。

$10110 = 1011 \times 2^1 = 101.1 \times 2^{10} = 10.11 \times 2^{11} = 1.011 \times 2^{100} = 0.1011 \times 2^{101}$

$11.01 = 1.101 \times 2^1 = 0.1101 \times 2^{10}$

$0.00011 = 0.0011 \times 2^{-1} = 0.011 \times 2^{-10} = 0.11 \times 2^{-11}$

当进制 R 固定不变时,可以省略,小数点的位置由阶码调节。所以,一个浮点数由尾数和阶码两部分组成,其中尾数是纯小数,其格式与定点小数相同,用原码(或补码)表示,阶码是整数,其格式同于定点整数,用补码表示。习惯上阶码部分置于尾数部分之前。图 4-8 显示了浮点数的格式,其中 J 表示阶码数符,S 表示尾数数符。

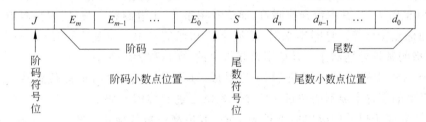

图 4-8 浮点数的格式

计算机中用固定的比特数表示参与算术运算的操作数和结果。为了在结果中保留更多有效的非 0 数字,提高运算精度,浮点数一般以规格化的形式出现。对于一个数 X,所谓浮点规格化表示是指,如果 X 的值为 0,其浮点规格化编码由全 0 组成。如果 X 是一个非 0 数,通过调节阶码,使其尾数 M 满足 $1/2 \leqslant |M| < 1$,然后用浮点格式编码,该编码就是 X 的浮点规格化形式。

若尾数用原码表示,对于非 0 数,其规格化形式编码的最高数字位为 1。而在尾数的补码表示中,为了计算机判别的方便性,往往不将 -0.5 规格化。这样,在尾数 M 的补码中,若 M 是正数,则规格化编码的最高数字位为 1;若 M 是负数,则其规格化编码中,最高数字位为 0。

假设阶码用 8 位二进制表示,尾数用 16 位二进制表示,二进制数 -11.011 和 0.000101 的浮点规格化表示分别如下(尾数用原码):

00000010111011000000000

11111101010100000000000

4.5 字符的数字化

字符信息是最基本的信息类型之一。一个字符是指独立存在的一个符号,例如汉字、大小写形式的英文字母、日文的假名、数字和标点符号等。还有一类控制字符,用于通信、人机交互等方面,起控制作用,如"回车符""换行符"等。

在人类文明发展的过程中,发明了各种各样的符号体系,用来表征事物,交流思想。其中典型的符号体系是人类所使用的语言。在一个符号体系中,存在一组基本符号,它们可构成更大的语言单位。这组基本符号的数目一般比较小。例如英语的字母,用之可构成英文的单词。英文单词有成千上万个,但英文字母加起来仅有52个(区分大小写)。例外的情况是汉语,汉语中可由汉字构成有意义的词或词组,但汉字数目比较大。

计算机内部用二进制对字符对象进行编码。对于任意一个字符对象集合,不同的人都可设计自己的编码体系。但是为了减少编码体系之间转换的复杂性,提高处理效率,相关组织发布了标准编码方案,以便信息交换和共享。例如英文字符的 ASCII 编码、中国国家标准汉字编码和 Unicode 编码等。以 ASCII 码[①]为例,ASCII 码中所含字符个数不超过128(见图4-9),其中包含控制符、通信专用字符、十进制数字符号、大小写英文字母、运算符和标点符号等。打印出来时,控制字符和通信专用字符是不可见的,不占介质空间,它们指明某种处理动作。其他字符是可见的,所以称为可视字符。

一个 ASCII 码由8位二进制(1B)组成,实际使用低7位,最高位恒为0。所以,ASCII 码中的字符个数不能超过128个。8位二进制能够编码256个符号,有一半编码空置,这主要是为以后的应用留下扩展空间,或最高位留作他用。图4-9中,第一行列出编码中高4位,第一列给出低4位。一个字符所在行列的高4位编码和低4位编码组合起来,即为该字符的编码。例如,大写字母 A 的编码为01000001,十进制为65;数字符号0的编码为00110000,十进制为48。从这里可以看出,数字符的 ASCII 码与它所代表的数值是完全不同的两个概念。分析 ASCII 码表,可看出其中常见编码的大小规则,即0~9＜A~Z＜a~z。数字符0的编码比数字符9的编码小,并按0~9的顺序递增,如'5'＜'8';数字符编码小于英文字母编码,如'9'＜'A';字母 A 的编码比字母 Z 的编码小,并按 A~Z 顺序递增。如'A'＜'Z';同一个英文字母,其大写形式的编码比小写形式的编码小32,如'a'−'A'=32。

Python 语言内置函数 chr 和 ord 提供了字符及其 ASCII 码之间的转换功能,如下所示。

```
>>>chr(97)
'a'
>>>ord('a')
```

[①] ASCII 码(American Standard Code for Information Interchange)是美国国家标准化学会(American National Standards Institute,ANSI)维护和发布的用于信息交换的字符编码。

	0000	0001	0010	0011	0100	0101	0110	0111
0000	NUL	DLE	SP	0	@	P	`	p
0001	SOH	DC1	!	1	A	Q	a	q
0010	STX	DC2	"	2	B	R	b	r
0011	ETX	DC3	#	3	C	S	c	s
0100	EOT	DC4	$	4	D	T	d	t
0101	ENQ	NAK	%	5	E	U	e	u
0110	ACK	SYN	&	6	F	V	f	v
0111	BEL	ETB	,	7	G	W	g	w
1000	BS	CAN	)	8	H	X	h	x
1001	HT	EM	(	9	I	Y	i	y
1010	LF	SUB	*	:	J	Z	j	z
1011	VT	EAC	+	;	K	[	k	{
1100	FF	ES	,	<	L	\	l	|
1101	CR	GS	-	=	M	]	m	}
1110	SO	RS	.	>	N	^	n	~
1111	SI	US	/	?	O	_	o	DEL

图 4-9　ASCII 码编码表

```
97
>>>ord('a')-ord('A')
32
```

4.5.1　汉字编码

汉字编码适用于汉字信息的交换、传输、存储和处理。中国大陆、新加坡等地广泛采用的汉字编码标准是 GB 2312—80,它由中国国家标准局发布,于 1981 年 5 月 1 日开始实施。其全称是"信息交换用汉字编码字符集——基本集",GB 2312 是标准文件的代码,其中 GB 是"国标"这两个汉字拼音的首字母,2312 是标准序号。GB 2312 收录汉字 6763 个。另外,还收录了包括汉字拼音符与注音符、拉丁字母、希腊字母、日文平假名和片假名、俄语西里尔字母、运算符、数字符号、标点符号和序号等 682 个全角字符。

GB 2312 包含的汉字数目大大少于现行使用的汉字,有很多汉字不在其中。在实际应用中,常常出现这样的情况:某个汉字不能输入,从而不能被计算机处理。为了解决这些问题,以及配合 Unicode 编码的实施,1995 年全国信息化技术委员会发布了"汉字内码扩展规范",将 GB 2312 扩展为 GBK。GBK 兼容 GB 2312,包含 20 902 个汉字。GB 18030—2000(或 GBK2K)在 GBK 的基础上做了进一步扩充,增加了藏、蒙等少数民族文字。GBK2K 采用变字长的编码方法,其二字节部分与 GBK 兼容;四字节部分是扩充的字形和字位,从而从根本上解决了字位不够、字形不足的问题。

GB 2312 的编码方案解决了两个问题。第一个问题是汉字排序,首先根据汉字使用频率的高低,将其分为两级。第一级包含 3755 个常用汉字,第二级包含 3008 个次常用汉字。然后将第一级中的汉字按照拼音字母顺序排列,同音字以汉字笔画为序,笔画的顺序是横、竖、撇、捺和折;将第二级中的汉字按部首顺序排序,与汉字字典使用的排序方法基本相同。根据确定的排序,在前的汉字将得到较小的编码,在后的汉字将得到较大的编码。

第二个问题是确定编码的形式。GB 2312 的编码基于区位码,区位码的编码策略如下:将汉字编码表分为 94 个区,每个区又分为 94 个位。被编码的汉字字符都将分配到某区的某个位中。具体的分配方法是,01~09 区为符号和数字区,16~87 区为汉字区,10~15 区、88~94 区是空白区,留待扩充标准汉字编码用。其中一级汉字分布在 16~55 区,二级汉字分布在 56~87 区。把分配给字符的区和位的编号组合起来,就形成了该汉字的区位码。显然,这种编码方案是一种二维编码方案。第一维称为区,用区码标识;第二维称为位,用位码标识。所以,区位码由两部分组成,第一部分是区码,第二部分是位码。

GB 2312 编码通过对区位码进行简单的变换而得到,变换方法是分别将区码和位码加上 32。在计算机内部,GB 2312 编码占两个字节,第一个字节保存 GB 2312 编码中对应区码的部分,第二个字节保存 GB 2312 编码中对应位码的部分。为了与 ASCII 码区分开来,约定每个字节的最高位恒为 1。在计算机内部的这种编码形式,称为汉字的机内码。例如,"计算机"这 3 个汉字的区位码分别为 2838、4367 和 2790,GB 2312 编码分别为 6070、7599 和 59122(低 3 位对应位码部分)。它们的机内码分别为

1011110011000110　1100101111100011　1011101111111010

其机内码的十六进制表示分别为 BCC6、CBE3 和 BBFA。

4.5.2　Unicode 码

Unicode 码又称为统一码、万国码或单一码,1994 年开始研发,1994 年公布第一个版本,并不断在完善和改进中。2006 年发布了最新版本 Unicode 5.0.0。Unicode 是基于通用字符集(Universal Character Set,UCS)的标准开发。

Unicode 给世界上每种语言的文字、标点符号、图形符号和数字等字符都赋予一个统一且唯一的二进制编码,以满足跨语言、跨平台进行文本转换、处理的要求。随着计算机应用的广泛发展,Unicode 码逐步得到普及。

Unicode 将 0~0x10FFFF(前缀 0x 表示它后面跟着十六进制数字串,这是在文本中常用的书写方法)之中的数值赋给 UCS 中的每个字符。Unicode 编码由 4 个字节组成,最高字节的最高位为 0。Unicode 编码体系具有较复杂的"立体"结构。首先根据最高字节将编码分成 128 个组(group),然后再根据次最高字节将每个组分成 256 个平面(plane),每个平面有 256 行(row),每行包括 256 个单元格(cell)。其中,group 0 的 plane 0 被称作 BMP(Basic Multilingual Plane)。

UCS 中的每个字符被分配占据平面中的一个单元格,该单元格代表的数值就是该字符的编码。Unicode 5.0.0 已使用 17 个平面,共有 17×28×28=1114112 个单元格,其中只有 238 605 个单元格被分配,它们分布在 plane 0、plane 1、plane 2、plane 14、plane 15 和

plane 16 中。在 plane 15 和 plane 16 上只是定义了两个各占 65 534 个单元格的专用区(Private Use Area,PUA),分别是编码 0xF0000～0xFFFFD 和 0x100000～0x10FFFD。专用区预留给大家放置自定义字符。UCS 中包含 71 226 个汉字,plane 2 的 43 253 个字符都是汉字,余下的 27 973 个在 plane 0 上。例如,"汉"字的 Unicode 码是 0x6C49,"字"的 Unicode 码是 0x5b57。从编码可看出,"汉"和"字"都在 plane 0 上,因为其编码的高位两个字节都为 0。在 Unicode 编码中,汉字能够进一步扩充。目前相关专家正计划将《康熙辞典》中包含的所有汉字汇入 Unicode 编码体系中。

计算机使用 Unicode 编码时,要将其转换成相关类型的数据。数据类型不同,转换方法也不同。计算机网络中有很多转换程序可供下载,在此就不详述转换方法了。

4.6 声音的数字化

声音是由物体振动引发的一种物理现象,声源是一个振荡源,它使周围的介质(如空气、水等)产生振动,并以波的形式进行传播。声音是随时间连续变化的物理量,可以近似地把它看成是一种周期性的函数。如图 4-10 所示,它可用 3 个物理量来描述。

(1) 振幅:即波形最高点(或最低点)与基线之间的距离,用于表示声音的强弱。

(2) 周期:即两个相邻波峰之间的时间长度。

(3) 频率:即每秒钟振动的次数,以 Hz 为单位。

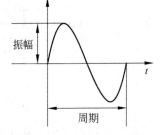

图 4-10 声音波形示例

计算机只能处理离散量,只有数字化形式的离散信息才能被接收和处理。所以,对连续的模拟声音信号必须先进行数字化离散处理,转换为计算机能识别的二进制表示的数字信号,才能对其进行进一步的加工处理。用一系列数字来表示声音信号,称为数字音频。

把模拟声音信号转换为数字音频的过程称为声音的数字化。这个过程包括采样、量化和编码 3 个步骤,如图 4-11 所示。

图 4-11 声音的数字化过程

(1) 采样:每隔一个时间间隔测量一次声音信号的幅值,这个过程称为采样,测量到的每个数值称为样本,这个时间间隔称为采样周期。这样就得到了一个时间段内的有限个幅值。

(2) 量化:采样后得到的每个幅度的数值在理论上可能是无穷位数,而计算机只能表示有限精度。所以,还要将声音信号的幅度取值的范围加以限制,这个过程称为量化。例如,假设所有采样值可能出现的取值范围在 0～1.5 之间,而实际只记录了有限个幅值:0,0.1,0.2,0.3,…,1.4,1.5 共 16 个值,那么如果采样得到的幅值是 0.4632,则近似地用 0.5 表示;如果采样得到的幅值是 1.4167,就取其近似值 1.4。

(3) 编码：将量化后的幅度值用二进制形式表示，这个过程称为编码。对于有限个幅值，可以用有限位的二进制数来表示。例如，可以将上述量化中所限定的 16 个幅值分别用 4 位二进制数 0000～1111 来表示，这样声音的模拟信号就转化为了数字音频。

图 4-12 给出了一个模拟声音信号数字化过程的示例。在横坐标上，t_1～t_{20} 为采样的时间点，纵坐标上假定幅值的范围在 0～1.5，并且将幅值量化为 16 个等级，然后对每个等级用 4 位二进制数进行编码。例如，在 t_1 采样点，它的采样值为 0.335，量化后的取值为 0.3，编码就用 0011 表示。

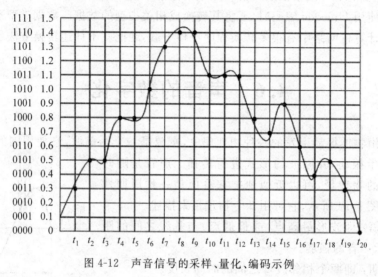

图 4-12　声音信号的采样、量化、编码示例

数字音频质量的好坏主要取决于数字化过程中的采样频率、量化位数和声道数等技术指标。

1. 采样频率

单位时间内采样的次数称为采样频率，通常用赫兹（Hz）表示。显然，采样频率越高，则经过离散数字化的声音波形越接近其原始的波形，从而声音的还原质量也越好，但是采样频率越高，所需的信息存储容量也就越大。一般采样频率由奈奎斯特（Nyquist）采样定理和声音信号的最高频率确定。奈奎斯特采样定理指出，只要采样频率不低于声音信号最高频率的两倍，就能够由采样信号还原成原来的声音。例如，电话语音信号的频率约为 3.4kHz，那么只要采样频率大于等于 6.8kHz，采样后的信号就可以不失真地还原，考虑到信号的衰减等因素，电话语音的采样频率一般取 8kHz。

常用的采样频率有 44.1kHz、22.05kHz、11.025kHz 和 8kHz 等。

2. 量化位数

量化位数是指用来表示量化的采样数据的二进制位数，也称为采样精度。例如，量化位数为 8 位，则每个采样点可以表示 256（2^8）种不同的幅值，而 16 位量化位数可表示 65 536（2^{16}）种不同的幅值。根据对人类听觉的响应感觉的测定，用 8 位量化位数进行采样可以满足于电话通信的要求,用16位量化位数进行采样则可以从好的家用立体声播放设备中重现理想的效果,相当于CD音质。到底要用多少个二进制位来表示不同的幅值,要根据实际需要来确定。量化位数越多,即声音振幅划分得越细,越能细腻地表示声音信号的变化程度,减小量化过程中的失真,当然存储容量也越大。

3. 声道数

声道数是指产生的声音的波形个数。单声道只产生一个波形,而双声道产生两个声音波形,双声道又称为立体声。立体声的声音效果比单声道更丰富、更具有空间感,但存储容量增加一倍。

声音信号数字化后,产生大量的数据,数据的总量影响对应的数据文件的大小,也受限于计算机的存储空间。根据数字音频的上述技术指标,可以计算出声音信号经过数字化后未经压缩所产生的数据量。计算公式如下:

音频数据量(字节)=(采样频率×量化位数×声道数×持续时间(秒))/8

例 4-9 对于电话声音,采样频率为8kHz,量化位数为8位;对于调频立体声广播,采样频率为44.1kHz,量化位数为16位,双声道。分别计算这两种声音信号数字化后未经压缩持续一分钟所产生的数据量。

解:电话声音的数据量:

$$(8000×8×60)/8B=480000B≈468.8KB$$

调频立体声广播的数据量:

$$(44100×16×2×60)/8B=10584000B≈10.1MB$$

由上可知,提高采样频率和增加量化位数将使相应的数据量大大增加,给声音信号的存储和传输带来困难。因此需要在声音质量与数据量之间做出适当的选择,也需要对数字化后的数据选择适当的压缩方法进行数据压缩。

4.7 图像的数字化

有统计资料显示,人们获得的信息70%来自于视觉系统。自然界中的景物通过人的视觉观察,在大脑中留下印象,这就是图像。以数字形式表示的图像就称为数字图像。本节将介绍颜色和颜色模型、图像的数字化过程、图像的处理及保存。

颜色是人的视觉系统对可见光的感知结果。从物理学上讲,可见光是指波长在380~780nm之间的电磁波。对于不同波长的可见光,人眼感知为不同的颜色,例如对长波长的光产生红色的感觉,对短波长的光产生蓝色感觉。人们看到的大多数光不是一种波长的光,而是由许多不同波长的光组合成的。

物体呈现颜色有多种方式。人们看到的发光体的颜色由物体本身发射的光波形成,如灯光、电视、显示器等。人们看到的非发光体的颜色是由这些物体反射、透射、折射等形成的。如我们在阳光下看到的红色物体,就是由于该物体吸收了白光中的绿光和蓝光反射了红光形成的。

在不同的应用场合,人们需要用不同的描述颜色的量化方法,这便是颜色模型。例如,显示器采用RGB模型,打印机采用CMYK模型,从事艺术绘画的人习惯用HSB模型等。在一个多媒体计算机系统中,常常涉及用几种不同的颜色模型表示图像的颜色,所以,数字图像的生成、存储、处理及输出时,对应不同的颜色模型需要做不同的处理和转换。

1. RGB 模型

RGB是Red(红)、Green(绿)和Blue(蓝)的缩写。采用红、绿、蓝3种颜色的不同比例的混合来产生颜色的模型称为RGB模型。RGB颜色模型通常用于电视机和显示器使用的阴极射线管CRT。阴极射线管使用3个电子枪分别产生红、绿、蓝3种波长的光,发射到荧光屏上,而人的眼睛具有一定的分辨精度,离远一些观察屏幕,发现红、绿、蓝3个点就好像是一个点,其颜色是不同强度的红、绿、蓝混合的效果。组合这3种光波产生特定颜色的方法称为相加混色,所以RGB模型也可称为RGB相加混色模型。

从理论上讲,任何一种颜色都可以用红、绿、蓝3种基本颜色按不同的比例混合得到。这3种颜色的光越强,到达人的眼睛的光就越多,它们的混合比例不同,看到的颜色就不同。如果没有光到达眼睛,就是一片漆黑。某一种颜色和这3种基本颜色的关系可以用下面的式子来描述:

颜色=R(红色的百分比)+G(绿色的百分比)+B(蓝色的百分比)

当3种基本颜色等量相加时,得到白色;等量的红绿相加而蓝为0时得到黄色;等量的蓝绿相加而红为0时得到青色;等量的红蓝相加而绿为0时得到品红色。这3种基本颜色相加的结果如图4-13所示。

图 4-13 相加混色

2. CMY 模型

CMY是Cyan(青)、Magenta(品红)、Yellow(黄色)的缩写。CMY模型是采用青色、品红、黄色3种基本颜色按一定比例合成颜色的方法。CMY模型和RGB模型不同,因为颜色的产生不是直接来自于光线的颜色,而是由照射在颜料上反射回来的光线所产生。CMY模型通常用于彩色打印机和彩色印刷系统。彩色打印和彩色印刷的纸张一般是白色的,在纸张上印上不同的油墨,纸张表面就会吸收不同成分的光线,而反射其余的光线,这些被反射的光线到达人的眼睛就形成颜色的感觉。用这种方法产生的颜色也称为相减混色,是因为它减少了为视觉系统识别颜色所需要的反射光。CMY模型也可称为CMY相减混色模型。

当人们在白纸上涂上青色颜料时,青色颜料是从白光中滤去红光,使纸面上不反射红光,所以青色是白色减去了红色。类似地,品红颜料吸收绿色,黄色颜料吸收蓝色。如果在纸上涂了青色、品红和黄色的混合,则所有的红、绿、蓝都被吸收,那么呈现的是黑色。3种基本颜色相减结果如图4-14所示。

由于彩色墨水和颜料的化学特性,用等量的青色、品红和黄色得到的黑色不是真正的黑色,所以在印刷中经常加入真正的黑色(Black)。由于 B 已经用于表示蓝色,因此黑色用 K 表示,所以 CMY 颜色模型又写成 CMYK 颜色模型。

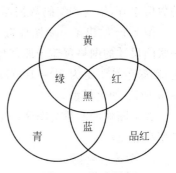

图 4-14 相减混色

图像可以看作是由二维平面上无穷多个点构成的,每个点通过各种方式呈现出颜色,被人眼感知后在大脑中留下印象,就成为了图像。可以通过各种方式记录图像,如胶片就是使用光学透镜系统在胶片上记录下现实世界的自然景物。这样记录下来的图像中,胶片上任何两点之间都会有无穷多个点,图像颜色的变化也会有无穷多个值。这种在二维空间中位置和颜色都是连续变化的图像称为连续图像。用计算机进行图像处理首先要把这种连续图像转换成计算机能够记录和处理的数字图像,这个过程就是图像的数字化过程。图像的数字化,就是按一定的空间间隔从左到右、从上而下提取画面信息,并按一定的精度进行量化的过程。和声音数字化类似,图像的数字化也要经过采样、量化和编码这 3 个步骤。

(1) 采样:对二维空间上连续的图像在水平和垂直方向上等间距地分割成矩形网状结构,所形成的微小方格称为像素点,一副图像就被采样成有限个像素点构成的集合。如图 4-15 右边所示,左图是要采样的连续图像,右图是采样后的图像,每个小格即为一个像素点。

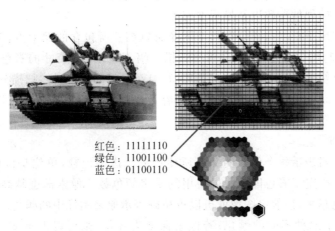

图 4-15 图像数字化示例

(2) 量化:采样后的每个像素的取值仍然是连续的,因为颜色的取值可能是无穷多个颜色中的任何一个,因此要对颜色进行离散化处理。为了把颜色取值离散化,要将颜色取值限定在有限个取值范围内,这称为量化。量化的结果是图像能够容纳的颜色总数,它反映了采样的质量。例如,如果以 4 位存储一个点,就表示图像只能有 16 种颜色;若采用 16 位存储一个点,则有 $2^{16}=65\,536$ 种颜色。

(3) 编码:将量化后每个像素的颜色用不同的二进制编码表示,于是就得到 $M\times N$

的数值矩阵,把这些编码数据逐行存放到文件中,就构成了数字图像文件的数据部分。

图 4-15 给出了一个图像数字化的例子。原始图像如图左边所示,采样过程可想象将一张同尺寸的网格覆盖于原图像上,每个格子即为一个像素。假设采用 24 位表示像素颜色,则颜色被限定为 $2^{24}=16\ 777\ 216$ 种。图中给出了某个点的颜色编码(土黄色)。此处采用 RGB 颜色模型。

数字图像的质量与图像的数字化过程有关,影响数字图像质量的主要因素有图像分辨率和像素深度。

1) 图像分辨率

图像分辨率指数字图像的像素数量,它是图像的精细程度的度量方法,一般用它纵向和横向所含像素数量的乘积的形式来表示,即"像素/行×行/幅"。例如,图像分辨率为 1024×768,表示组成该图像的像素每行有 1024 个像素,共有 768 行,它的总像素数量是 786 432 个像素(1024×768)。图像分辨率实际上是一幅模拟图像采样的数量。对同样尺寸的一幅图,如果数字化时图像分辨率越高,则组成该图的像素数量越多,看起来就越清晰。

我们还经常接触到的另两个分辨率是屏幕分辨率和扫描分辨率。屏幕分辨率是指一个显示屏上能够显示的像素数量。通常用横向的像素数量乘以纵向的像素数量来表示,如 1280×1024。图像分辨率与显示器分辨率有何关系?如果图像分辨率为 1024×768,显示器分辨率也设置为 1024×768,图像就可以满屏显示。当图像分辨率大于屏幕分辨率时,显示器上只能显示出图像的局部,只有通过滚动图像或缩小图像来浏览它。显然,图像分辨率是图像固有的属性,而屏幕分辨率体现显示设备的显示能力。显示器的最大屏幕分辨率与它的硬件参数以及显示卡有关。

扫描分辨率用于指定扫描仪在扫描图像时每英寸所包含的像素点,单位是 DPI(Dot Per Inch)。例如,用 300DPI 扫描分辨率扫描一幅 4 英寸×6 英寸的彩色照片,得到的数字图像的图像分辨率是(4×300)×(6×300)=1200×1800。同样,扫描分辨率越高,得到的数字图像越细致,而图像文件所需的存储容量也越大。扫描分辨率可以在扫描图像时根据需要进行设置。

2) 像素深度

像素深度是指表示每个像素的颜色所使用的二进制位数,单位是位(bit),也称为位深度。像素深度决定了彩色图像可以使用的最多颜色数。像素深度越高,则数字图像中可以表示的颜色越多,该数字图像就可以更精确表示原来图像中的颜色。例如,像素深度为 1 位,只能表示两种不同的颜色;若像素深度为 8 位,则可以表示 $2^8=256$ 种不同的颜色。

如果图像的每个像素只有黑白两种颜色,这种图像称为单色图像。那么表示单色图像,像素深度只需 1 位就可以了。

自然界任何一种颜色都可以由红、绿、蓝(R、G、B)3 种基本颜色组合而成。图像中的每个像素都可以分解成 RGB 3 个分量。如果 RGB 每个分量都用一个字节(8b)表示,那么表示一个像素就需要 24 位,这样图像的颜色数量可达到 $2^8×2^8×2^8=16\ 777\ 216$ 种,这已经超出了人眼能够识别的颜色数,称为真彩色图像。

如果图像的亮度信息有多个中间级别,但不包括彩色信息,这样的图像称为灰度图像。例如,把由黑-灰-白连续变化的灰度值量化为 256 个灰度值,表示亮度从深到浅,对应图像中的颜色从黑到白,每个像素点的灰度数值用一个字节表示,称为 256 级(8 位)灰度。图像也可以有 16 级(4 位)、65 536 级(16 位)灰度。

图像分辨率越高、像素深度越高,则数字化后的图像效果越逼真,图像的数据量也越大,当然它所需的存储容量也就越大。如果已知图像分辨率和像素深度,在不压缩的情况下,该图像的数据量可用下面的公式来计算:

$$图像数据量(字节)=(图像的总像素 \times 像素深度)/8$$

例 4-10 一幅分辨率为 1024×768 的真彩色图像,计算其数据量。

解:真彩色图像的像素深度为 24 位,在不压缩的情况下,该图像数据量为

$$(1024 \times 768 \times 24)/8B = 2\ 359\ 296B = 2304KB$$

高质量的图像数据量很大,会消耗大量的存储空间和传输时间。在多媒体应用中,要考虑好图像质量与图像存储容量的关系。在不影响图像质量或可接受的质量降低前提下,人们希望用更少的存储空间来存储图像,所以,数据压缩是图像处理的重要内容之一。

4.8 信息处理示例

本节介绍几个典型的信息处理示例,包括信息压缩、图像处理等。

4.8.1 数据压缩示例及 Python 实现

信息数字化后,需要占用存储空间,如果要将信息通过网络从一处发往另一处,还将花费传输时间。例如,声音和图像信息,质量的提高带来的是数据量的急剧增加,给存储和传输造成极大的困难。为了节约时间和空间,数据压缩是一个行之有效的方法。

计算机在处理文字、图像、声音等多媒体数据时,常常会出现大量连续重复的字符或数值,行程编码就是利用连续数据单元有相同数值这一特点对数据进行压缩的。行程编码的思想:重复的数据用该值以及重复的次数来代替。重复的次数称为行程长度。

以一幅 16×16 的黑白数字图像为例,如图 4-16 所示,假设背景为白色,用字符 W 表示,绘图的黑色用字符 B 表示,则这幅图像对应的数据为一个 16×16 的矩阵,每个位置为 B 或 W。可以看到,该图像中有大量的空白区域,且有一些行上有连续的黑色像素。因此,可考虑用行程编码进行压缩,压缩后的存储如图 4-17 所示。可见,压缩前需要 256 位来存储一幅 16×16 的黑白数字图像,压缩后只需要 154 位,压缩比为 256/154=1.66,节省了 60%的存储空间。

行程编码的压缩方法简单、直观,它的解压缩过程也很容易,只需按行程长度重复后面的数值,还原后得到的数据与压缩前的数据完全相同,因此,行程编码是无损压缩。行程编码所能获得的压缩比主要取决于数据本身的特点。

以该 16×16 的黑白数字图像为例,用 Python 实现行程编码。首先是压缩,压缩的算

(a) 黑白数字图像

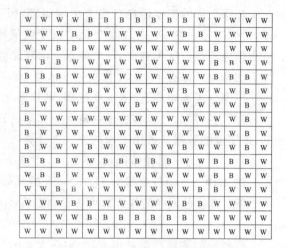
(b) 压缩前图像对应的数据

图 4-16　16×16 黑白图像示例（压缩前）

(a) 黑白数字图像

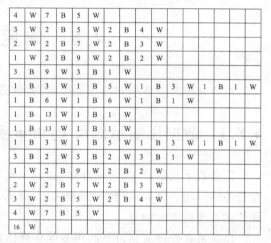
(b) 压缩后图像对应的数据

图 4-17　16×16 黑白图像示例（压缩后）

法非常简单。对每一行的像素逐个进行扫描，相同的计数增 1，不相同则开始一次新的计数，计数变量都为 count。实现行程编码的函数为 run_length_encoding，程序如下：

```
def run_length_encoding(image):
    new_image = []
    for item in image:
        encoding = ''
        index = 0
        count = 1
        pixel = item[index]
        previous_pixel = pixel
```

```
        while index < len(item)-1:
            index += 1
            pixel = item[index]
            if pixel == previous_pixel:
                count += 1
                previous_pixel = pixel
            else:
                encoding += str(count)+previous_pixel
                count = 1
                previous_pixel = pixel
        encoding += str(count) + previous_pixel
        new_image.append(encoding)
    return new_image
```

对行程编码进行译码的函数为 run_length_decoding, 逐行扫描行程编码, 碰到数字字符, 则记录下扫描到的数字字符, 并继续扫描直到扫描到字符 B 或 W。此时, 将记录下来的数字符号串转换成整数, 记为 count, 并生成 count 个 W 或 B 字符, 添加到该行像素中。函数 run_length_decoding 代码如下:

```
def run_length_decoding(new_image):
    image = []
    for item in new_image:
        line = ''
        num = ''
        index = 0
        while index < len(item):
            if item[index] in '0123456789':
                num += item[index]
                index += 1
                while item[index] in '0123456789':
                    num += item[index]
                    index += 1
                count = int(num)
                line += item[index] * count
                num = ''
                index += 1
        image.append(line)
    return image
```

要运行上述行程编码与解码程序, 需读入存储图像的矩阵。此处将每一行看作是一个字符 B 和 W 组成的字符串, 如下面程序中的列表 face。函数 show_image 逐行显示图像, 碰到字符 W, 输出一个空格; 碰到字符 B, 输出一个 1。程序如下:

```
face = ['WWWWBBBBBBBWWWWW', 'WWWBBWWWWWBBWWWW',
        'WWBBWWWWWWBBWWW', 'WBBWWWWWWWWBBWW',
        'BBWWWWWWWWWWBBW', 'BWWWBWWWWWBWWWBW',
```

```
              'BWWWWWWBWWWWWWBW', 'BWWWWWWWWWWWWBW',
              'BWWWWWWWWWWWWBW', 'BWWWBWWWWWBWWWBW',
              'BBWWWBBBBBWWBBBW', 'WBBWWWWWWWWBBWW',
              'WWBBWWWWWWWBBWWW', 'WWWWBWWWWBBWWWW',
              'WWWWWBBBBBBWWWWW', 'WWWWWWWWWWWWWWWW']

def show_image(image):
    for item in face:
        for symbol in item:
            if symbol =='W':
                print('', end='')
            else:
                print('1', end='')
        print()
```

最后,可用下述语句组合前述定义的数据和函数:先编码,再解码判断解码后的图像内容是否相同,最后显示该图像。

```
new_image = run_length_encoding(face)
image = run_length_decoding(new_image)
show_image(image)
```

4.8.2 生成图像验证码及 Python 实现

在图像处理方面,Python 的图像处理工具包 PIL(Python Image Library)是非常强大和常用的模块,该软件包提供了基本的图像处理功能,例如,改变图像大小、旋转图像、图像格式转换、色场空间转换、图像增强、直方图处理、插值和滤波等。

当需要对大量图像进行相同操作时,利用 PIL 包,可以编程自动化实现这些操作。例如,在很多网站的登录界面上,常常需要生成随机的验证码,如图 4-18 所示,这个验证码其实是一幅图像,在将随机生成的数字或字母写在图像中后,进行一定的处理,如模糊,即可得到这样效果的验证码。

图 4-18 验证码示例

下面的程序用于生成上述类型验证码,用到了 PIL 包中的 Image、ImageDraw、ImageFont 和 ImageFilter 模块。

```
from PIL import Image, ImageDraw, ImageFont, ImageFilter
import random

def randomText():
    intlist=list(range(48, 58))+list(range(65, 91))
    return chr(random.choice(intlist))

def backgroundColor():
```

```
        return(random.randint(64, 255), random.randint(64, 255), random.randint
            (64, 255))

def textColor():
        return(random.randint(32, 127), random.randint(32, 127), random.randint
            (32, 127))

width=60 * 4
height=60
image=Image.new('RGB',(width, height),(255, 255, 255))
font=ImageFont.truetype('Comic Sans MS.ttf', 36)
draw=ImageDraw.Draw(image)
for x in range(width):
    for y in range(height):
        draw.point((x, y), fill=backgroundColor())
for t in range(4):
    draw.text((60 * t+10, 10),randomText(), font=font, fill=textColor())
image=image.filter(ImageFilter.BLUR)
image.save('code.jpg', 'jpeg');
```

randomText 函数用来生成随机数字和字母，原理是利用 random 模块的 choice 函数在数字和字母对应的 ASCII 码中进行随机选择。backgroundColor 和 textColor 两个函数产生随机的颜色，一个用于绘制背景，一个用于绘制数字和字母。

在接下来的程序中，首先创建一个 240×60 的图片，然后设置图片上文字字体为 Comic Sans MS。接下来绘制背景，背景颜色是一个点一个点绘制上去的，每个点的颜色都是随机的。此后，以随机颜色在背景上写上随机生成的 4 个字符。最后，利用 Image 的 filter 函数对图像做模糊处理（ImageFilter.BLUR）。

PIL 包中还有很多图像处理函数，利用它们，可以完成更有意思的任务。

4.8.3 Python 绘制分形图形

迭代函数系统（Iterated Function Systems，IFS）是分形几何研究领域的重要分支和热点，其生成的图像是由许多与整体相似的或经过一定变换后与整体相似的小块拼贴而成。下面的代码利用了 tkinter 库和 discrete 函数计算并绘制各种 IFS 图形。

```
from tkinter import *
import random
def discrete(seq):
    while True:
        r=random.random()
        s=0.0
        for i in range(0, len(seq)):
            s +=seq[i]
            if(s>r):
```

```
            return i
barnsley={'dist':[0.01, 0.85, 0.07, 0.07],
          'cx':[(0.00, 0.00, 0.500),(0.85, 0.04, 0.075),
                (0.20, -0.26, 0.400),(-0.15, 0.28, 0.575)],
          'cy':[(0.00, 0.16, 0.000),(-0.04, 0.85, 0.180),
                (0.23, 0.22, 0.045),(0.26, 0.24, -0.086)]}
def IFS(fig, cv, scale=200, offset=128, T=20000):
    x=0.0
    y=0.0

    dist=fig['dist']
    cx=fig['cx']
    cy=fig['cy']

    for i in range(0, T):
        r=discrete(dist)
        x0=cx[r][0] * x+cx[r][1] * y+cx[r][2]
        y0=cy[r][0] * x+cy[r][1] * y+cy[r][2]
        x=x0
        y=y0

        center=256
        xc=x * scale+offset
        yc=y * scale+offset

        if yc>center:
            yc=256-(yc-256)
        elif yc<center:
            yc=256+(256-yc)

        cv.create_line(xc, yc, xc+1, yc, fill='black')
def drawIFS(fig):
    root=Tk()
    cv=Canvas(root,width=512, height=512, bg='white')
    cv.pack()
    IFS(fig, cv)
    root.mainloop()
```

程序的核心是字典类型的 barnsley 对象，以及 IFS 函数中的循环代码。绘制 Barnsley 羊齿叶图形的参数格式如下所示，可以对比上述程序中 barnsley 对象的数据定义方式，可以看到第 1 组 4 个数据对应 dist，后两组 4×3 的矩阵分别对应 cx 和 cy，每一行是一个序偶，4 个序偶构成 cx 或 cy 列表。

```
4
  0.01  0.85  0.07  0.07
```

```
4 3
  0.00  0.00  0.500
  0.85  0.04  0.075
  0.20 -0.26  0.400
 -0.15  0.28  0.575

4 3
  0.00  0.16  0.000
 -0.04  0.85  0.180
  0.23  0.22  0.045
  0.26  0.24 -0.086
```

以上述程序中 barnsley 对象的数据为例，dist 表示在计算 x 和 y 坐标时，数据被选中的概率。cx 和 cy 是在不同的概率下，对应的计算 x 和 y 坐标的系数。barnsley 共有 4 个概率值，因此对应的 cx 和 cy 各有 4 组系数，每一组分别对应概率 1‰、85％、7％和 7％。这些参数的运算规则如表 4-9 所示。

表 4-9　不同概率值下计算的 x 和 y 坐标系数

概　率	x 坐标	y 坐标
1％	$0.0*x+0.0*y+0.5$	$0.0*x+0.16*y+0.0$
85％	$0.85*x+0.04*y+0.075$	$-004*x+0.85*y+0.18$
7％	$0.2*x-0.26*y+0.4$	$0.23*x+0.22*y+0.045$
7％	$-0.15*x+0.28*y+0.575$	$0.26*x+0.24*y-0.086$

运行该程序的命令是 drawIFS(barnsley)。运行结果如图 4-19 所示。

图 4-19　IFS 分形图示例——barnsley 羊齿叶图形

4.9 小　　结

本章介绍了信息及其在计算机内的表示，包括信息论基础、0-1 符号串及其解释、各类信息的数字化方法，最后介绍了常用的信息处理应用及其 Python 实现。希望通过本章的学习，能为理解计算机系统的工作原理奠定基础。

4.10 习　　题

1. 什么是信息？信息量与二进制编码的关系是什么？
2. 将下列十进制数转换为二进制数。

　　　　57　128　12.5　−7.198　3972　.00135　−1000

3. 将下列二进制数转换为十进制数。

　　　　11010　110　−11.101　.1011　−111.11　−111111

4. 将下面的二进制数转换为八进制和十六进制形式，八进制或十六进制数转换为二进制形式。

$(101110101)_2$　　　　$(1101100.11)_2$　　　　$(3756)_8$

$(415.213)_8$　　　　$(C6F02)_{16}$　　　　$(5AB.4D9E)_{16}$

5. 假设有两支友邻军队夜间在一条河的两岸并行行军。为了保持行动一致，他们必须进行通信。双方预先确定了53条通信密语。两支军队都没有带无线通信设备，但带了至少8支手电筒。请为他们设计一种通信方案，其中包含通信密语的编码方案。并分析你给出的方案的优缺点。

6. 假设有多条白线和一瓶墨水，用它们为工具记录每天发生的大事情。需要记录的大事情不超过128件。请设计一种存储方法，用来记忆每天发生的大事情。

7. 求下列二进制算术运算和逻辑运算的结果。

1011＋10101＝?　　11−10.1＝?　　1011×1.1＝?　　11.1÷100＝?

1010∧0110＝?　　1111∨1001＝?　　¬1011＝?　　1011⊕1101＝?

8. 十进制小数到二进制形式的转换是不精确的，用这一点能否否定在计算机中引入二进制的合适性？为什么？

9. 分别求下面真值的原码、反码和补码（码的长度为8位二进制）。

　　　　＋11010　−111111　−0　＋0　＋101　−101

10. 用6位补码运算完成下列二进制算式，其中 X 和 Y 是真实值。

　　　　$X=+10101$，$Y=+101$，$X+Y=?$

　　　　$X=-1011$，$Y=+01011$，$X-Y=?$

$X=-11$, $Y=-10110$, $X-Y=?$

$X=+11100$, $Y=-11$, $X+Y=?$

$X=+11011$, $Y=+101$, $X+Y=?$

$X=-11001$, $Y=+10100$, $X-Y=?$

11. 用原码做加法和减法运算时,如何判断溢出?

12. 简述声音信号的数字化过程以及影响数字音频质量的几个主要因素。

13. 欲把一个十进制数输入计算机,如何将其转换为计算机内部的二进制形式?请说明转换方法。

14. 假设在计算机内部有一个二进制表示的整数,希望输出对应的十进制数字字符串。请叙述相关的转换方法。

15. 编写一个 Python 程序,实现十进制整数到二进制整数的转换。

16. 编写一个 Python 程序,实现十进制小数到二进制小数的转换。

17. 编写一个 Python 程序,实现二进制整数分别到八进制和十六进制整数的转换。

18. 编写一个 Python 程序,对输入的钱数(单位是分),给出找零方案。可用的钱币面值有 50 元、20 元、10 元、5 元、2 元、1 元、5 角、2 角、1 角、5 分、2 分和 1 分。例如,输入为 100.01 元,则输出为两个 50 元、一个 1 分钱。

19. 设有一段信息为 AAAAACTEEEEHHHHHHSSSSSSSS,使用行程编码对其进行数据压缩,试计算其压缩比。假设行程长度用 1 个字节存储。对 4.8.1 节所给的程序进行修改,使其能对包含字符 A、C、T、E、H、S 的字符串自动地进行行程编码和解码。

20. 置换加密是一种以换位运算实现的加密方法。加密算法如下。

(1) 计算消息的字符数和加密密钥 key。

(2) 画一个有 key 个格子的单行格子串。

(3) 对第(2)步的单行格子串,从左至右用消息的字符依次填充格子。

(4) 如果格子不够用,在下面再画一行格子串,然后填充字符。

(5) 重复这个动作直到所有的字符都填充完毕。

(6) 结束后,将未使用的格子涂成阴影。

(7) 从格子的最左列开始,自顶向下,依次写下碰到的字符。到达某列的底部时,从右边的下一列开始上述过程。跳过阴影格子。

(8) 最后得到的即为密文。

例如要加密"Common sense is not so common.",密钥 key 为 8。则加密过程是先画一行格子串并进行填充,如下所示,其中"(s)"表示空格字符。

| C | o | m | m | o | n | (s) | s |

按照加密过程,最后得到这样的表格:

	1st	2nd	3rd	4th	5th	6th	7th	8th
	C	o	m	m	o	n	(s)	s
	e	n	s	e	(s)	i	s	(s)
	n	o	t	(s)	s	o	(s)	c
	o	m	m	o	n	.		

得到的密文为"Cenoonommstmme oo snnio. s s c"。

对置换加密的密文进行解密的过程如下。

(1) 用密文长度除以 Key 并上取整,设为 n。

(2) 画格子串,每行 n 个格子,共 Key 行。

(3) 计算需要被画成阴影的格子数,即 $n \times$ Key－密文长度。

(4) 在第(2)步所画表格的最右列,从下往上,依次将第(3)步得到的阴影格子数个格子涂成阴影。

(5) 从表格的第一行左边第一个格子开始,按照从左至右,将密文逐个字符依次填入格子,一行不够填入下一行,在填的过程中跳过阴影格子。

(6) 完成后,从格子的最左列开始,自顶向下,依次写下碰到的字符。到达某列的底部时,从右边的下一列开始上述过程,即可得到明文。

例如,对密文"Cenoonommstmme oo snnio. s s c"和 Key＝8,可得到解密过程为

C	e	n	o
o	n	o	m
m	s	t	m
m	e	(s)	o
o	(s)	s	n
n	i	o	.
(s)	s	(s)	
s	(s)	c	

编写一个 Python 程序,实现置换加密的加解密过程。

21. 基于 4.8.3 节示例,修改程序,以下面的数据为绘制参数,绘制不同的分形图。

(1) Sierpinski 图形。

```
3
    .33 .33 .34
3 3
    .50 .00 .00
    .50 .00 .50
    .50 .00 .25
3 3
    .00 .50 .00
    .00 .50 .00
    .00 .50 .433
```

(2) Tree 图形。

```
6
  0.1  0.1  0.2  0.2  0.2  0.2
6 3
   0.00  0.00  0.550
  -0.05  0.00  0.525
   0.46 -0.15  0.270
   0.47 -0.15  0.265
   0.43  0.28  0.285
   0.42  0.26  0.290
6 3
   0.00  0.60  0.000
  -0.50  0.00  0.750
   0.39  0.38  0.105
   0.17  0.42  0.465
  -0.25  0.45  0.625
  -0.35  0.31  0.525
```

第 5 章 计算机系统

【学习内容】

本章介绍计算机系统软硬件相关内容,主要知识点如下。

(1) 计算机系统的基本概念及其组成。
(2) 冯·诺依曼体系结构及各部分工作机制。
(3) 操作系统的基本概念及其主要功能。
(4) 计算机软件系统的分类、层次结构及主要功能。
(5) 计算思维在计算机系统中的体现。
(6) 利用操作系统接口编程查看系统状态。

【学习目标】

通过本章的学习,读者应掌握如下内容。

(1) 了解计算机系统的组成,理解系统各部分的作用。
(2) 理解冯·诺依曼体系结构。
(3) 掌握中央处理器的工作过程。
(4) 理解存储系统的设计原理、构成和工作原理。
(5) 理解输入输出系统的构成和控制方式,掌握基本术语。
(6) 理解总线结构、工作原理以及评价指标。
(7) 掌握操作系统的角色和基本功能。
(8) 理解进程管理、文件管理、设备管理、用户接口等基本概念。
(9) 掌握操作系统进程管理的基本功能和策略。
(10) 理解操作系统存储管理的概念、功能和常用方式。
(11) 理解文件的组织方式,了解文件管理的功能和基本策略。
(12) 理解操作系统设备管理的方式。
(13) 了解操作系统提供的不同用途的用户接口的要素和形式。
(14) 了解计算机软件系统的分类、层次结构及主要功能。
(15) 了解对复杂系统如冯·诺依曼体系结构的抽象与模拟的方法。
(16) 了解通过 Python 编程使用主流操作系统典型功能的方法。

本章主要介绍信息处理核心装置——计算机系统,包括其软硬件构成与结构、如何支持信息处理,以及各部分在信息处理中的作用。首先介绍计算机硬件系统的体系结构,以冯·诺依曼体系结构为依据,介绍计算机系统的硬件构成。然后围绕着该体系结构各部件,介绍它们如何进行信息表示、信息传递和信息处理,偏重于各部件的核心构成以及基本工作原理。

操作系统是计算机系统中最重要的软件,它对计算机系统的软硬件资源进行管理、协调,并代表计算机与外界进行通信。正是有了操作系统,才使得计算机硬件系统成为真正可用,本章介绍操作系统如何完成上述功能。介绍操作系统的基本概念,根据操作系统的系统管理角色和功能,依次介绍进程管理、存储管理、文件管理、设备管理和用户接口,以及操作系统的加载等所涉及的基本概念和策略。

最后,对硬件系统用模拟的方法进行了研究,展示了如何利用 Python 编程使用操作主要功能。

5.1 概　　述

一般来说,计算机是一种可编程的机器,它接收输入,存储并且处理数据,然后按某种有意义的格式进行输出。可编程指的是能给计算机下一系列的命令,并且这些命令能被保存在计算机中,并在某个时刻能被取出执行。

通常所说的计算机实际上指的是计算机系统,它包括硬件和软件两大部分。硬件系统指的是物理设备,包括用于存储并处理数据的主机系统,以及各种与主机相连的、用于输入和输出数据的外部设备,如键盘、鼠标、显示器和磁带机等,根据其用途又分为输入设备和输出设备。计算机的硬件系统,是整个计算机系统运行的物理平台。计算机系统要能发挥作用,仅有硬件系统是不够的,还需要具备完成各项操作的程序,以及支持这些程序运行的平台等条件,这就是软件系统。所以,一个实际的计算机系统通常由图 5-1 所示的结构构成。

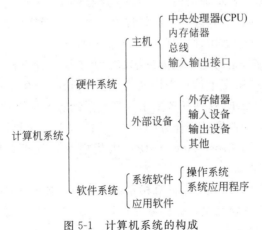

图 5-1　计算机系统的构成

目前占主流地位的计算机硬件系统结构是冯·诺依曼体系结构,由美国科学家冯·诺依曼等在 1946 年提出。在此之前出现的各种计算辅助工具,如差分机等,其用途是固定的,即各种操作是在制造机器的时候就固定下来,不能用于其他用途。以常见的计算器为例,人们只能用它进行各类定制好的运算,而无法用它进行文字处理,更不能打游戏。要使这类机器增加新的功能,只能更改其结构,甚至重新设计机器。所以,这类计算装置是不可编程的。

冯·诺依曼体系结构的核心思想——存储程序改变了这一切。通过创造一组指令集,并将各类运算转化为一组指令序列,使得不需改变机器结构,就能使其具备各种功能。在冯·诺依曼体系结构中,程序和数据都是以二进制形式存放在计算机存储器中,程序在控制单元的控制下顺序执行。程序是计算机指令的一个序列,指令是计算机执行的最小单位,由操作码和操作数两部分构成。操作码表示指令要执行的动作,操作数表示指令操作的对象是什么,即数据。

在该体系结构中,计算机由 5 部分组成:存储器、运算器、控制器、输入和输出设备(见图 5-2)。需要执行的程序及其要处理的数据保存于存储器中,控制器根据程序指令发出各种命令,控制运算器对数据进行操作、控制输入设备读入数据以及控制输出设备输出数据。

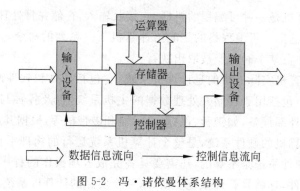

图 5-2 冯·诺依曼体系结构

在冯·诺依曼体系结构形成之前,人们将数据存储于主存中,而程序被看成是控制器的一部分,两者是区别对待和处理的。而将程序与数据以同样的形式存储于主存中的特点,对于计算机的自动化和通用性,起到了至关重要的作用。

冯·诺依曼体系结构指的是单机体系结构。为了提高计算机的性能,科学家们提出了各种体系结构。例如,由多个计算机构成的并行处理结构、集群结构等。它们的出现,是为了满足特定任务的要求,这些任务要求计算机系统有更高的能力,以满足诸如气象预报、核武器数值模拟、航天器设计等任务的需求。目前,主流的并行计算结构有对称多处理系统(Symmetric Multi Processing,SMP)、大规模并行处理系统(Massively Parallel Processing,MPP)和集群等。

除了看得见摸得着的硬件之外,计算机系统中还包含各种计算机软件系统,简称为软件。计算机科学对软件的定义是,"软件是在计算机系统支持下,能够完成特定功能和性能的程序、数据和相关的文档"。于是,软件可形式化地表示为

软件=知识+程序+数据+文档

程序是用计算机程序设计语言描述的。无论是低级语言(如汇编语言),还是高级语

言(如 C++、Java),程序都可以在相应语言编译器的支持下转换成操纵计算机硬件执行的代码。数据是程序加工的对象和结果。计算机直接加工的数据结构只有简单的整型数、浮点数、逻辑量、字符,人们可以根据需要,在此基础上定义复杂的数据结构。基于大量数据处理的软件需要数据库系统的支持,涉及数据的加工、存储、检索、传输、应用等。文档记录软件开发的活动和中间制品、记录软件的配置及变更,用于软件专业人员和用户的交流,以及用于软件开发、过程管理和运行阶段的维护。

软件系统是用户与硬件之间的接口,着重解决如何管理和使用计算机的问题。用户主要是通过软件系统与计算机进行交流。软件是计算机系统设计的重要依据。为了方便用户,以及使计算机系统具有较高的总体效用,在设计计算机系统时,必须通盘考虑软件与硬件的结合,以及用户的要求和软件的要求。没有任何软件支持的计算机称为裸机,其本身不能完成任何功能,只有配备一定的软件才能发挥功效。

软件是抽象的逻辑产品,而不是物理产品。由于不受材料的限制,也不受物理定律或加工过程的制约,具有很大的灵活性。软件的灵活性具有双重性,程序员通过编程可以让计算机巧妙地工作,同时也很容易让软件变得极为复杂,难以理解。软件开发过程的监督、控制、管理有着特殊的困难。因此,软件在开发、生产、维护和使用等方面与硬件相比存在明显的差异。

软件的分类原则、方法很多,从软件的功能上分为系统软件和应用软件,从实时性上分为实时软件和非实时软件,从软件运行环境上分为单机软件和网络软件,从加工的数据类型上分为事物处理软件、科学和工程计算软件,从计算方法上分为基于传统算法的软件、基于符号演算和推理规则的人工智能软件,等等。

图 5-3 计算机软件系统的结构

计算机软件系统的结构如图 5-3 所示,这是典型的分层结构,下层系统向上层系统提供服务,上层系统利用下层系统提供的服务,以及特定的程序,可以完成指定的任务。使用计算机并不会直接操作计算机硬件,而是通过在操作系统和各种应用软件上的操作来控制计算机完成各种任务。

5.2 计算机硬件系统

目前占主流地位的计算机硬件系统结构是冯·诺依曼体系结构,如图 5-4 所示。该图中,冯·诺依曼体系结构中的控制器和运算器被集中于 CPU 中,分别对应控制器和算术逻辑单元,主存对应存储器,各种输入输出设备分别对应体系结构中的输入设备和输出设备,各种总线(图中以空心箭头表示)对应于冯·诺依曼体系结构图中的互连线,用于传输命令和数据。

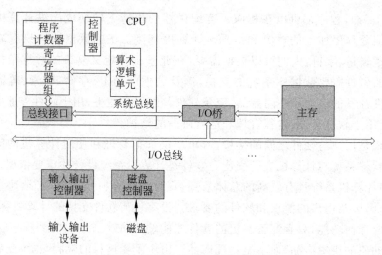

图 5-4 典型的计算机硬件组织结构

5.2.1 中央处理器

一般把中央处理器简称为处理器,是执行存储在主存中的指令的引擎。CPU 一般由算术逻辑运算器(Arithmetic and Logic Unit,ALU)、控制单元(Control Unit,CU)和寄存器组构成,由 CPU 内部总线将这些构成连接为有机整体,如图 5-5 所示。

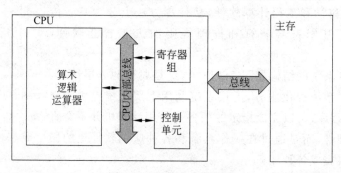

图 5-5 CPU 的内部结构

控制单元的主要功能包括指令的分析、指令及操作数的传送、产生控制和协调整个 CPU 工作所需的时序逻辑等。一般由指令寄存器(Instruction Register,IR)、指令译码器(Instruction Decoder,ID)和操作控制器(Operation Controller,OC)等部件组成。CPU 工作时,根据程序计数器保存的主存地址,操作控制器从主存取出要执行的指令,存放在指令寄存器 IR 中,经过译码,提取出指令的操作码、操作数等信息,操作码将被译码成一系列控制码,用于控制 CPU 进行 ALU 运算、传输数据等操作,通过操作控制器,按确定的时序,向相应的部件发出微操作控制信号,协调 CPU 其他部件的动作。操作数将被送到 ALU 进行相对应的操作,得出的结果在控制单元的控制下保存到相应的寄存器中。

ALU 的主要功能是实现数据的算术运算和逻辑运算。ALU 接收参与运算的操作数,并接收控制单元输出的控制码,在控制码的指导下,执行相应的运算。ALU的输出是运算的结果,一般会暂存在寄存器组中。此外,还会根据运算结果输出一些条件码到状态寄存器,用于标识一些特殊情况,如进位、溢出、除零等。

寄存器组由一组寄存器构成,分为通用和专用寄存器组,用于临时保存数据,如操作数、结果、指令、地址和机器状态等。通用寄存器组保存的数据可以是参加运算的操作数或运算的结果。专用寄存器组保存的数据用于表征计算机当前的工作状态,如程序计数器保存下一条要执行的指令,状态寄存器保存标识CPU当前状态的信息,如是否有进位、是否溢出等。通常,要对寄存器组中的寄存器进行编址,以标识访问哪个寄存器,编址一般从0开始,寄存器组中寄存器的数量是有限的。

数据和指令在CPU中的传送通道称为CPU内部总线,总线实际上是一组导线,是各种公共信号线的集合,用于作为CPU中所有各组成部分传输信息共同使用的"公路"。一般分为数据总线(Data Bus,DB)、地址总线(Address Bus,AB)、控制总线(Control Bus,CB)。其中,数据总线用来传输数据信息;地址总线用于传送CPU发出的地址信息;控制总线用来传送控制信号、时序信号和状态信息等。

指令是CPU执行的最小单位,由操作码和操作数两部分构成,如图5-6(a)所示。操作码表示指令的功能,即执行什么动作,操作数表示操作的对象是什么,例如寄存器中保存的数据、立即数等。计算机能识别的指令是由0和1构成的字串,称为机器指令。指令的长度通常是一个或几个字长,长度可以是固定的,也可是可变的。图5-6(b)给出了某款CPU的加法指令的示意图。该指令长度为16位(一个字长),从左至右标识各位为bit15~bit0。bit15~bit12代表的是操作码,为0001,在该CPU中表示加法操作。bit11~bit0对应操作数的表示,由于该指令需要3个操作数,bit11~bit0将会被拆分为3段,分别对应两个相加数(源操作数)和一个求和结果(目的操作数)。bit11~bit9对应保存目的操作数的寄存器地址,在该示例中为110,表示寄存器R6,bit8~bit6与bit2~bit0分别对应保存源操作数的寄存器地址,分别为R2和R6。则这条指令表示将寄存器R6和R2中保存的数值进行加运算,结果保存回寄存器R6。bit5~bit3用于扩展加法指令的操作,此处不做解释。

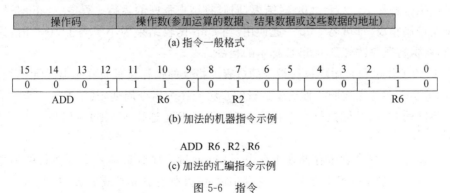

图 5-6 指令

机器指令由0和1字符构成,计算机易于阅读和理解,但是,不适合人使用。所以,在指令中引入助记符表示操作码和操作数,以帮助人理解和使用指令。这样的指令称为汇编指令。如图5-6(c)所示,用 ADD 来标识该指令是加法指令,R6 和 R2 标识用到的寄存器。计算机不能直接执行汇编指令,要由汇编器将其翻译成对应的机器指令才可执行。对图5-6(c)的 ADD 指令,汇编器会将其翻译成图5-6(b)的形式。

CPU 的指令是由指令集体系结构(Instruction Set Architecture,ISA)规定的。每款 CPU 在设计时就规定了一系列与其硬件电路相配合的指令系统。ISA 是与程序设计有关的计算机结构的一部分,定义了指令类型、操作种类、操作数数目与类型,以及指令格式等,可用 CPU 指令集的指令来编写程序。程序就是用于控制计算机行为完成某项任务的指令序列。在指令集中,通常定义的指令类型有3种。

(1) 操作指令:是处理数据的指令,例如算术运算和逻辑运算都是典型的操作指令。

(2) 数据移动指令:它的任务是在通用寄存器组和主存之间、寄存器和输入输出设备之间移动数据。例如,将数据从主存移入寄存器的 LOAD 指令,和反方向移动数据的 STORE 指令等。

(3) 控制指令:能改变指令执行顺序的指令。例如无条件跳转指令,将程序计数器的值更改为一个非顺序的值,使得下一条指令从新位置开始。

图5-7是一个程序示例,为了便于阅读,采用了汇编指令编写,分号后面是程序的注释,帮助人们阅读和理解程序,而计算机将忽略这些注释。

```
       mov #0, R0      ; 将寄存器R0置为0
       mov #1, R1      ; 将寄存器R1置为1
loop:  add R1, R0      ; 将R1与R0相加,结果保存到R0
       add #1, R1      ; R1加1
       cmp R1, #1000   ; 比较R1与1000的大小
       ble loop        ; 如果R1小于等于1000,从loop那条指令开始执行
       halt            ; 程序结束
```

图5-7 程序示例

这段程序用于计算 $1+2+\cdots+1000$ 的值。利用寄存器 R1 和 R0,开始时将 R0 设为0,R1 设为1。然后将 R1 的值加到 R0 上,同时 R1 增1。此后将 R1 的值与1000进行比较,如果 R1 比1000小,则重复执行将 R1 加到 R0 上以及 R1 增1 的操作,然后再比较。这种重复执行将在 R1 大于1000时结束,同时将结束程序的运行。程序中,add 是操作指令,ble 是控制指令。ble 与 cmp 一起使用,当 cmp 比较结果为小于等于1000时,该指令被执行,将执行顺序跳转到 loop 所标示的指令。

CPU 的工作过程是循环执行指令的过程。指令的执行过程是在控制单元的控制下,精确地、一步一步地完成的。称这个执行的步骤顺序为指令周期,其中的每一步称为一个节拍。不同的 CPU 可能执行指令的节拍数不同,但是通常都可归为以下4个阶段(见图5-8)。

(1) 取指令:指令通常存储在主存中,CPU 通过程序计数器获得要执行的指令存储地址。根据这个地址,CPU 将指令从主存中读入,并保存在指令寄存器中。

(2) 译码:由指令译码器对指令进行解码,分析出指令的操作码,所需的操作数存放的位置。

(3) 执行:将译码后的操作码分解成一组相关的控制信号序列,以完成指令动作,包

括从寄存器读数据、输入到 ALU 进行算术或逻辑运算。

（4）写结果：将指令执行节拍产生的结果写回到寄存器，如果有必要，将产生的条件反馈给控制单元。

以上的节拍划分是粗粒度的，通常每个节拍所包含的动作很难在一个时钟周期内完成，因此，会进一步将每个节拍进行细化，细化后的每个动作可在一个时钟周期内完成，不可再细分。例如，取指令阶段可以再细分为如下。

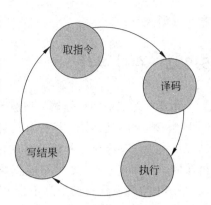

图 5-8　指令执行常见节拍划分

（1）将程序计数器的值装入到主存的地址寄存器。

（2）将地址寄存器所对应的主存单元的内容装入主存数据寄存器。

（3）控制单元将主存数据寄存器的内容装入指令寄存器，同时对程序计数器"增1"。

可见，取指令这个节拍要花费 3 个时钟周期。对现代计算机来说，每个时钟周期非常短。例如对主频为 3.3GHz 的 CPU，每秒将完成 33 亿个时钟周期，每个时钟周期的时间长度为 0.303ns，而取指令节拍将花费 0.909ns。

在最后一个节拍完成后，控制单元复位指令周期，从取指令节拍重新开始运行，此时，程序计数器的内容已被自动修改，指向下一条指令所在的主存地址。操作指令和数据移动指令的执行不会主动修改程序计数器的值，程序计数器将会自动指向程序顺序上的下一条指令。而控制指令的执行将会主动改变程序计数器的值，使得程序的执行将不再是顺序的。

以图 5-7 的程序为例来理解 CPU 的工作过程。假设这段程序存放在主存中的排列形式如图 5-9 所示。要开始执行这段代码时，将会由操作系统将程序计数器的值设为 A0，在取指令阶段将该地址的指令"mov ♯0, R0"取出存入指令寄存器，同时程序计数器"增 1"为 A1。mov 指令经译码后，在控制单元控制下将寄存器 R0 置为 0。此时指令执行结束，控制单元复位，从取指令重新执行——根据程序计数器的值 A1 取下一条指令。该过程将一直执行到 ble 指令。该指令执行完后，将会对程序计数器进行覆盖，将 loop 对应的指令地址写入程序计数器，使得下一条指令将不再是顺序执行的，而是跳转到 loop 指令开始执行。当条件满足时，ble 指令的执行不修改程序计数器的值，此时，将取 halt

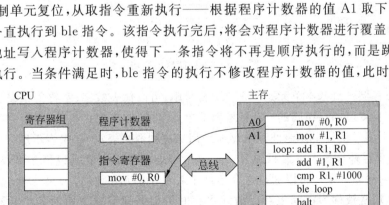

图 5-9　程序在主存中的存储形式

指令开始执行。

5.2.2 存储系统

计算机系统中的存储器一般分为主存(又称为内存)和辅存(又称为外存),主存可与CPU直接进行信息交换,其特点是运行速度快,容量相对较小,在系统断电后,其保存的内容会丢失。辅存属于外部设备的范畴,如硬盘、光盘等,它们通过各种专门接口与计算机通信。辅存与CPU之间不能直接交换数据,其特点是存储容量大,存取速度比主存慢,系统断电后其保存的信息不会丢失,存储的信息很稳定。

主存储器的一般结构如图5-10所示,包括用于存储数据的存储体和外围电路,外围电路用于数据交换和存储访问控制,与CPU或高速缓存连接。外围电路中有两个非常重要的寄存器——数据寄存器MDR(Memory Data Register)和地址寄存器MAR(Memory Address Register),前者是用于临时保存读出或写入的数据,后者用于临时保存访问地址。要访问主存时,首先将要访问的地址送入MAR,如果是读主存,则在控制电路控制下,将MAR指向的主存单元数据送入MDR,然后发送到CPU或高速缓存;如果是写主存,则首先要将需写入的数据送到MDR,在控制电路控制下,将MDR数据写入到MAR指向的主存单元。

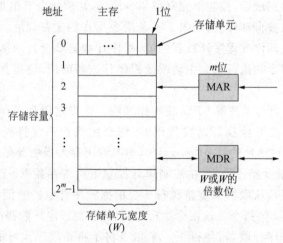

图 5-10 主存储器的结构

主存中存储的最基本单元是一个0-1符号串,可以代表数字、字符等信息。存储器由很多可存放长度(位数)相同的0-1符号串的单元组成,称为主存单元,每个主存单元有一个编号,这个编号就是主存地址。主存地址用二进制数来表示,如果表示地址的二进制数有 m 位,则主存地址最大可编码到 2^m-1(从0开始编码),也就是说最多可以有 2^m 个主存单元,称为存储容量。可以通过主存地址来对主存单元存放的0-1符号串进行读写,这种读写操作通常被称为访问主存。访问主存时可根据地址独立地对各单元数据进行读写,访问时间与被访问地址无关,因此,主存又称为随机访问存储器(Random Access Memory,RAM)。为了规整化,主存单元的长度一般标准化为8位,即一个字节(Byte),

再由字节组合成字。

主存中存储电路的原理类似于电容,主存中通过对电路进行充电来存储信息,但是这很容易流失,因此,需要在很短的时间内不断地充电,称为刷新。采用这种技术的主存又称为动态存储器(Dynamic RAM)。

根据存储能力与电源的关系可将主存分为易失性存储器和非易失性存储器,计算机系统主存一般都包含这两类存储器。前者指的是当电源供应中断后,存储器所存储的数据便会消失的存储器,如 RAM、DRAM 等,断电后保存的信息将会丢失。后者指即使电源供应中断,存储器所存储的数据并不会消失,重新供电后,就能够读取其中数据的存储器,如只读存储器(Read-Only Memory,ROM)等,断电后保存的信息不会丢失,ROM 也可随机访问。在现代计算机系统的主存中,一般都包含这两种存储器。

除主存容量外,主存的另两个重要指标是存储器访问时间和存储周期。存储器访问时间指从启动一次存储器操作到完成该操作所经历的时间。具体讲,从一次读操作命令发出到该操作完成,将数据读入数据寄存器为止所经历的时间。存储周期指连续启动两次独立的存储器操作(如连续两次读操作)所需间隔的最小时间,通常,存储周期略大于存储时间。目前,主存访问速度总比 CPU 速度慢得多。一次访问时间大约为 5~10ns,比 CPU 的速度慢很多。

由于电源线的尖峰电压或被高能粒子冲击等原因,主存中偶尔也会出错,即保存的信息在某个瞬间由 0 变为 1 或由 1 变成了 0。主存中经常采用检错码或纠错码,即在存储的信息中附加一些位,用于检测主存是否出错,其中检错码能检测出 1 位或多位错,而纠错码能在检测出错误后将出错位改回其正确值。以最常用的奇偶校验码为例,它是在原数据基础上,附加上 1 位奇偶校验位。根据原数据中 1 的位数来确定校验位,使整个码字中 1 的位数为偶数(或奇数)。当某一位出错时,造成校验位将不正确,以此检测出发生了错误。例如,假设字节中保存的信息为 11100101,该数有 5 个 1,为奇数,如果采用偶校验,则校验位应为 1;如果采用奇校验,校验位为 0。当该字节被读出时,会再次对原有的 8 位进行判定,如果某 1 位由 1 变成 0 或由 0 变成 1,则计算出的奇偶校验与原校验位不符,表示发生了错误。至于要进行纠错,则需要更复杂和强大的编码。

一直以来,CPU 的速度总比主存访问速度快。虽然随着工艺水平的提高,主存的访问速度也在不断提高,但是仍然赶不上 CPU 速度的提高。CPU 发出访问主存请求后,往往要等多个时钟周期后才能得到主存内容。存储器越慢,CPU 等待的时间就越长。目前,技术上的解决办法是利用更小更快的存储设备与大容量低速的主存组合使用,以适中的价格得到速度和高速存储器差别不大的大容量存储器。

这种更小更快的存储设备称为高速缓存存储器(Cache),简称为高速缓存。高速缓存逻辑上介于 CPU 和主存之间,可以将其集成到 CPU 内部,也可置于 CPU 之外。图 5-11 给出了一种典型的高速缓存配置方式。位于 CPU

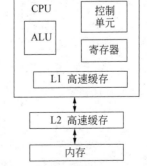

图 5-11 典型的高速缓存配置

芯片上的L1高速缓存的容量可达几十KB,其访问速度几乎与CPU中的寄存器组访问速度一样快。位于CPU外的L2高速缓存容量更大,可到几MB,访问L2的时间要比访问L1的多几倍,但仍比访问主存的时间快上10倍。

　　Cache的工作原理非常简单:把使用频率最高的存储内容保存起来,即暂存CPU在不久的将来可能会用到的信息。这样,当CPU要从主存读这些信息时,不需要跨越CPU边界,而直接从CPU内部获得,同时访问速度与CPU运行速度相当。在高速缓存的支持下,CPU需要读入主存数据时,先在高速缓存中查找,只有当在高速缓存中找不到时,才会去访问主存。

　　高速缓存系统的理论基础是局部性原理,即CPU对主存的访问总是局限在整个主存的某个部分中。基于该原理,在访问了主存的某个单元后,将该单元及其相邻的(多个)单元从主存读入到高速缓存,这样,CPU下次访问主存时,有很大的可能性会访问上次访问过的主存单元相邻的单元。

　　对现代高性能CPU而言,高速缓存的地位越来越重要。目前在进行高速缓存的设计时,需要考虑高速缓存的容量、高速缓存块容量、如何组织高速缓存、指令与数据是否分开缓存,以及高速缓存个数等问题。一般来说,高速缓存的容量越大,性能越好,但是成本也越高。对于高速缓存个数的问题,常见的是两个,如图5-11所示。

　　不论是主存还是辅存,其访问速度与CPU的运行速度都有很大的差距,通常是数量级上的差别(如微秒和纳秒的差别)。为了让慢速设备配合CPU的快速运行,通常的做法是在CPU和主存之间插入一个更小、更快的存储设备(如Cache)。实际上,计算系统中的存储器都被组织成存储层次结构(见图5-12),称为存储系统。最上层是CPU中的寄存器,其存储速度能满足CPU的要求。下一层是高速缓存,一般容量是32KB到几兆字节。再往下是主存,然后是辅存,用于保存永久存放的数据。最后是用于后备存储的磁带和光盘存储器。

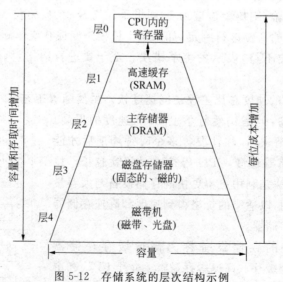

图5-12　存储系统的层次结构示例

在该层次中,自上而下,读写时间、存储容量和位/价比逐渐增大。首先,CPU 中的寄存器的访问时间是纳秒级的,如几纳秒,高速缓存的访问时间是寄存器访问时间的几倍,主存的访问时间是几十个纳秒,而磁盘的访问时间至少是 10ms 以上。其次,CPU 中寄存器一般为 128B 或更多一点,高速缓存可以是几兆字节,主存是几十到数千兆字节,而磁盘的容量是几 GB 或几十 GB。再次,主存的价格一般为几美元/兆字节,而磁盘的价格则为几美分/兆字节。

5.2.3 总线

总线是连接计算机各部件的一组电子管道,它负责在各个部件之间传递信息。总线是构成计算机系统的互连机构,是多个系统功能部件之间进行信息传送的公共通路,提供了信息传输和功能扩展的通道。总线的特点是公用性,可以同时挂接多个设备和部件。借助于总线连接,计算机在各系统功能部件之间实现地址、数据和控制信息的交换。

按照传输数据内容的不同,一般将总线分为数据总线、地址总线和控制总线。其中,数据总线用来传输数据信息;地址总线用于传送地址信息;控制总线用来传送控制信号、时序信号和状态信息等。按照传输数据的方式划分,可将总线分为串行总线和并行总线。串行总线中,二进制数据逐位通过一根数据线发送到目的器件;并行总线的数据线通常超过 2 根。按照时钟信号是否独立,可以分为同步总线和异步总线。同步总线的时钟信号独立于数据,而异步总线的时钟信号是从数据中提取出来的。

按照位置和连接设备的不同,计算机中的总线可分为内部总线、系统总线和外部总线。内部总线是 CPU 内部连接各寄存器及运算器部件之间的总线。系统总线是 CPU 和计算机系统中其他高速功能部件相互连接的总线。系统总线有多种标准,从 16 位的 ISA,到 32/64 位的 PCI、AGP 和 PCI Express 等。外部总线也称为 I/O 总线,是 CPU 和中低速 I/O 设备相互连接的总线。如用于连接并行打印机的 Centronics 总线、用于串行通信的 RS-232 总线、串行通用总线 USB 和 IEEE-1394,以及用于连接硬盘的 IDE、SCSI 总线等。

一般从以下几个方面来讨论总线的特性。

(1) 物理特性:总线的物理连接方式(根数、插头、插座形状、引脚排列方式等)。

(2) 功能特性:每根线的功能。

(3) 电气特性:每根线上信号的传递方向及有效电平范围。

(4) 时间特性:规定了每根总线在什么时间有效,即总线上各信号有效的时序关系。

通常由总线宽度、总线频率和总线带宽等参数来评价总线的性能。总线宽度指的是能同时传送的数据的二进制位数,如 16 位总线、32 位总线指的就是总线具有 16 位或 32 位的数据传输能力。地址总线的宽度指明了总线能够直接访问的地址空间,数据总线的宽度指明了所能交换数据的位数。例如,地址总线宽度为 32 位时,可访问的地址空间为 2^{32},数据总线宽度为 32 位时,一次可交换 32 位数据。总线频率指一秒钟内传输数据的次数,是总线的一个重要参数,通常用 MHz(Mega Hertz,兆赫)表示,如 33MHz、100MHz 等。一般来说总线频率越高,传输速度越快。总线带宽是指总线本身所能达到的最高传输速率,单位是 MB/s,它是衡量总线性能的重要指标。一般总线带宽越宽,传输效率也越高。前述三者之间的关系可以用公式表示为

$$总线带宽(MB/s)=总线频率(MHz)\times总线宽度(b)/8$$

在早期,各种总线之间在尺寸、引脚等方面各不相同,为总线的互连带来很大的难题。解决办法是总线标准化,总线标准化指的是规定诸如机械结构、尺寸、引脚分布位置、数据、地址线宽度和传送规模、定时控制方式,以及总线主设备数等接口参数,并形成文档,各设备生产厂家必须遵循。标准化的好处是使得按照同一标准、由不同厂家、按不同实现方法生产的各功能部件可以互换使用,并能直接连接到对应的标准总线上使用。目前,已经出现了很多总线标准,如 ISA、EISA、PCI、AGP、USB 和 IEEE-1394 等总线标准。

5.2.4 输入输出系统

输入输出设备是计算机与外界的联系通道,如用于用户输入的鼠标和键盘,用于输出的显示器,以及用于长期存储数据和程序的磁盘。每个输入输出设备通过一个控制器或适配器与输入输出总线连接。控制并实现信息输入输出的就是输入输出系统(Input/Output System,I/O 系统)。

计算机主机与外设的连接关系如图 5-13 所示。主机与外设通过控制器进行连接和交换数据。控制器一端连接在计算机系统的 I/O 总线上,另一端通过接口与设备相连。通过这种连接方式,控制器可监控 CPU 和主存之间的信号传递,并能将外设的输入插入到总线上,完成数据交换。控制器接收从 CPU 发来的命令控制 I/O 设备工作,使 CPU 从繁杂的设备控制事务中解脱出来。控制器的主要功能包括接收和识别命令,实现 CPU 与控制器、控制器与设备间的数据交换,让 CPU 了解设备的状态等。

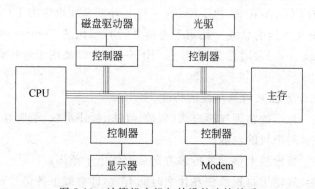

图 5-13 计算机主机与外设的连接关系

除了设备和控制器这些硬件系统外,还需要相应的控制软件来协调外部设备与计算机系统的数据交换,即输入输出系统由输入输出控制器、控制软件和设备构成。

在计算机系统与外部设备交换数据的过程中,最关心的是如何协调快速 CPU 与慢速外部设备,既不能让慢速设备拖累快速 CPU,又不能丢失数据,造成错误。这涉及到输入输出的控制方式,常用的方式有程序查询方式、程序中断方式、直接主存访问方式(Direct Memory Access,DMA)等,此处简要介绍程序中断和 DMA。

中断是指CPU暂时中止现行程序,转去处理随机发生的紧急事件,处理完后自动返回原程序的技术。中断是外围设备用来"主动"通知CPU,准备送出输入数据或接收输出数据的一种方法。通常,当一个中断发生时,CPU暂停它的现行程序,而转向中断处理程序,从而可以输入或输出一个数据。当中断处理完毕后,CPU又返回到它原来的任务,并从它停止的地方开始执行程序。这种方式节省了CPU宝贵的时间,是管理I/O操作的一个比较有效的方法。中断方式一般适用于随机出现的服务,并且一旦提出要求,应立即进行。在速度较慢的外围设备准备自己的数据时,CPU照常执行自己的主程序。在这个意义上说,CPU和外围设备的一些操作是并行地进行的,大大提高了计算机系统的效率。

DMA方式是一种完全由硬件执行I/O交换的工作方式。DMA控制器从CPU完全接管对总线的控制,数据交换不经过CPU,而直接在主存和外围设备之间进行,以高速传送数据。这种方式的主要优点是数据传送速度很高,传送速率仅受到主存访问时间的限制。与中断方式相比,需要更多的硬件。DMA方式适用于主存和高速外围设备之间大批数据交换的场合。

DMA传送数据分三步走:预处理、正式传送和后处理。在预处理阶段,由CPU执行几条输入输出指令,测试设备状态,通知DMA控制器是哪个设备要传输数据、数据传输到或从主存哪个位置开始,以及传送多少数据,此后,CPU继续执行原来的主程序。在正式传送阶段,当外设准备好接收或传送数据时,发出DMA请求,由DMA控制器向CPU发出总线使用权的请求,获得使用权后在DMA控制器的控制下,以数据块为基本单位进行数据传输。后处理阶段是在DMA控制器向CPU发送操作结束的中断后,CPU执行一些收尾工作,如校验送入主存的数据是否正确等。在DMA进行数据传送时,如果此时CPU也要访问主存,一般有3种解决方法:停止CPU访问主存、周期挪用和DMA与CPU交替访问主存。

5.3 操作系统

人们在使用现代计算机系统时,通常通过运行各种应用程序来完成各种任务。一般来说,当人们通过双击鼠标或输入一个命令来运行程序时,计算机系统要为程序分配主存空间,并将程序从磁盘中读入到为其分配的主存空间中。然后,程序第一条指令在主存中的地址将被赋值给CPU的指令计数器,在控制单元的控制下,从这个地址读指令到CPU,开始程序的执行。如果程序运行过程中需要进行输入输出操作,则还将利用某种输入输出方式与外设交换数据。

在没有操作系统之前,这些运行程序涉及的大部分操作都要程序员自己来开发并实现,使得程序员花费大量的时间在与业务无关的编程上,极大地降低了效率。因此,人们考虑将每个程序运行都涉及的、对计算机系统资源的操作独立出来,由专门的程序对其进行管理,而程序员专心于与应用直接相关的编程工作,从而出现了操作系统。

在现代计算机系统中,操作系统是计算机系统中最基本的系统软件,是整个计算机系统的控制中心。操作系统通过管理计算机系统的软硬件资源,为用户提供使用计算机系统的良好环境,并且采用合理有效的方法组织多个用户共享各种计算机系统资源,最大限度地提高系统资源的利用率。

5.3.1 概述

按操作系统在计算机系统中发挥的作用,可认为它具有资源管理者和用户接口两重角色。

1. 资源管理者

计算机系统的资源包括硬件资源和软件资源。从管理角度看,计算机系统资源可分为四大类:处理机、存储器、输入输出设备和信息(通常是文件)。操作系统的目标是使整个计算机系统的资源得到充分有效的利用,为达到该目标,一般通过在相互竞争的程序之间合理有序地控制系统资源的分配,从而实现对计算机系统工作流程的控制。作为资源管理者,操作系统的主要工作是跟踪资源状态、分配资源、回收资源和保护资源。由此,可以把操作系统看成是由一组资源管理器(处理机管理、存储器管理、输入输出设备管理和文件管理)组成的。

2. 用户接口

在计算机系统组成的4个层次中,硬件处于最底层。对多数计算机而言,在机器语言级上编程是相当困难的,尤其是对输入输出操作编程。需要一种抽象机制让用户在使用计算机时不涉及硬件细节。操作系统正是这样一种抽象,用户使用计算机时,都是通过操作系统进行的,不必了解计算机硬件工作的细节。通过操作系统来使用计算机,操作系统就成为用户和计算机之间的接口。

操作系统的体系结构如图5-14所示,由操作系统内核与Shell构成。

Shell是操作系统的外壳,用于操作系统与用户的通信,它提供了各种命令供用户使用。内核是操作系统的核心,通常包括以下功能。

(1) 处理机管理:在多道程序或多用户的环境下,处理机的分配和运行都是以进程为基本单位,因而对处理机的管理可归结为对进程的管理。进程管理主要包括进程控制、进程同步、进程通信和进程调度。

(2) 存储管理:在多道程序环境下,有效管理主存资源,实现主存在多道程序之间的共享,提高主存的利用率。存储管理主要包括主存分配、主存保护、地址映射和主存扩充等任务。

(3) 设备管理:管理外部设备。主要功能包括缓冲管理、设备分配、设备处理、设备虚拟化,以及为用户提供一组设备驱动程序。外部设备种类繁多,物理特性相差很大,操作系统要屏蔽这些外设的细节,提供比较统一的使用方式和接口。

(4) 文件管理:现代计算机系统中,总是把程序和数据以文件的形式存储在文件存储器中供用户使用。文件管理的主要任务是对用户文件和系统文件进行管理,并保证

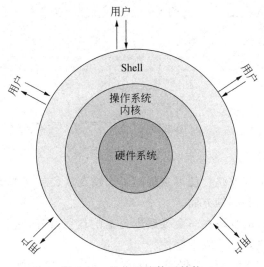

图 5-14 操作系统体系结构

文件的安全性。主要包括文件存储空间管理、目录管理、文件访问管理和文件访问控制等。

目前最常用的操作系统是 Windows、UNIX 和 Linux。其中,UNIX 的变种有 SUN 公司的 Solaris、IBM 公司的 AIX、惠普公司的 HP UX 等。其他比较常用的操作系统还有 Mac OS、NetWare、zOS(OS/390)、OS/400、OS/2 等,以及用于手持设备的 iOS、Android 等。

5.3.2 进程管理

操作系统中最核心的概念是进程,进程是对正在运行的程序的一种抽象,是资源分配和独立运行的基本单位,操作系统的四大特征也是基于进程而形成的。由于进程与程序的执行有关,而具体执行程序指令的计算机系统部件是 CPU。因此,进程管理在很大程度上就是对 CPU 的管理,即如何将 CPU 分配给程序使其能够运行。目前主流的操作系统几乎都是多任务操作系统。

计算机的运行实际上是 CPU 自动执行存放在主存中的程序,而多任务就是同时执行多个不同的程序。对于任何一个程序 i,其输入操作 I_i、计算操作 C_i、打印操作 P_i 这三者必须顺序执行,但对 n 个程序来说,则有可能并发执行。例如,在完成第 i 个程序的输入操作后,在对第 i 个程序进行计算的同时,可再启动第 $i+1$ 个程序的输入操作,这就使得第 $i+1$ 个程序的输入操作和第 i 个程序的计算操作能并发执行。图 5-15 给出了多个程序并发执行的一种可能执行顺序。在该例中,程序的运行 I_1 先于 C_1 和 I_2,C_1 先于 P_1 和 C_2,P_1 先于 P_2,I_2 先于 C_2 和 I_3,……。这说明有些操作必须在其他操作之后执行,有些操作却可以并行地执行。此外,从图中可以看出:I_2 与 C_1、I_3 与 C_2 与 P_1、I_4 与 C_3 与 P_2 的运行时间是重叠的。多道程序的并发执行大大地提高了系统的处理能力,改善了系统资源的利用效率。

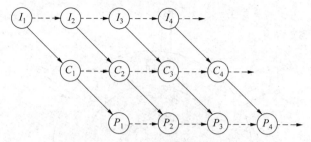

图 5-15　程序的并发执行

资源共享和程序的并发执行使得系统的工作情况变得错综复杂,尤其表现在系统中并发程序间的相互依赖和制约方面。

进程是可并发执行的程序在一个数据集合上的运行过程,是系统进行资源分配和调度的一个独立单位。进程具有以下特性。

(1) 动态性:进程的动态性不仅表现在它是一次"程序的执行",而且还表现在它具有由创建而产生、由调度而执行、由撤销而消亡的生命周期。

(2) 并发性:多个进程实体同存于主存中,在一段时间内可以同时运行。

(3) 结构特性:进程由程序段和相应的数据段及进程控制块构成,程序只包含指令代码及相应数据。

(4) 独立性:进程是操作系统进行调度和分配资源的独立单位。

(5) 不确定性:系统中的进程,按照各自的、不可预知的速度向前推进。

通常可将进程分为两类:系统进程和用户进程。前者是操作系统用来管理系统资源活动的并发进程。后者是操作系统提供服务的对象,是系统资源的实际使用者。

进程与程序之间的区别和联系有以下几个方面。

(1) 进程是动态的,程序是静态的。可以将进程看作是程序的一次执行,而程序是有序代码的集合。

(2) 进程是暂时的,程序是永久的。进程存在于主存,程序运行结束就消亡,而程序可长期保存在外存储器上。

(3) 进程与程序的组成不同。进程的组成包括程序、数据和进程控制块。

(4) 进程与程序密切相关。同一程序的多次运行对应到多个进程;一个进程可以通过调用激活多个程序。

运行中的进程具有 3 种基本状态:运行、阻塞、就绪。这 3 种状态构成了最简单的进程生命周期,进程在其生命周期内的任何时刻都处于这 3 种状态中的某种状态,进程的状态将随着自身的推进和外界环境的变化而变化,由一种状态变迁到另一种状态,如图 5-16 所示。

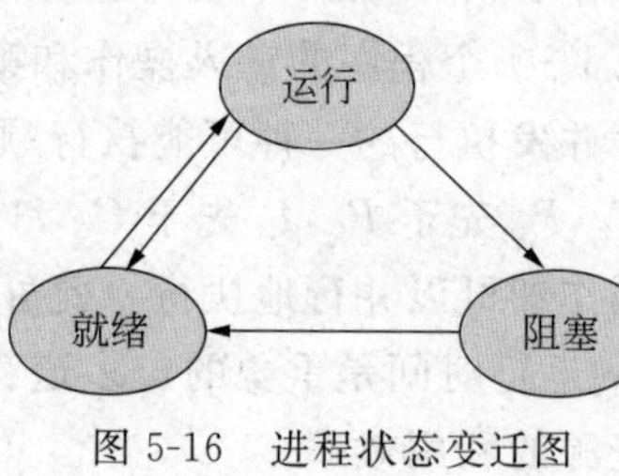

(1) 运行状态:是进程正在 CPU 上运行的状态,此时进程已获得必要的资源,包括 CPU。在单 CPU 系统中,只有一个进程处于运行状态;在多 CPU 系统中,可以有多个进程处于运行状态。

图 5-16　进程状态变迁图

(2) 阻塞状态：进程等待某种事件完成（例如，等待输入输出操作的完成）而暂时不能运行的状态。

(3) 就绪状态：等待 CPU 的状态。处于就绪状态的进程，运行所需的一切资源，除 CPU 以外，都已得到满足，但必须等待分配 CPU 资源，一旦获得 CPU 就能立即投入运行。在一个系统中，处于就绪状态的进程可能有多个，通常排成一个队列，称为就绪队列。

进程在整个生命周期内，就是不断地在这 3 个状态之间进行转换，直到进程被撤销。图 5-16 中连接两个状态的箭头表示进程状态之间的转换。

(1) 就绪→运行：就绪状态的进程，一旦被进程调度程序选中，获得 CPU，便发生此状态变迁。因为处于就绪状态的进程往往不止一个，进程调度程序根据调度策略把 CPU 分配给其中某个就绪进程，建立该进程运行状态标记，并把控制转到该进程，把它由就绪状态变为运行状态，这样进程就投入运行。

(2) 运行→阻塞：运行中的进程需要执行 I/O 请求时，发生此状态变迁。处于运行状态的进程为完成 I/O 操作需要申请新资源（如需要等待文件的输入），而又不能立即被满足时，进程状态由运行变成阻塞。此时，系统将该进程在其等待的设备上排队，形成资源等待队列。同时，系统将控制转给进程调度程序，进程调度程序根据调度算法把 CPU 分配给处于就绪状态的其他进程。

(3) 阻塞→就绪：阻塞进程的 I/O 请求完成时，发生此状态变迁。被阻塞的进程在其被阻塞的原因获得解除后，不能立即执行，而必须通过进程调度程序统一调度获得 CPU 才能运行。所以，系统将其状态由阻塞状态变成就绪状态，放入就绪队列，使其继续等待 CPU。

(4) 运行→就绪。这种状态变化通常出现在分时操作系统中，运行进程时间片用完时，发生此状态变迁。一个正在运行的进程，由于规定的运行时间片用完，系统将该进程的状态修改为就绪状态，插入就绪队列。

操作系统必须对进程从创建到消亡这个生命周期的各个环节进行控制，其对进程的管理任务主要包括创建进程、撤销进程，阻塞进程、唤醒进程和进程调度。为了管理进程，需要建立一个专用数据结构，一般称之为进程控制块（Process Control Block，PCB）。进程控制块是进程存在的唯一标志，它跟踪程序执行的情况，表明进程在当前时刻的状态以及与其他进程和资源的关系。

1. 创建进程

创建进程的主要任务是为进程创建一个 PCB，将有关信息填入该 PCB 中，并把该 PCB 插入到就绪队列中。具体来说，创建一个新进程的过程是：首先分配 PCB；其次，为新进程分配资源，若进程的程序或数据不在主存中，则应将它们从外存调入分配的主存中；此后将有关信息（如进程名字、状态信息等）填入 PCB 中；最后把 PCB 插入到就绪队列中。

能够导致创建进程的事件有很多，如用户启动程序的运行，用户登录，作业调度，提供服务和应用请求等。

2. 撤销进程

进程完成了其任务之后，操作系统应及时收回它占有的全部资源，以供其他进程使用。具体来说，撤销进程的过程是：根据提供的欲被撤销进程的标识符，在 PCB 链中查找对应的 PCB，执行相应的资源释放工作，主要是释放该进程的程序和 PCB 所占用的主存空间，以及其他分配的资源。

3. 阻塞进程

阻塞进程的实现过程是：首先中断 CPU，停止进程运行，将进程的当前运行状态信息保存到 PCB 的现场保护区中；然后将该进程状态设为阻塞状态，并把它插入到资源等待队列中（当多个进程都同时需要某个资源时，该资源就有一个等待队列）；最后系统执行进程调度程序，将 CPU 分配给另一个就绪的进程。

4. 唤醒进程

当某进程被阻塞的原因消失（例如，获得了被阻塞时需要的资源）时，操作系统将其唤醒。唤醒进程的过程是：首先通过进程标识符找到被唤醒进程的 PCB，从阻塞队列中移出该 PCB，将 PCB 的进程状态设为就绪状态，并插入就绪队列。

5. 进程调度

当 CPU 空闲时，操作系统将按照某种策略从就绪队列中选择一个进程，将 CPU 分配给它，使其能够运行。按照某种策略选择一个进程，使其获得 CPU 的工作称为进程调度。引起进程调度的因素有很多，例如正在运行的进程结束运行，运行中的进程要求 I/O 操作，分配给运行进程的时间片已经用完等。

进程调度策略的优劣将直接影响操作系统的性能。目前常用的调度策略如下。

(1) 先来先服务：按照进程就绪的先后顺序来调度进程，到达得越早，就越先执行。获得 CPU 的进程，未遇到其他情况时，一直运行下去。

(2) 时间片轮转：系统把所有就绪进程按先后次序排队，并总是将 CPU 分配给就绪队列中的第一个就绪进程，分配 CPU 的同时分配一个固定的时间片（如 50ms）。当该运行进程用完规定的时间片时，系统将 CPU 和相同长度的时间片分配给下一个就绪进程，如图 5-17 所示。每个用完时间片的进程，如未遇到任何阻塞事件，将在就绪队列的尾部排队，等待再次被调度运行。

(3) 优先级法：把 CPU 分配给就绪队列中具有最高优先级的就绪进程。根据已占有 CPU 的进程是否可被抢占这一原则，又可将该方法分为抢占式优先级调度算法和非抢占式优先级调度算法。前者当就绪进程优先级高于正在 CPU 上运行进程的优先级时，将会强行停止其运行，将 CPU 分配给就绪进程；而后者不进行这种强制性切换。短进程优先策略是一种优先级策略，每次将当前就绪队列中要求 CPU 服务时间最短的进程调度执行，但是对长进程而言，有可能长时间得不到调度运行。

(4) 多级反馈队列轮转：把就绪进程按优先级排成多个队列，赋给每个队列不同的

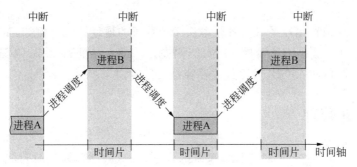

图 5-17　时间片轮转调度示意

时间片,一般高优先级进程的时间片比低优先级进程的时间片小。调度时按时间片轮转策略先选择高优先级队列的进程投入运行。若高优先级队列中还有其他进程,则按照轮转法依次调度执行。只有高优先级就绪队列为空时,才从低一级的就绪队列中调度进程。

5.3.3　存储管理

存储器是计算机中最重要的资源之一,是用来存放程序和数据的部件。操作系统的存储管理,主要是指对主存储器的管理。随着现代技术的发展,主存容量越来越大,但它仍然是一个关键性的、紧缺的资源,尤其是在多道程序环境之中,主存紧张的问题依然突出。所以,存储管理是操作系统功能的重要组成部分,能否合理有效地利用主存在很大程度上影响着整个计算机的性能。

存储管理的主要目的一是要满足多个用户对主存的要求,使多个程序都能运行;二是能方便用户使用主存,使用户不必考虑程序具体放在主存哪块区域。所以,目前操作系统的存储管理一般要实现主存的分配和回收、逻辑地址到物理地址的转换、为操作系统和用户程序提供主存区域的保护、实现主存的逻辑扩充等。

目前普遍采用虚拟存储管理技术对主存进行逻辑上的扩充。基本思想是把有限的主存空间与大容量的外存(一般是硬盘的一部分)统一管理起来,构成一个远大于实际主存的、虚拟的存储器。此时,外存是作为主存的逻辑延伸,用户并不会感觉到内、外存的区别,即把两级存储器当作一级存储器来看待。一个程序运行时,其全部信息装入虚存,实际上可能只有当前运行所必需的一部分程序和数据存入主存,其他则存于外存,当所访问的信息不在主存时,系统自动将其从外存调入主存。当然,主存中暂时不用的信息也可调至外存,以腾出主存空间供其他程序使用。

虚拟存储思想的理论依据是程序的局部性原理,所以,对一个程序,只需要装入其中的一部分就可以有效运行。信息在主存和外存之间的动态调度都由操作系统和硬件相配合自动完成,这样的计算机系统好像为用户提供了一个存储容量比实际主存大得多的存储器。对用户而言,只感觉到系统提供了一个大容量的主存。用户在编程时可以不考虑实际主存的大小,认为自己编写多大程序就有多大的虚拟存储器与之对应。每个用户可以在自己的逻辑地址空间中编程,在各自的虚拟存储器上运行。这给用户编程带来极大的方便。

一般来说,虚拟存储器的最大容量取决于计算机的地址结构。例如,某计算机系统的主存大小为64MB,其地址总线是32位的,则虚存的最大容量为 $2^{32}B=4GB$,即用户编程的逻辑地址空间可高达4GB,远比其主存容量大得多。

5.3.4 文件管理

操作系统的功能之一是对计算机系统的软件资源进行管理,而软件资源通常是以文件形式存放在磁盘或其他外部存储介质上的,对软件资源的管理是通过文件系统来实现的。在计算机系统中,对软件资源的使用也相当频繁,所以文件系统在操作系统中占有非常重要的地位。

文件系统应具备的主要功能有:实现文件的按名存取,分配和管理文件的存储空间,建立并维护文件的目录,提供合适的文件存取方法,实现文件的共享与保护,提供用户使用文件的接口。

在计算机系统中,将文件定义为存储在外部存储介质上的、具有符号名的一组相关信息的集合。而文件系统是对文件实施管理、控制与操作的一组软件。

为了方便用户使用,每个文件都有一个名称,即文件名。文件名是文件的标识,用户通过文件名来使用文件而不必关心文件的存储方法、物理位置以及访问方式等。文件系统的基本功能就是实现文件的按名存取。文件包括两个部分内容:一是文件内容,二是文件属性。文件属性是对文件进行说明的信息。文件属性主要有文件创建日期、文件长度、文件权限、文件存放位置等,这些信息主要被文件系统用来管理文件。不同的文件系统通常有不同种类和数量的文件属性。

为了有效、方便地组织和管理文件,常按照不同的角度对文件进行分类。按用途可将文件分为系统文件(由系统软件构成的文件)、库文件(由标准的和非标准的子程序库构成的文件)和用户文件(用户自己定义的文件)。按性质可将文件分为普通文件(系统所规定的普通格式的文件)、目录文件(包含普通文件与目录的属性信息的特殊文件)和特殊文件(如将输入输出设备看作是文件)等。按保护级别可分为只读文件(允许授权用户读,但不能写)、读写文件(允许授权用户读写)、可执行文件(允许授权用户执行,但不能读写)和不保护文件(用户具有一切权限)等。按文件数据形式可分为源文件(源代码和数据构成的文件)、目标文件(源程序经过编译程序编译,但尚未链接成可执行代码的目标代码文件)和可执行文件(编译后的目标代码由链接程序连接后形成的可以运行的文件)等。不同操作系统对文件的管理方式不同,由此对文件的分类也有很大的差异。

具体实现文件系统时,不能回避"目录"这一概念,因为文件系统一般通过目录将多个文件组织成不同结构。从概念上看,目录是文件的集合;从实现上看,目录也是一个文件,所谓目录文件,其中保存它所直接包含的文件的描述信息。目录可以包含不同类型的文件,目录文件也不例外。如果一个目录包含另一个目录,则被包含的目录称为子目录,包含者称为父目录,不被任何目录包含的目录称为根目录。由于计算机硬盘可存储或包含任何文件,所以硬盘也是目录,且是根目录。目录的这种包含关系可以衍生很多目录结构,从逻辑即用户角度来说,常用的文件目录结构有单级目录结构、二级或多级层次目录结构、无环目录结构和图状目录结构等。

常用的目录操作如下。

(1) 创建目录:在外部存储介质中,创建一个目录文件以备存取文件属性信息。

(2) 删除目录:从外部存储介质中,删除一个目录文件。

(3) 检索目录:首先,系统利用文件名对文件目录进行查询;然后,得出文件所在外部存储介质的物理位置;最后,如果需要,可启动磁盘驱动程序,将所需的文件数据读到主存中。

(4) 打开目录:如要用的目录不在主存中,从外存上读入相应的目录文件。

(5) 关闭目录:当所用目录使用结束后,应关闭目录文件以释放其所占主存空间。

文件系统对文件的操作是"按名"进行的,所以必须建立文件名与外存空间中的物理地址的对应关系。在具体实现时,每一个文件在文件目录中登记一项,作为文件系统建立和维护文件的清单。每个文件的文件目录项又称文件控制块(File Control Block,FCB),FCB一般应该包括以下内容。

(1) 文件存取控制信息。如文件名、用户名、文件主存取权限、授权者存取权限、文件类型和文件属性,即读写文件、执行文件、只读文件等。

(2) 文件结构信息。包括文件的逻辑结构和物理结构,如文件所在设备名、文件物理结构类型、记录存放在外存的相对位置或文件第一块的物理块号等。

(3) 文件使用信息。已打开该文件的进程数、文件被修改的情况、文件大小等。

(4) 文件管理信息。如文件建立日期、文件最近修改日期、文件访问日期等。

当创建一个新文件时,系统就要为它设立一个FCB,其中记录了这个文件的所有属性信息。当用户要访问某个文件时,系统首先查找目录文件,找到相对应的文件目录,然后,通过比较文件名就可找到所要访问文件的FCB,根据其中记录的文件信息相对位置或文件信息首块物理位置等就能依次存取文件信息。

为了方便用户使用文件系统,文件系统通常向用户提供各种调用接口。用户通过这些接口实现对文件的各种操作。对文件的操作可以分为两大类:一类是对文件自身的操作,例如,建立文件,打开文件,关闭文件,读写文件,等等;另一类是对文件内容的操作,例如,查找文件中的字符串,以及插入和删除,等等。以下是一些常用的文件操作。

(1) 文件创建:创建文件时,系统首先为新文件分配所需的外存空间,并且在文件系统的相应目录中,建立一个目录项,同时创建该文件的FCB。

(2) 文件删除:当已经不再需要某个文件时,便可以把它从文件系统中删除。这时执行的是与创建新文件相反的操作。系统先从目录中找到要删除的目录项,使之成为空项,紧接着回收该文件的存储空间,以便重复使用。

(3) 文件截断:如果一个文件的内容已经很陈旧而需要进行全部更新时,可以先删除文件再建立一个新文件。但是,如果文件名及其属性并没有发生变化,则可截断文件,即将原有文件的长度设为0,也可以说是放弃文件的内容。

(4) 文件读:通过给定的读入数据位置,将位于外部存储介质上的数据读入到主存缓冲区。

(5) 文件写：通过给定的写入数据位置，将主存数据写入到位于外部存储介质上的文件中。

(6) 文件的读写定位：前面介绍的读写操作只是提供了文件的顺序存取手段，而若对文件的读写进行定位操作，即可改变读写指针的位置。通过这个操作，可以从文件的任意位置开始读写，为文件提供随机存取的能力。

(7) 文件打开：在开始使用文件时，首先必须打开文件。这样可以将文件属性信息装入主存，以便以后快速查用。

(8) 文件关闭：在完成文件使用后，应该关闭文件。这不但是为了释放主存空间，而且也是因为许多系统常常限制可以同时打开的文件数。

5.3.5 设备管理

随着计算机软、硬件技术的飞速发展，各种各样的外部设备不断出现，如扫描仪、数码相机等。同时在多道程序运行环境中要并行处理多个进程的 I/O 请求，对设备管理提出了更高要求。所以为了方便用户，提高外设的并行程度和利用率，由操作系统对种类繁多、特性和方式各异的外设进行统一管理显得极为重要。

在操作系统中，各种进程竞争设备资源。所以，有必要从进程使用的角度，即设备的共享属性对设备进行分类。按照共享属性，可将设备划分为 3 种。

(1) 独占设备：指不能共享的设备，即在一段时间内只允许一个进程访问的设备。系统一旦把这类设备分配给某个进程后，便由该进程独占，直至用完释放，如打印机就属于独占设备。

(2) 共享设备：指在一段时间内允许若干个进程同时使用的设备。例如磁盘就是典型的共享设备。

(3) 虚拟设备：通过虚拟技术把一台独占设备变换为可由多个进程共享的逻辑设备。虚拟设备就是指这种逻辑设备。

现代计算机系统中常配有各种类型的设备，并且同一类型的设备可能有多台，为了标识每台设备，系统按照某种原则为每台设备分配一个唯一的编码，用作外设控制器识别设备的代号，称为设备的绝对号（物理设备名），就如同主存中每一个单元都有一个地址一样。

在多任务系统中，多个用户共享系统中的设备，但是只能由操作系统根据当时设备的具体情况决定哪些用户使用哪些设备。这样用户在编写程序时就不必通过设备绝对号来使用设备，只需向系统说明他要使用的设备类型就可以了。为此，操作系统为每类设备规定了一个编号，即设备的类型号（逻辑设备名）。当系统接收到用户程序使用设备的申请时，由操作系统进行地址转换，将逻辑设备名变成物理设备名。

这两种设备名的引入也是实现设备无关性的基础。操作系统中设备无关性的含义是应用程序独立于具体使用的物理设备，即使设备更换了，应用程序也不用改变。在应用程序中使用逻辑设备名来请求使用某类设备，而系统在实际执行时，使用物理设备名。这种转换是由操作系统的设备管理功能自动完成的。

除了进行上述设备地址转换外,设备管理还有实现数据交换、提供接口、统一管理设备、设备的分配与释放等功能。

要实现具体的输入输出操作还需要有相应的软件,输入输出软件的设计目标就是将软件组织成一种层次结构,底层的软件用来屏蔽输入输出硬件的细节,从而实现上层的设备无关性,高层软件则主要为用户提供一个统一、规范、方便的接口。操作系统一般把输入输出软件分成中断处理程序、设备驱动程序、设备无关的 I/O 软件、用户软件 4 个层次,如图 5-18 所示。

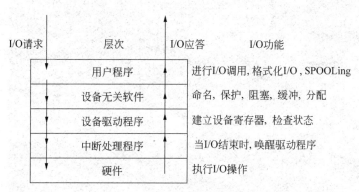

图 5-18 输入输出软件系统

一般来说,当进程要从外设读一个数据块时,设备无关软件调用设备驱动程序向硬件提出相应的请求。用户进程随即进入阻塞,直至数据块读出。当外设读数据操作结束时,硬件发出一个中断,它将激活中断处理程序。中断处理程序则从设备获得返回状态值,并唤醒被阻塞的用户进程来结束此次 I/O 请求,随后用户进程将继续运行。向外设写数据的流程与此类似。

5.3.6 用户接口

用户接口负责用户与操作系统之间的交互。通过用户接口,用户能向计算机系统提交服务请求,而操作系统通过用户接口提供用户所需的服务。

操作系统面向不同的用户提供了不同的用户接口——人机接口和 API 接口。前者给使用和管理计算机应用程序的人使用,包括普通用户和管理员用户。后者是应用程序接口,供应用程序使用。

通常,为使用和管理计算机应用程序的用户提供的用户接口称为命令控制界面,它由一组以不同形式表现的操作命令组成。当然,对普通用户和管理员用户提供的命令集不一样。命令控制界面的常见形式有命令行界面和图形用户界面。API 接口由一组系统调用组成。通过系统调用,程序员可以在程序中获得操作系统的各类底层服务,能使用或访问系统的各种软硬件资源。

在命令行界面(Command-Line Interface,CLI)中,用户通过键盘输入一个命令串,操作系统执行该命令,并将结果以字符形式输出。图 5-19 是 Windows 操作系统的命令行界面,显示的是命令 ipconfig 及其输出。在命令行界面中,通常有一个命令解释器,负责对用户输入的命令串进行接收、分析和执行。命令行通常带有一个命令提示符,提示用户可输入命令,用户输入命令以回车结束,此时命令解释器开始分析执行命令。命令所附加的参数让同一个命令可有多种可能的执行动作。通常,用户熟练掌握命令的使用后,通过命令行与系统交互,比通过图形界面更高效。但是,通过命令行界面使用操作系统时,必须对系统提供的命令,包括命令名、参数个数、命令格式等都要非常了解。

图 5-19　命令行用户界面示例(Windows XP——ipconfig 命令)

通过命令行使用计算机系统的方式有脱机控制方式和联机控制方式。脱机方式中,用户编写一个文本文件,文件中包含了一系列命令,这些命令组合一起完成某个任务。命令解释器对该文件的执行是批量式的,从文件开始逐条命令执行,在执行过程中用户无法与系统交互,直到命令执行结束时才能根据输出信息判断执行情况。联机方式中,用户通过逐条输入命令交互式地控制系统。

图形用户界面(Graphical User Interface,GUI)是指采用图形方式显示的计算机操作环境用户接口,如图 5-20 所示。与命令行用户界面不同,图形用户界面通过各种图形化的元素,将操作系统能提供给用户的所有资源和操作展现给用户,用户通过在各界面元素上进行选择来向操作系统发送命令。图形用户界面主要由桌面、窗口、菜单、对话框、按钮等要素构成。

与早期计算机使用的命令行界面相比,图形界面对于用户来说更为简便易用,也可以说图形界面是命令行方式的图形化,已成为现代操作系统的主要用户接口形式。在图形用户界面中,计算机画面上显示窗口、图标、按钮等图形表示不同目的的动作,用户通过鼠标等设备进行选择。键盘在图形用户界面仍是一个重要的设备。键盘不仅可以输入数据的内容,而且可以通过各种预先设置的"快捷键"等键盘组合进行命令操作达到和菜单操作一样的效果,并极大提高工作效率。

窗口管理器是实现图形用户界面的核心,它负责为每个应用程序构建窗口,并在屏幕

图 5-20　图形用户界面示例

上分配显示空间。在程序运行过程中，管理器将跟踪应用程序的变化，当应用程序要改变其窗口的显示时，将向窗口管理器发送通知，由窗口管理器对其窗口进行修改。同样地，当用户通过鼠标或键盘操作窗口界面元素时，窗口管理器将计算被操作元素的位置，判断该元素属于哪个应用程序，并将用户的动作传递给元素对应的应用程序，由应用程序进行响应。

操作系统中，系统调用通常以程序库的形式出现，可用各种编程语言编写的程序中调用这些服务。通过系统调用，程序员能获得操作系统的主要功能的支持，包括进程控制、文件管理、设备管理、信息维护和网络等操作系统服务。

5.3.7　操作系统的加载

操作系统自身的启动是通过一个称为自举的过程完成的，自举过程是在计算机每次加电时都要执行的动作。要理解自举过程的必要性及其工作原理，首先要回顾计算机的 CPU 的工作原理。在第 5.2 节的介绍中，我们已知 CPU 执行程序时，要从其程序计数器所指向的主存地址处取指令。现代 CPU 在加电启动时，其程序计数器会被设计成指向某个特别的预定义好的主存地址，从这个地址 CPU 能找到其启动时要开始执行的程序的第一条指令。所以，理论上，只要将操作系统从这个特殊地址开始保存，每次计算机加电时，CPU 就能自动加载操作系统运行。但是，从经济和效率上考虑，计算机关电后，主存内容将全部丢失。所以，需要一种技术在计算机加电时，用操作系统的起始地址填充程序计数器所指主存特定区域。

所以，现代计算机中，每次加电时 CPU 需首先执行的程序被存于特殊的存储器——只读存储器中，称为自举程序。自举程序将在计算机加电时自动执行，其主要功能是指导

CPU将外存上某特定区域的操作系统程序加载到主存中,并在加载完成后,修改CPU指令计数器,使其指向操作系统在主存中的地址,自此以后,操作系统将被执行,并接管计算机的管理权。

现代计算机系统中,用于保存自举程序的ROM除保存该程序外,通常还保存一组程序,用于提供基本的输入输出操作,例如,从键盘接收输入、在显示器上显示信息、从外存读入数据等操作。由于其保存在ROM中,所以,在操作系统接管计算机控制权之前,可被自举程序用来进行基本的输入输出操作。例如,人们可以设置计算机开机密码(不是进入操作系统的密码),此时,从键盘接收用户输入的密码,以及在显示器上显示密码是否正确的信息,使用的就是保存于ROM中的这些基本输入输出程序。所以,这些程序一起被称为基本输入输出系统(BIOS)。

5.4　Python构建冯·诺依曼体系结构模拟器

为理解现代计算机的工作原理,可借助计算思维对冯·诺依曼体系结构机器进行建模和模拟。在建模过程中,忽略掉CPU、内存等的设计工艺、工作频率等细节,抽象出CPU、内存等的行为机制。并基于抽象出来的行为模型,利用程序设计语言进行描述,变成计算机可理解的模型,在该抽象模型上自动化地执行指令和程序,以此来模拟其工作过程。

以名为PAINTER的计算机为例。该计算机的结构为冯·诺依曼体系结构,CPU中的寄存器除了指令寄存器、程序计数器外,ALU中有两个分别命名为x和y的寄存器,用于存放中间结果。PAINTER的内存可存储程序和数据,输出设备为显示器,该显示器分辨率为10×10像素,如图5-21所示,像素点由(x,y)坐标标识,图中黑点所在的像素坐标为(3,1)。

PAINTER计算机的指令集包含4条指令,分别如下。

(1) Add n Reg：n为一个立即数,如5、10等,Reg为ALU中的寄存器,以名字指示,可为x或y,指令中各段用空格分隔。指令的功能是将n与Reg存储的数相加,并将结果存储在Reg中。例如,Add 3 x表示将x寄存器的值增3。

(2) Sub n Reg：n为一个立即数,如5、10等,Reg为ALU中的寄存器,以名字指示,可为x或y,指令中各段用空格分隔。指令的功能是从Reg存储的数减去n,并将结果存储在Reg中。例如,Sub 3 y表示将寄存器y的值减3。

(3) Plot Reg1 Reg2：Reg1和Reg2为ALU中的寄存器,以名字指示,可为x或y,指令中各段用空格分隔。指令的功能是在用黑色填充显示器上指定位置的像素点,其中Reg1保存的数据表示x坐标,Reg2保存的数据表示y坐标。例如,Plot 3 1表示用黑色填充坐标为(3,1)的像素点。

(4) DONE：用于表示程序结束,一般位于程序的最后一条语句。

用PAINTER计算机的4条指令编写程序,即可在显示器上绘制各种图形。约定程序执行之前,寄存器x和y的值为0。则下面的程序将绘制如图5-21所示的图像。

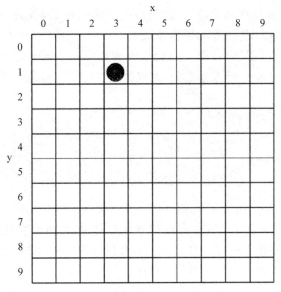

图 5-21　PAINTER 计算机的显示器

```
Add 3 x
Add 1 y
Plot x y
DONE
```

下面编写一个模拟器,模拟 PAINTER 计算机 CPU 执行一条指令和自动执行一个程序的过程,并将计算结果以屏幕显示的方式呈现出来。

首先为该计算机的内存建模。当不考虑内存的存储格式、设计工艺、工作频率等细节时,逻辑上内存就是一个线性编址的存储结构,每个单元保存一条指令。因此,可用 Python 的列表来模拟 PAINTER 的内存,每条指令以字符串的形式保存。其次,对 CPU 中的寄存器建模,CPU 中程序计数器、指令寄存器、x 和 y 寄存器的作用是保存数据,可用 Python 中的变量来模拟。最后,如图 5-21 所示的显示器,本质上是一个二维数组,如果某个像素被填充了,则其对应的位置为 1 个黑方块,否则是 1 个空白格。至此,可以编写 Python 程序,通过定义一些变量对内存、显示器和各种寄存器进行建模。程序片段如下所示,各变量分别对应 x、y、内存、程序计数器、指令寄存器和显示器屏幕,显示器屏幕为一个 10×10 的二维数组,用列表建模,列表中每个元素又为一个 10 个元素的列表:

```
x = 0
y = 0
memory = []
ip = 0
ireg = ''
screen = [[' '] * 10 for i in range(10)]
```

接下来,模拟计算机中程序的运行机理。程序的一次执行,涉及将保存在文件中的程序读入内存、将程序计数器指向内存中第一条指令、取指令到指令寄存器、译码、执行指令。假设 PAINTER 程序中每条指令占一行,保存成一个文本文件,假设为 sample.txt。

将程序读入 PAINTER 内存的操作涉及 Python 文件操作,具体请参见 5.5.3 节的介绍,此处直接使用。读入程序后,第一条指令在列表 memory 中的索引为 0,可用于设置程序计数器的值。基于程序计数器的值,可以取内存对应位置的指令。程序片段如下:

```
file = open('sample.txt', 'r')
for line in file:
    memory.append(line[:-1])
ip = 0
ireg = memory[ip]
```

下一步要对指令进行译码,首先识别出是什么指令,然后根据该指令的功能进行相应操作。请注意,指令以字符串形式保存在指令寄存器中,且根据前述指令描述,每条指令分为 3 个部分,且每部分之间以空格分隔。这可用字符串的 split 方法进行切分,实现译码,程序片段如下:

```
instruction, op1, op2 = ireg.split(' ')
if instruction == 'Add':
    if op2 == 'x':
        x = x + int(op1)
    else:
        y = y + int(op1)
elif instruction == 'Sub':
    if op2 == 'x':
        x = x - int(op1)
    else:
        y = y - int(op1)
elif instruction == 'Plot':
    screen[y][x] = 'O'
```

上述程序片段是执行一条语句的译码过程,其中绘图用大 O 来代替黑色方框。执行一条指令不需要判断指令是否为 DONE。此外,请注意 Plot 指令的执行,因为 screen 是按行存储的,每一行对应着图 5-21 的一行,由 y 的值来确定是哪一行,因此给 screen 像素赋值时应是第 y 行第 x 列。

执行一个程序,涉及执行多条语句,是上述过程的循环运行,并在每次取指令至指令寄存器后,需更新程序计数器,并判断程序是否结束。基于此,完整地执行一个 PAINTER 程序的程序片段如下:

```
ip = 0
while True:
    ireg = memory[ip]
    ip += 1
    try:
        instruction, op1, op2 = ireg.split(' ')
        if instruction == 'Add':
```

```
            if op2 =='x':
                x =x +int(op1)
            else:
                y =y +int(op1)
            print(x)
        elif instruction =='Sub':
            if op2 =='x':
                x =x -int(op1)
            else:
                y =y -int(op1)
        elif instruction =='Plot':
            screen[y][x] ='O'
    except ValueError:
        break
```

因为最后一条指令为 DONE，对其用 split 进行拆分时会报异常，因此，程序用 try…except 进行封装。最后，可显示屏幕上被填充的像素点构成的图形，程序如下：

```
for line in screen:
    print(' '.join(line))
```

5.5 利用 Python 使用操作系统

利用 Python，通过操作系统提供的 API，可以获得操作系统中进程、文件、存储等信息，也可对它们进行各类操作，如创建进程、文件的读写等。本节列举一些简单的示例，展示使用方法。

5.5.1 利用 Python 查看进程信息

Python 中的 psutil 模块提供了查看系统各种资源状态的方法，实现类似于 Linux 的 ps 命令，或 Windows 的任务管理器等程序的功能。该模块是跨平台的，即编写的代码在 Windows、UNIX、Linux 或 Mac OS X 上都可以运行，能获得各类资源的状态。

psutil 中定义了几个和进程相关的函数。

（1）pids()：获取当前所有正在运行的进程 ID。

（2）pid_exists(pid)：判断 ID 为 pid 的进程是否存在。

（3）process_iter()：返回一个迭代器，通过其可以遍历所有正在运行的进程。

psutil 中定义了 Process 类，以进程 ID 为参数，可以实例化一个 Process 对象，通过 Process 类提供的各种方法，可以查看该 ID 对应的进程的各类信息。Process 中常用的方法列表如下。

（1）oneshot()：该方法可一次获得进程的多种信息，且获取速度快。

（2）as_dict()：将返回的进程信息组织成一个字典，字典中的键值对是"进程属性：属性值"。

（3）name()：返回进程的名字。

（4）exe()：返回进程对应的可执行程序的绝对路径。

（5）cmdline()：返回启动该进程的命令行参数。

（6）environ()：返回进程的环境变量，以字典形式返回。

（7）create_time()：返回进程的创建时间。

（8）status()：返回进程的状态。

（9）cwd()：返回进程当前的工作路径，以绝对路径形式给出。

（10）io_counters()：返回进程的 I/O 统计信息，包括 read_count/write_count（读/写次数）、read_bytes/write_bytes（累计读写字节数）。注意，Mac OS X 上没有该方法。

（11）cpu_times()：返回进程累计使用 CPU 的时间，单位是秒。

（12）cpu_percent(interval)：返回进程在 interval 时间内，使用 CPU 时间的占比。

利用 psutil 模块提供的这些方法，可以自己开发一个类似 Windows 任务管理器的简单程序，查看所关心进程的信息。下面的程序片段可以获得当前所有正在运行的进程 ID 及其对应的进程名。

```
import psutil
procs=[(pid, psutil.Process(pid).name())for pid in psutil.pids()]
```

下面的程序片段可以根据所给的程序的关键字，返回所有名字中包含该关键字的进程。此后，可利用上面列出的各种方法得到每个进程的信息。本例中，想知道所有 Chrome 浏览器相关的进程的信息。

```
def get_proc_by_name(pname):
    procs=[]
    for proc in psutil.process_iter():
        try:
            if pname.lower()in proc.name().lower():
                procs.append(proc)
        except psutil.AccessDenied:
            pass
        except psutil.NoSuchProcess:
            pass
    return procs
if '__main__'==__name__:
    procs=get_proc_by_name('Chrome')
    for p in procs:
        with p.oneshot():
            print(p.name())
            print(p.cpu_times())
            print(p.exe())
            print(p.cmdline())
```

```
    print(p.cpu_percent(1))
    print(datetime.datetime.fromtimestamp(\
        p.create_time()).strftime("%Y-%m-%d %H:%M:%S"))
    print(p.status())
    print(p.cwd())
    print(p.io_counters())
```

5.5.2 利用Python查看系统存储信息

Python中psutil模块提供了查看系统存储状态、进程使用内存等信息的接口,其中,获取系统存储信息的函数有两个。

(1) virtual_memory():返回计算机系统的存储系统被使用的统计信息,存储大小单位是字节。返回的信息中,total指的是物理内存的大小,available指的是不需要交换到外存、能立即被分配的存储大小。

(2) swap_memory():返回虚拟存储中,用于支持页面交换,外存提供的交换区的统计信息,单位是字节。交换区在Windows系统里以pagefile.sys文件的形式存在,而在Linux系统中,以Swap分区形式存在。返回的信息中,total指的是交换区总的大小,used指的是被占用的空间大小,free指的是空闲空间的大小,percent指的是空闲空间在整个交换区中的占比,sin是虚拟存储系统从外存交换到内存的总存储量,sout是从内存交换到外存的总存储量。

下面的程序用来查看计算机系统的存储系统的统计信息,convert_bytes函数将字节转换成适合于人阅读的单位。运行main函数后,将依次输出物理内存和交换区的统计信息。

```
import psutil

def convert_bytes(n):
    symbols=('K', 'M', 'G', 'T', 'P', 'E', 'Z', 'Y')
    prefix={}
    for i, s in enumerate(symbols):
        prefix[s]=1 << (i+1) * 10
    for s in reversed(symbols):
        if n>=prefix[s]:
            value=float(n)/prefix[s]
            return '%.1f%s' %(value, s)
    return "%sB" %n

def pprint_ntuple(nt):
    for name in nt._fields:
        value=getattr(nt, name)
        if name != 'percent':
            value=convert_bytes(value)
        print('%-10s : %7s' %(name.capitalize(), value))
```

```python
def main():
    print('内存\n------')
    pprint_ntuple(psutil.virtual_memory())
    print('\n交换区\n----')
    pprint_ntuple(psutil.swap_memory())
```

此外，通过 psutil 的 Process 类提供的方法，还能得到每个进程的存储统计信息，主要的方法有 memory_info() 与 memory_full_info()。这两个方法都返回进程存储统计信息，后者返回的信息多一些。返回的信息中，rss 表示不可被交换的物理存储空间大小，vms 指该进程使用的总虚拟存储空间大小，uss 表示本进程特有存储空间，在进程结束后，马上会被释放掉。

下面的 main 函数利用 Process 类的 memory_full_info() 获得各进程的内存使用情况，然后格式化打印出来。其中，convert_bytes 函数在前一段程序中定义。

```python
def main():
    ad_pids=[]
    procs=[]
    for p in psutil.process_iter():
        with p.oneshot():
            try:
                mem=p.memory_full_info()
                info=p.as_dict(attrs=["cmdline", "username"])
            except psutil.AccessDenied:
                ad_pids.append(p.pid)
            except psutil.NoSuchProcess:
                pass
            else:
                p._vms=getattr(mem, "vms", "")
                p._uss=mem.uss
                p._rss=mem.rss
                if not p._uss:
                    continue
                p._pss=getattr(mem, "pss", "")
                p._swap=getattr(mem, "swap", "")
                p._info=info
                procs.append(p)
    procs.sort(key=lambda p: p._uss)
    templ="%-7s %-7s %-80s %7s %7s %7s %7s"
    print(templ %("PID", "User", "Cmdline", "VMS", "USS", "PSS", "Swap", "RSS"))
    print("=" * 140)
    for p in procs[:86]:
        line=templ %(
            p.pid,
            p._info["username"][:7],
            " ".join(p._info["cmdline"])[:80],
            convert_bytes(p._vms),
```

```
            convert_bytes(p._uss),
            convert_bytes(p._pss)if p._pss !="" else "",
            convert_bytes(p._swap)if p._swap !="" else "",
            convert_bytes(p._rss),
        )
        print(line)
```

5.5.3 Python 文件操作

1. 获取磁盘信息

psutil 提供了以下的方法,用于获得系统所有磁盘分区、磁盘使用情况、磁盘 IO(读写)情况等统计信息。

(1) disk_partitions():返回系统所有磁盘分区的信息,包括文件系统类型等。
(2) disk_usage():返回指定分区的使用信息,包括总大小、已用空闲空间大小等。
(3) disk_io_counters():返回磁盘读写统计信息,包括累计读写次数、读写字节数等。

下面这段程序用于显示系统中所有的磁盘及其使用情况信息。

```
def main():
    templ="%-17s %8s %8s %8s %5s%%%9s  %s"
    print(templ %("Device", "Total", "Used", "Free", "Use ", "Type",
            "Mount"))
    for part in psutil.disk_partitions(all=False):
        if os.name =='nt':
            if 'cdrom' in part.opts or part.fstype =='':
                continue
        usage=psutil.disk_usage(part.mountpoint)
        print(templ %(
            part.device,
            convert_bytes(usage.total),
            convert_bytes(usage.used),
            convert_bytes(usage.free),
            int(usage.percent),
            part.fstype,
            part.mountpoint))
```

2. 文件读写

读取以前保存的文件或创建新的文件并写入数据,几乎是每一个计算机程序必备的功能。不同的操作系统有不同的文件系统来创建和访问文件。Python 通过文件句柄独立于各操作系统对文件进行操作。

在对文件进行操作之前,必须先打开文件。Python 内置函数 open 可用于打开一个文件并返回一个文件句柄,该句柄一直与打开的文件关联,可以通过该句柄在文件关闭前对文件进行访问。open 函数有两个参数。

（1）要打开的文件：由一个字符串指定，通常包括路径和文件名两部分构成，路径指明了文件在计算机上的位置。在 Windows 系统上，路径中使用反斜杠(\)作为文件夹的分隔符，而在 Mac OS X 和 Linux 系统上，使用正斜杠(/)作为分隔符。每个运行在计算机上的程序，都有一个"当前工作目录"。由此，可用两种方法指定一个文件路径：绝对路径（总是从根文件夹开始）和相对路径（相对于程序的当前工作目录）。

（2）打开的模式：表示对打开的文件可进行什么操作，可选模式有：r 表示读取，w 表示写入，a 表示在文件的末尾追加数据。默认值是 r。如果想打开一个文件进行读取和写入操作，使用参数 r+。

当打开文件后，用 read 或 readline 函数读取文件内容。前者的调用形式通常为 read(n)，表示从文件读取 n 个字节，如果直接用 read()（即不带参数），则读入整个文件内容。后者调用时没有参数，功能是从文件中读一行，以'\n'作为行结束标记。当到达文件的末尾，将返回一个空字符串。还可用 readlines 函数，该函数返回一个列表，其中每个元素是从文件中读取的一行。

如果想向文件写入数据，可用 write 函数。该函数接收一个字符串作为参数，该字符串就是将被 write 函数写入到文件的数据[①]。

一旦完成了文件操作，可以通过 close 函数来关闭。

下面的例子首先创建一个名为 kids 的文件，然后向其写入一些数据（在调用 write 函数时根据需要添加了一个换行，即'\n'）后关闭该文件，如第 1~4 行所示。接下来以读方式再次打开该文件，逐行读出并打印文件内容，完成后关闭文件，如第 5~8 行所示。注意此处读文件并没有用 read 等函数，因为 Python 将 nameHandle 视为一个列表，内容为其所关联文件的每一行，所以可用循环逐行访问文件。此后，文件以附加形式被打开，在文件后面添加两行后关闭文件，如第 9~12 行所示。最后的代码再次以读方式打开文件，逐行读入并打印文件内容。

```
nameHandle=open('kids', 'w')
nameHandle.write('DingDing\n')
nameHandle.write('XiaoBao\n')
nameHandle.close()
nameHandle=open('kids', 'r')
for line in nameHandle:
    print(line[:-1])
nameHandle.close()
nameHandle=open('kids', 'a')
nameHandle.write('Yaya\n')
nameHandle.write('Panpan\n')
nameHandle.close()
nameHandle=open('kids', 'r')
for line in nameHandle:
    print(line[:-1])
nameHandle.close()
```

---

① 由于向文件写入时，不会自动添加换行符，所以需要根据需要自己添加。

5.6 小　　结

本章介绍计算机系统的硬件与软件构成,主要基于冯·诺依曼体系结构介绍了计算机硬件系统的构成、核心部件及其工作机制;介绍了操作系统的基本概念和主要功能。在本章的学习中,还展现了如何在计算机硬件系统的设计中体现抽象化和自动化、缓冲、预取,以及对复杂系统的抽象与模拟等计算思维思想与方法。展示了通过操作系统提供的API,利用 Python 编程访问操作系统的方法。通过本章学习,读者应深入理解信息处理核心装置计算机系统的硬件体系结构,该体系结构支持自动化和可编程信息处理的方法,以及如何在操作系统管理下,协同完成信息处理任务。

5.7 习　　题

1. 简述冯·诺依曼体系结构的特点、构成和各分系统的功能。
2. 指令执行涉及哪些步骤？各步骤的功能是什么？能否省略？
3. 有 A、B 两台计算机,假设 A 计算机上每条指令的执行时间为 8ns,B 计算机上每条指令的执行时间为 5ns,能否说 B 计算机比 A 计算机的速度快？请讨论。
4. CPU 和主存之间的传输速率比输入输出设备的传输速率相差几个数量级,如何解决这种速度上的不平衡带来的性能降低问题？
5. 某数码相机的分辨率是 3000×2000 像素,每个像素用 3 字节存储 RGB 三原色,相机能将拍摄的图像自动压缩,大小为原图像的 $\frac{1}{5}$。要求在 2s 内将压缩后的图像存储在存储卡上,传输速率是多少？
6. 用 5.4 节 PAINTER 计算机的指令编写程序,并在模拟器上运行,绘制如图 5-22 所示的两个图形。

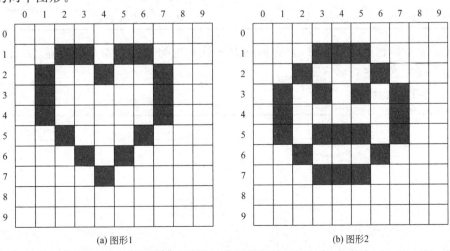

图 5-22　两个图形

7. 某科学家设计了一台冯·诺依曼体系结构的计算机,命名为 P88,该机器 CPU 的结构如图 5-23 所示。

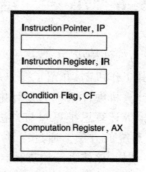

图 5-23 CPU 的结构

CPU 包括一个程序计数器 IP、指令寄存器 IR、条件标志寄存器 CF,以及计算数寄存器 AX。该机器的指令集及其含义如表 5-1 所示。

表 5-1 指令集及其含义

指 令	格 式	操 作
从主存复制数据到 AX	COPY AX, mem	AX←mem
将 AX 数据复制到主存	COPY mem, AX	mem←AX
加法	ADD AX, mem	AX← AX ＋ mem
减法	SUB AX, mem	AX← AX － mem
乘法	MUL AX, mem	AX← AX * mem
除法	DIV AX, mem	AX← AX ÷ mem
比较	CMP AX, mem	如果 AX<mem, CF=B, 否则 CF=NB
跳转	JMP lab1	跳转到标号为 lab1 的指令
如果不低于则跳转	JNB lab1	如果 CF=NB, 跳转到标号为 lab1 的指令
如果低于则跳转	JB lab1	如果 CF=B, 跳转到标号为 lab1 的指令
输入	IN AX	向寄存器 AX 输入一个整数
输出	OUT AX	将 AX 中的整数输出

仿照本章所构建的模拟器,为所给的 P88 计算机构建一个指令模拟器,然后在你构建的指令模拟器上进行如下操作。

(1) 运行下面程序:

(1)	(2)
IN AX COPY A,AX IN AX COPY B,AX COPY AX,A DIV AX,B OUT AX	IN AX COPY M1,AX MUL AX,M1 OUT AX

(2) 完成下面问题,并在你编写的模拟器上运行用 P88 指令编写的程序,判断程序是否正确。

① 用 P88 指令编写一个程序,输入两个整数,输出最大的那个。

② 用 P88 指令编写一个程序,先输入一个整数,再输入一个比它大的整数,然后输出这两个整数之间的所有整数(不包括输入的整数)。

8. 什么是操作系统?它的主要功能和特征是什么?

9. 多道程序并发执行的硬件基础是什么?

10. 现代操作系统中为什么要引入"进程"概念?它的含义和特征是什么?与程序有什么区别?

11. 根据表 5-2 所示信息,分别说明使用先来先服务、时间片轮转、短进程优先、不可抢占式优先级法和可抢占式优先级法时进程调度情况。

表 5-2 进程调度情况

进 程 名	产 生 时 间	要求服务时间	优 先 级
P_1	0	10	3
P_2	1	1	1
P_3	2	2	3
P_4	3	1	4
P_5	4	5	2

12. 存储管理的功能及目的是什么?

13. 文件管理的主要功能是什么?

14. 设备管理的主要任务和功能是什么?如何实现对设备进行管理?

15. 操作系统提供的用户接口用哪几种?各自的优缺点是什么?

16. 请简述在引入了操作系统后,一个程序在软硬件支持下的运行过程,假设运行过程中涉及输入输出操作。

17. 通过 Python 编程,启动系统中的任意一个程序,然后查看该程序对应进程的信息。

18. 通过 Python 编程,将一个目录下的文件全部移动到另一个目录下。

19. 通过 Python 编程,将某个目录下的所有文件名打印出来,请注意,该目录下可能会有子目录,必须把各级子目录下的文件名都打印出来。

20. 通过 Python 编程,列出所有正在运行的进程,并根据指定的进程 ID,将其对应的进程终止(kill)。

第 6 章 计算机网络及应用

【学习内容】

本章学习计算机网络及其应用相关的内容,主要知识点如下。

(1) 计算机网络基础知识。

(2) Internet 基础及其应用。

(3) 无线网络。

(4) 物联网。

(5) 通过 Python 编程访问网络。

【学习目标】

通过本章的学习,读者应掌握以下内容。

(1) 了解计算机网络的发展历史、各种分类及其依据。

(2) 理解计算机网络分层体系结构和协议的概念。

(3) 了解计算机网络常用传输介质、常用设备及其作用。

(4) 理解 TCP/IP 的工作原理、涉及的基本术语。

(5) 理解 Internet 及其常见应用相关的概念,掌握常见应用的使用方法。

(6) 了解无线网络分类、协议类型,理解无线局域网工作的原理。

(7) 了解通过 Python 编程访问网络资源、进行网络通信的方法与技术。

本章将介绍计算机科学中一个重要知识域——计算机网络——将计算机连接起来实现信息和资源的共享。首先介绍计算机网络的发展历史、各种分类方法、ISO/OSI 分层体系结构与协议、常见传输介质和设备。然后重点介绍 Internet 基础技术与应用,以及通过 Python 编程进行网络通信、发送邮件、访问网络资源的方法。还将介绍无线网络出现的背景、类型和相关的协议,以及物联网的相关知识。

6.1 计算机网络基础

计算机技术和通信技术的紧密结合和迅速发展,导致了计算机网络的诞生和广泛应用。计算机网络是 20 世纪最伟大的科技成就之一。计算机网络被应用于政治、军事、商业、医疗、远程教育、科学研究等领域,在社会和经济发展中发挥着越来越重要的作用。网络已经渗透到人类生活的各个角落。现在,几乎没有无通信的计算,也几乎没有无计算的通信。

计算机网络是指利用通信设备和线路将具有独立功能的计算机连接起来而形成的计算机系统。计算机网络促进了人类的通信和资源共享,提升了生活质量,拓展了信息处理能力。学习和掌握计算机网络技术,有效应用其解决学习、生活和工作中的信息相关问题,是信息化时代的人们必备的能力。

6.1.1 计算机网络的发展历史

计算机网络从 20 世纪 60 年代发展至今,其历史可以分为 4 个阶段。

第一阶段:20 世纪 60 年代末期到 20 世纪 70 年代初期,出现了面向终端的计算机网络,是局域网的萌芽阶段。

第二阶段:20 世纪 70 年代中期到 20 世纪 70 年代末期,是计算机局域网的形成阶段,计算机局域网络作为一种新型的计算机组织体系而得到认可和重视。

第三阶段:20 世纪 80 年代初期是计算机局域网络发展的成熟阶段。在这一阶段,计算机局域网络开始走向产品化和标准化,形成了开放系统的互连网络。

第四阶段:20 世纪 90 年代至今,网络技术发展更加成熟,覆盖全世界的大型互连网络 Internet 诞生,并广泛使用。

随着 1946 年世界上第一台电子计算机的问世,计算机作为一种能力强大的科学计算工具,应用于科学研究和大型工程计算等领域。由于当时的计算机体积庞大、费用高昂、只能单机工作,其使用局限于很狭窄的范围,计算机的计算能力和应用潜力都不能得到充分发挥,这与广泛的计算需求之间存在巨大的矛盾。但是,当时通信技术相对发达,通信线路和通信设备的价格相对便宜。为此,人们把具有收发功能的电传机与计算机相连,形成一个自动化程度高的输入输出终端。终端是不具有处理和存储能力的计算机,主机负责终端用户的数据处理和存储,以及主机与终端之间的通信。用户可以在终端输入数据,通过通信线路将其发往远距离的计算机,而计算机处理后的结果也可以回送给终端用户。虽然这只是一种简单的信息处理设备的连接(称为主从式网络,见图 6-1(a)),但是开启了计算机技术与通信技术相结合的进程,这就是第一代网络。

随着终端用户对主机资源的需求量增加,第一代网络出现了变化,将通信任务从主机中独立出来,出现了通信控制处理机(Communication Control Processor,CCP),其主要作用是完成全部的通信任务,让主机专门进行数据处理,以提高数据处理的效率。

为了克服第一代计算机网络的缺点,提高网络的可靠性和可用性,人们开始研究多台计算机相互连接的方法,产生了第二代网络。从 20 世纪 60 年代中期到 20 世纪 70 年代中期,形成了以多处理机为中心的网络,在这种网络中,利用通信线路将多台主机连接起来,为终端用户提供服务,如图 6-1(b)所示。

第二代网络是在计算机网络通信网的基础上,利用计算机网络体系结构和协议形成的计算机初期网络。其中最典型的就是 Internet 的前身 ARPAnet,由资源子网和通信子网构成,如图 6-2 所示。通信子网一般由通信设备、网络介质等物理设备所构成,而资源

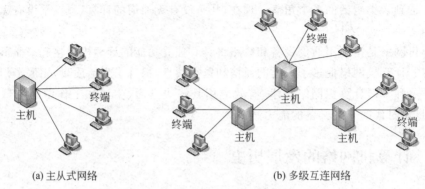

图 6-1 计算机网络结构

子网的主体为网络资源设备,如主机、网络打印机、数据存储设备等。现代网络系统中这两个子网也是必不可少的。

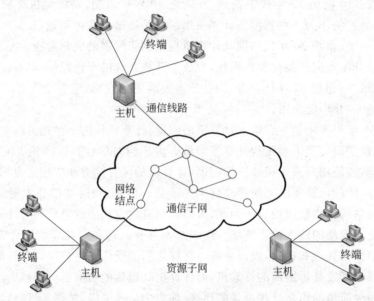

图 6-2 资源子网与通信子网

20 世纪 80 年代是计算机局域网络发展和盛行的时期,其特点是使用统一的网络体系结构,并遵守国际标准的开放式和标准化的网络。在第三代网络出现以前,不同厂家的网络协议和设备是不兼容的,无法互连,有时甚至同一厂家不同版本的产品也不兼容。1977 年,国际标准化组织 ISO(International Organization for Standardization,ISO)提出了一个标准框架——7 层 OSI 模型(Open System Interconnection/ Reference Model,开放系统互连参考模型),并于 1984 年正式发布,促使各厂家设备、协议达到全网互连。

20 世纪 90 年代后出现的计算机网络都属于第四代网络。第四代网络是随着数字通信的出现和光纤的接入而产生的,特别是 1993 年美国宣布建立国家信息基础设施 NII 后,全世界许多国家和地区纷纷制定和建立自己的 NII,从而极大地推动了计算机网络技术的发展,使计算机网络进入了一个崭新的阶段。目前,全球以美国为核心的 Internet 已经形成,Internet 已经成为人类最重要、最大的知识宝库。

未来计算机网络将向更开放的网络体系结构、更高性能、更智能化的趋势发展。

6.1.2 计算机网络的分类

计算机网络分类的方法有很多,同一种网络也可能有很多种不同的名词说法,在很多时候这些名词可以互换。例如,局域网、总线网和以太网等。了解计算机网络的分类方法能更好地理解计算机网络。

1. 按计算机网络传输技术分类

网络的传输技术决定了网络的主要技术特点,因此根据网络所采用的传输技术对网络进行划分是一种很重要的方法。在通信技术中,通信信道分为广播通信信道与点到点通信信道。网络要通过通信信道完成数据传输任务,相应的计算机网络也有两类——广播式网络和点到点式网络。

点到点式网络中每两台主机、两台结点交换机之间或主机与结点交换机之间都存在一条物理信道。广播式网络中所有联网计算机都共享一个公共通信信道。

2. 按传输速率分类

传输速率的单位是 b/s(比特每秒)。一般将传输速率在 kb/s～Mb/s 范围内的网络称为低速网,在 Mb/s～Gb/s 范围内的网络称为高速网。网络的传输速率与网络的带宽有直接关系。带宽是指传输信道的宽度,度量单位是 Hz。一般将 kHz～MHz 带宽的网络称为窄带网,将 MHz～GHz 的网络称为宽带网。通常情况下,高速网就是宽带网,低速网就是窄带网。

3. 按传输介质分类

传输介质是指数据传输系统中连接发送装置和接收装置的物理媒体,按其物理形态可分为有线网和无线网。有线网采用有线介质连接,常用的有线传输介质有双绞线、同轴电缆和光导纤维。无线网采用空气作为传输介质,用电磁波作为载体传输数据,目前主要采用微波通信、红外线通信和激光通信等技术。

4. 按计算机网络规模和覆盖范围分类

分为局域网、城域网和广域网。局域网的覆盖范围限定在较小的区域内,距离一般小于 10km,传输速率通常为 10Mb/s～2Gb/s。局域网是组成其他两种类型网络的基础。城域网规模局限在一座城市的范围内,一般是 10～100km 的范围,传输速率为 2Mb/s 至数 Gb/s。广域网跨越国界、洲界,甚至覆盖全球范围,如 Internet。

5. 按计算机网络拓扑结构分类

拓扑是指网络中通信线路和节点(计算机或通信设备)的几何排列形式。一般可分为:网络中所有的节点共享一条数据通道的总线形网络(见图6-3(a)),各节点通过点到点的链路与中心站相连的星形网络(见图6-3(b)),各节点通过通信介质连成一个封闭的环形的环形网络(见图6-3(c)),以及在这些拓扑结构上扩展出来的树形网络和网状网络等。

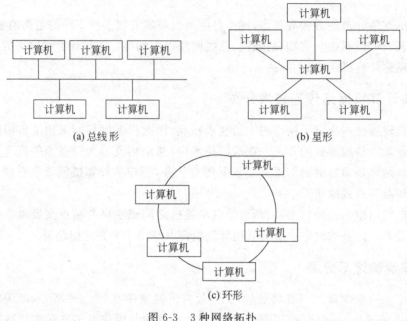

图6-3 3种网络拓扑

6. 按计算机网络的服务模式分类

分为对等网、客户机/服务器和专用服务器。对等网络中,所有计算机的地位平等,没有从属关系,也没有专用的服务器和客户机。客户机/服务器模式中服务器是指专门提供服务的高性能计算机或专用设备,客户机是用户计算机。这是客户机向服务器发出请求并获得服务的一种服务模式,多台客户机可以共享服务器提供的各种资源。专用服务器模式是对客户机/服务器的一种加强,服务器在分工上更加明确。例如,文件打印、Web、邮件、DNS等专门服务器。

7. 按计算机网络管理性质分类

分为公用网、专业网和利用公用网组建的专用网。公用网由电信部门或其他提供通信服务的经营部门组建、管理和控制,网络内的传输和转接装置可供任何部门和个人使用。专用网由用户部门组建经营,不允许其他用户和部门使用。利用公用网组建的专用网直接租用电信部门的通信网络,并配置一台或者多台主机,向社会各界提供网络服务。

6.1.3 计算机网络体系结构与协议

计算机网络中,通过通信信道和设备互连的多个不同地理位置的计算机系统,要协同工作实现信息交换和资源共享,必须具有并使用共同的语言。交流内容、交流方式以及交流时间都必须遵循某种互相都能接受的规则。例如,网络中一个微机用户和一个大型主机的操作员进行通信,由于这两个数据终端所用的字符集不同,所以操作员所输入的命令彼此不认识。为了能顺利通信,通常会要求每个终端将各自字符集中的字符进行变换(如约定变换为标准字符集的字符),才能进入网络传送。信息到达目的终端之后,再将变换后的字符还原为该终端字符集的字符并进行显示和处理。当然,对于不兼容终端,还有其他特性(如显示格式、行长、行数、屏幕滚动方式等)也需进行相应的变换。这样的约定和转换通常称为虚拟终端协议。又如,通信双方常常需要约定何时开始通信和如何通信,这也是一种协议。所以协议是通信双方为了实现通信所制定和采用的约定或对话规则,这些规则明确规定了所交换的数据的格式以及相关的同步方式。为进行网络数据交换而建立的规则、标准或约定称为网络协议,是计算机网络不可缺少的部分。

一个网络协议主要由以下3个要素组成。

(1)语法:数据与控制信息的结构或格式。

(2)语义:数据与控制信息的含义。例如,需要发出何种控制信息、完成何种协议,以及做出何种应答。

(3)同步:规定事件实现顺序的详细说明,即确定通信状态的变化和过程。例如通信双方的应答关系。

简单来说,协议的三要素中,语义定义了网络通信"做什么",语法定义了"怎么做",同步定义了"何时做"。

将一个复杂系统分解为若干个容易处理的子系统,然后"分而治之",这种结构化设计方法是工程设计中常见的手段。分层就是系统分解的有效方法之一,层次结构一般用垂直分层模型表示,在分层结构中,每一层是其下一层的用户,既使用下一层提供的服务,又为上一层提供服务。分层结构中,从上到下的分层是功能分解,而从下到上的分层是抽象,使每一层只与其上下两层交互,屏蔽了其下的具体细节。这样,每一层的任务更加明确,只需实现一种相对独立的功能。分层结构还有利于交流、理解和标准化,网络协议基本采用这种分层方法。

图6-4展示了一个实际生活中分层的例子。沿着箭头方向行进就是一次通信所要经历的操作流程。例如,作为发信者,只使用邮局提供的服务,而不需要了解信件如何送给

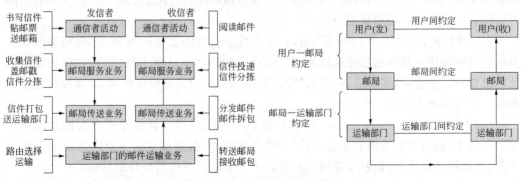

图6-4 邮政系统通信分层模型

收信者,而邮局与邮件传送部门之间,邮局只需将邮包交给该部门,而不需要关心采用何种方式(空运、铁路运等)运输邮包。为了实现这种信件传送方式,需要在分层模型中进行相邻层和同等层之间的约定。

计算机网络的体系结构指计算机网络各层次及其协议的集合,如图 6-5 所示。从图 6-5 中可以看出,除了在物理媒体上进行的是实通信之外,其余各对等实体间进行的都是虚通信,对等层的虚通信必须遵循该层的协议。n 层的虚通信是通过 $n/n-1$ 层间接口处 $n-1$ 层提供的服务,以及 $n-1$ 层的通信(通常也是虚通信)实现的。

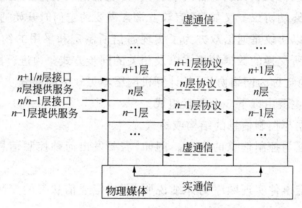

图 6-5 计算机网络分层模型

需要说明的是,计算机网络的体系结构只是精确定义了网络及其部件所应该完成的功能,而这些功能究竟由何种硬件或软件完成,则是遵循这种体系结构的实现问题。所以,体系结构是抽象的、存在于纸上的,而体系结构的实现是具体的,是存在于计算机软件和硬件之上的。

为了解决计算机网络各种体系结构的互通互连,出现了多种标准体系结构。例如,ISO 的 7 层 OSI 体系结构,国际电信联盟电信标准化部门(ITU-T)的 V 系列和 X 系列标准,电气和电子工程师协会(IEEE)的局域网和城域网的 802 系列标准等。本书将重点介绍 ISO/OSI 体系结构。

ISO/OSI 参考模型的逻辑结构如图 6-6 所示,它由 7 个协议层组成。

(1) 物理层(Physical Layer):负责在相邻结点之间进行比特流的传输、故障检测和物理层管理,定义了网络的物理特性,包括物理连网媒体,以及建立、维护和拆除物理链路所需的机械、电气、功能和规程特性。

(2) 数据链路层(Data Link Layer):在物理层提供的服务的基础上,为相邻结点的网络层之间提供可靠的信息传送机制。在该层上传递的信息称为数据帧,它将物理层的比特流进行了改造,以实现应答、差错控制、数据流控制和发送顺序控制,确保接收数据的顺序与原发送顺序相同。

(3) 网络层(Network Layer):在数据链路层提供的两个相邻结点之间的数据帧传送的基础上,通过综合考虑发送优先权、网络拥塞程度、服务质量以及可选路由的花费等因素,选择最佳路径,将数据从源结点经过若干个中间结点传送到目的结点。

(4) 传输层(Transport Layer):负责确保数据可靠、按顺序、无差错地从一个结点传

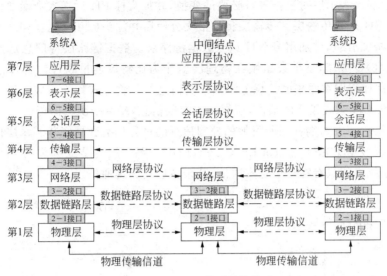

图 6-6 ISO/OSI 体系结构模型

输到另一个结点(两个结点可能不在同一网络段上)。传输层是整个协议层次结构中最重要、最关键的一层,是唯一负责总体数据传输和控制的一层。因为网络层不一定能保证服务的可靠,而用户也不能直接对通信子网加以控制,所以通过定义传输层以改善传输质量。传输层既是负责数据通信的最高层,又是面向网络通信的低 3 层和面向信息处理的高 3 层之间的中间层。传输层提供建立、维护和拆除传输连接、监控服务质量、端到端可靠透明数据传输、差错控制和流量控制等功能。

(5) 会话层(Session Layer):通常,会话指在两个实体之间建立数据交换的连接。该层提供两个进程之间建立、维护、同步和结束会话连接,具有将计算机名字转换成地址,以及会话流量控制和交叉会话等功能。

(6) 表示层(Presentation Layer):该层如同应用程序和网络之间的"翻译官",主要解决用户信息的语法表示问题,即为异种机通信提供一种公共语言以及相应的格式化表示和转换数据服务,此外还提供数据表示、数据压缩和数据加密等功能。

(7) 应用层(Application Layer):是直接面向应用程序或用户的接口,并提供常见的网络应用服务。通常提供的网络服务包括文件服务、电子邮件服务、打印服务、集成通信服务、目录服务、域名解析服务、网络管理、安全和路由互连服务等。

综上所述,ISO/OSI 参考模型的第 1~3 层是依赖网络的,涉及将两台通信计算机连接在一起所使用的数据通信网的相关协议,实现通信子网功能。第 5~7 层是面向应用的,涉及允许两个终端用户应用进程交互的协议,通常是由本地操作系统提供的一套服务,实现资源子网功能。中间的传输层为面向应用的上 3 层屏蔽了与网络有关的下 3 层的详细操作。从实质上讲,传输层建立在由下 3 层提供的服务基础上,为面向应用的高层提供与网络无关的信息交换服务。

在 ISO/OSI 参考模型中,假设 A 系统的用户要向 B 系统的用户传送数据,其通信过程如图 6-7 所示。A 系统用户的数据先送入应用层,该层给它附加控制信息 AH(头标)

后,送入表示层。表示层对数据进行必要的变换,并加头标 PH 后送入会话层。会话层同样附加头标 SH 送入传输层。传输层将长报文分段后并加头标 TH 送至网络层。网络层将信息变成报文分组,并加组号 NH 送至数据链路层。数据链路层将信息加上头标和尾标(DH 及 DT)变成帧,整个数据帧在物理层就作为比特流通过物理信道传送到接收端(B 系统)。这种逐层在原来的信息上添加控制信息的传输方式称为封装。B 系统接收到信息后,按照与 A 系统相反的动作,层层剥去控制信息,最后把源数据传送给 B 系统的用户。这个逐层去掉发送端各层所附加的控制信息的过程称为数据解装。每层传输的数据格式称为协议数据单元(Protocol Data Unit,PDU),每一层封装或解装的 PDU 都不同。此外,两个系统之间只有物理层是实通信,其余各层均为虚通信。

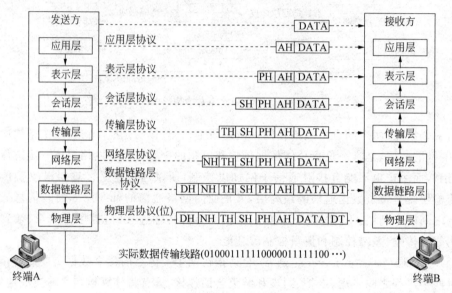

图 6-7　ISO/OSI 体系结构通信过程

在基于 ISO/OSI 参考模型的数据传输过程中,都是假设参与数据传输的计算机 A 和 B 互相知道各自在网络中的位置,并且假设数据在网络传输时能知道自己的目的地,并能自己找到到达目的地的路径。实际上,这些被省略的机制和功能涉及网络的几个重要概念。

(1) 标识计算机。通常可以用名字标识一台计算机。但在计算机网络中,通常用地址标识计算机。在 OSI 模型中,通过会话地址、物理地址(如 MAC 地址)、网络地址(IP 地址)和端口等机制进行标识。

(2) 交换。传统的交换是数据链路层的概念。数据链路层的功能是在网络内部传输帧。网络内部是指这一层的传输不涉及不同网络间的设备和网络间寻址。帧是指所传输的数据的结构,通常包括帧头和帧尾,帧头中包含了源地址和目的地址,帧尾中通常包含校验信息,头尾之间的内容就是用户的数据。而现在的交换则是指数据链路层在不同的网络间进行数据传输。

(3) 路由。路由是网络层的概念。网络层的功能是端到端的传输,端到端的含义是无论两台计算机相距多远、中间相隔多少个网络,这一层均能保障它们可以互相通信,路由是网络层这种功能的保证。路由是指把信息从源穿过(多个)网络传递到目的地的行为,在传输路径上,至少遇到一个中间结点。路由包含两个基本的动作:确定最佳路径(如时间最短、距离最短等)和通过网络传输信息(即通过路由器转发数据)。

上述几个重要概念的核心都是地址,引用一个非定义性的经典说明可以更好地理解这些概念:"名字指出我们所要寻找的资源,地址指出那个资源在何处,路由告诉我们如何到达那个地方。"

ISO/OSI 参考模型只是一种理想化的结构,存在各种问题,例如结构太复杂,有些功能在每一层都会重复出现,导致效率低下。同时,要完全实现这样的体系结构非常困难,现实中也没有哪个厂家完全实现了 OSI 模型。实际上,ISO/OSI 开放式网络体系结构的理论指导作用大于其实际应用,但 ISO/OSI 开放式网络体系结构为人们描述了进行网络互连的理想框架和蓝图。

6.1.4 计算机网络传输介质及设备

1. 计算机网络传输介质

在计算机网络中,涉及传输介质的主要是物理层。传输介质分为有线和无线两种,此处主要介绍有线传输介质。目前,常用的有线传输介质有双绞线、同轴电缆和光导纤维等。

1) 双绞线

双绞线由两根具有绝缘保护的铜导线组成,把一对或多对双绞线放在一根导管中,便组成了双绞线电缆。双绞线可分为非屏蔽双绞线和屏蔽双绞线两种。双绞线可用于传送模拟和数字信号,特别适用于较短距离(100m 内)的信息传输。

2) 同轴电缆

由一根空心的外圆柱导体及其所包围的单根导线组成。其频率特性相比双绞线好,能进行较高速率的传输。由于它的屏蔽性能好,抗干扰能力强,因此多用于基带传输。按照直径可将其分为粗缆与细缆,一般来说,粗缆传输距离较远,而细缆只能用于传输距离在 500m 以内的数据。同轴电缆常用于总线形拓扑结构网络。

3) 光导纤维

光导纤维是一种传输光束的细小而柔韧的介质,通常由非常透明的石英玻璃拉成细丝,由纤芯和包层构成双层通信圆柱体。纤芯用来传导光波,而包层具有较低的折射率,当光线碰到包层时就会折射回纤芯。这个过程不断重复,光就沿着光纤传输下去。光纤在两点之间传输数据时,在发送端需要置有发光机,在接收端需要置有光接收机。发光机将计算机内部的数字信号转换成光纤可以接收的光信号,光接收机将光纤上的光信号转换成计算机可以识别的数字信号。

2. 计算机网络设备

在计算机网络中,除了用于传输数据的传输介质外,还需要连接传输介质与计算机系统,以及帮助信息尽可能快地到达正确目的地的各种网络设备。认识和了解这些设备是学习计算机网络必不可少的。目前,常用的网络设备有网络接口卡、集线器、网桥、交换机、路由器和网关等,下面分别进行介绍。

1) 网络接口卡(NIC)

网络接口卡又称为网络适配器,简称网卡,是一种连接设备,属于物理层设备,它将工作站、服务器、打印机或其他结点与传输介质相连,进行数据接收和发送。网卡的类型取决于网络传输系统(如以太网与令牌环网)、网络传输速率、连接器接口、主机总线类型等因素。网卡是有地址的,并且全球唯一,称为介质访问控制(Media Access Control,MAC)地址,由48位二进制数表示,其中前面24位表示网络厂商标识符,后24位表示序号,采用6个十六进制数表示一个完整的MAC地址,如00:e0:4c:01:02:85。数据链路层传输的数据帧中的源地址和目的地址就是MAC地址。

2) 集线器(Hub)

集线器属于物理层设备,主要功能是对接收到的信号进行再生放大,以扩大网络的传输距离,是计算机网络中连接多台计算机或其他设备的连接设备,是对网络进行集中管理的最小单元。集线器的一个端口与主干网相连,并由多个端口连接一组工作站。集线器可有多种类型,按尺寸可分为机架式和桌面式,按带宽可分为10Mb/s集线器、100Mb/s集线器、10/100Mb/s自适应集线器,按管理方式可分为哑集线器和智能集线器,按扩展方式可分为堆叠式集线器和级联式集线器,等等。

3) 网桥(Bridge)

网桥属于数据链路层设备,用于连接两个局域网,根据数据帧目的地址(MAC地址)转发帧。随着交换和路由技术的发展,目前很难再见到把网桥作为一种独立设备使用的情况。

4) 交换机(Switch)

交换机属于数据链路层设备,是一种高性能网桥,用于连接多个局域网。一台交换机相当于多个网桥,交换机的每一个端口都扮演一个网桥的角色,而且每一个连接到交换机上的设备都可以享有它们自己的专用信道。交换机内部有一个地址表,标明了MAC地址和交换机端口的对应关系。当交换机从某个端口收到一个数据帧时,首先读取帧头中的源MAC地址,得到源MAC地址的机器所连接的端口,然后,读取帧头中的目的MAC地址,并在地址表中查找相应的端口,将数据帧直接复制到该端口。交换机的主要任务就是建立和维护自己的地址表。广义上来说,交换机分为广域网交换机和局域网交换机。前者主要应用于电信领域,提供通信用的基础平台,后者应用于局域网络,用于连接终端设备。从传输介质和传输速度上可分为以太网交换机、快速以太网交换机、千兆以太网交换机、FDDI交换机、ATM交换机和令牌环交换机等。

5) 路由器(Router)

路由器属于网络层设备,是一种多端口设备。其一个功能是用于连接多个逻辑上分开、使用不同协议和体系结构的网络;另一个功能是根据信道的情况自动选择和设定两个结点间的最近、最快的传输路径,并按先后顺序发送信号。路由器内部有一个路由表,标明了如果要去某个地方,下一步应该往哪走。路由器从某个端口收到一个数据包,它首先把链路层的包头去掉,读取目的网络地址,然后查找路由表,若能确定下一步往哪送,则再加上链路层的帧头把该数据包转发出去。

6) 网关(Gateway)

网关又称为网间连接器、协议转换器,是一个局域网连接到互联网的"点"。网关不能完全归类为一种网络硬件,它是能够连接不同网络的软/硬件的综合。特别的是,它可以使用不同的格式、通信协议或结构连接两个系统。网关实际上是通过重新封装信息以使它们能被另一个系统读取。为了完成这项任务,网关必须能运行在 OSI 模型的几个层上,具备与应用通信、建立和管理会话、传输已经编码的数据、解析逻辑和物理地址数据等功能。网关可以设在服务器、微机或大型机上。常见的网关有电子邮件网关、因特网网关、局域网网关等。

6.2 Internet 基础

Internet 是由成千上万不同类型、不同规模的计算机网络和计算机主机组成的全球性巨型网络,Internet 的中文名称为因特网或国际互联网络。Internet 网络通信使用 TCP/IP 协议。

6.2.1 Internet 概述

Internet 起源于美国的 ARPAnet(阿帕网),首批联网的计算机主机只有 4 台。随后,ARPANET 不断发展和完善,特别是互联网通信协议 TCP/IP 出现后,实现了与多种其他网络及主机的互联,形成了网际网,即由网络构成的网络 Internetwork,简称 Internet。1986 年,美国国家科学基金会(NFS)投资建成了 NFSnet,并取代了 ARPANET 成为 Internet 的骨干网。1991 年,美国企业组成了商用 Internet 协会。商业的介入进一步发挥了 Internet 在通信、资料检索、客户服务等方面的巨大潜力,也给 Internet 带来了新的飞跃。自 1983 年 Internet 建成后,与其联网的计算机和网络迅速增加。到 1996 年 5 月,Internet 已经覆盖全球 160 个国家和地区,连接着 6 万多个网络、600 万台以上的主机,拥有大约 6000 万名用户。我国于 1994 年 5 月正式接通 Internet,随后 Internet 在中国的发展也异常迅速。截至 2017 年 6 月,我国 Internet 用户达到了 7.51 亿人。

从技术角度来看,Internet 是一个网络的集合,它是由许许多多个网络互连而构成的,从小型的局域网、城域网到大规模的广域网,计算机主机包括各种移动设备(智能手机、Pad 等)、PC、专用工作站、服务器等。这些网络和计算机通过电话线、高速专用线、微波、卫星和光缆连接在一起,在全球范围内构成了一个四通八达的网际网。

要给 Internet 下一个准确的定义是比较困难的,其一是因为它的发展十分迅速,很难确定它的范围,其二是因为它的发展基本上是自由化的,Internet 是一个没有警察、法律、国界、领袖的网络空间。通俗地说,凡是采用 TCP/IP 协议并且能够与 Internet 中的任何一台主机进行通信的计算机都可以看成是 Internet 的一部分。

Internet 的出现给人们的日常生活、工作、学习模式带来了很大的改变,人们已经越来越离不开 Internet。Internet 有很多优点,例如:

(1) 灵活多样的入网方式是 Internet 获得高速发展的重要原因。任何计算机只要采用 TCP/IP 协议进行通信就可以成为 Internet 的一部分。TCP/IP 协议已成为事实上的国际标准。

(2) Internet 采用了目前在分布式网络中最为流行的客户机/服务器(或 C/S)方式,大大增加了网络信息服务的灵活性。在 Internet 中,提供服务的一方称为服务器,访问该项服务的一方称为客户机。服务器要运行相应的服务器程序,客户机也必须运行相应的客户端程序。用户在使用 Internet 的各种信息服务时可以通过安装在自己主机上的客户程序发出请求,与装有相应服务程序的主机进行通信从而获得所需要的信息。

(3) Internet 把网络技术、多媒体技术和超文本技术融为一体,体现了当代多种信息技术互相融合的发展趋势,为教学、科研、商业广告、远程医学诊断和气象预报等应用提供了新的手段。多媒体技术和超文本技术只有与网络技术相结合才能真正发挥它们的威力。

(4) Internet 有极为丰富的信息资源,而且多数是免费的。

(5) Internet 的丰富信息服务方式使其成为功能最强的信息网络。目前,Internet 提供的服务主要有万维网(WWW)服务、电子邮件(E-mail)服务、搜索引擎服务、文件传输(FTP)服务、电子公告板(BBS)服务、远程登录(Telnet)服务、新闻组(Usenet)服务、文件检索(Archive)、分类目录(Gopher)、全局性分类目录(Veronica)、广域信息服务(WAIS)和网络电话、网络传真等服务。

Internet 在为人们带来海量的信息资源、丰富的服务、方便的交流手段等巨大便利的同时,也带来了很多的问题,其中最主要的是信息网络的安全问题,这不仅是一个技术问题,也是一个社会和法律问题。正是 Internet 的开放性、公开性和自治性,使其安全性一直难以尽如人意。除了安全性方面的问题之外,Internet 也有一些美中不足之处。例如,由于信息资源的分散化存储和管理,给用户查找 Internet 资源带来了一定的困难;种类繁多的服务方式给用户带来使用灵活性的同时,也给一些计算机和网络知识比较缺乏的用户造成使用上的不便;自由化的发展模式在赢得广大用户欢心的同时,也使一些不宜广泛传播的信息失去控制,等等。人们要认识到现代化科学技术具有两面性,要辩证地看待 Internet 的作用。

当用户使用互联网提供的服务时,必须先接入互联网。接入互联网实际上是与已连接到 Internet 的某台主机或网络进行连接。用户接入互联网前,都要联系一家 Internet 服务提供商(Internet Service Provider,ISP),如网络中心、电信局等,并由 ISP 提供 Internet 入网连接和信息服务。

一般情况下,用户可以通过以下几种方法接入互联网。

1. 通过公共交换电话网接入互联网

这种方式指用户计算机使用调制解调器通过普通电话与 ISP 相连接,再通过 ISP 接入互联网。用户的计算机与 ISP 的远程接入服务器(Remote Access Server,RAS)均通过调制解调器与电话网相连。用户在访问互联网时,通过拨号方式与ISP的RAS建立连接,通过ISP的路由器访问互联网。在用户端可以通过调制解调器将一台计算机直接或经过代理服务器与电话网相连。目前这种连接方式的最高速率为56kb/s。这种速率远远不能够满足宽带多媒体信息的传输需求。

2. 通过综合业务数字网接入互联网

综合业务数字网(Integrated Service Digital Network,ISDN)接入技术俗称"一线通",采用数字传输和数字交换技术,将电话、传真、数据、图像等多种业务综合在一个统一的数字网络中进行传输和处理。用户利用一条ISDN用户线路,可以在上网的同时拨打电话、收发传真,就像使用了两条电话线一样。ISDN上网的速率大多为64kb/s,最高可达128kb/s。

3. 通过非对称数字用户线接入互联网

非对称数字用户线(Asymmetric Digital Subscriber Line,ADSL)是xDSL家族中的一员,其非对称性特点尤其适合于开展上网业务,考虑到用户访问Internet时主要是获取信息服务,而上传信息相对较少。ADSL技术在这种交互式通信中,它的下行线路可提供比上行线路更高的带宽,即上、下行带宽不相等,且上、下行比例一般都在1∶10左右。ADSL采用频分复用技术,可将电话语音和数据流一起传输,用户只需加装一个ADSL用户终端设备,通过分流器(话音与数据分离器)与电话并联,即可在一条普通电话线上同时通话和上网,且两者互不干扰。ADSL支持的上行速率为640kb/s~1Mb/s,下行速率为1Mb/s~8Mb/s,它是目前几种主要的宽带网络接入方式之一。

4. 通过线缆调制解调器接入互联网

线缆调制解调器(Cable-Modem)是近几年开始使用的一种超高速Modem,它利用现成的有线电视(CATV)网进行数据传输,集Modem、调谐器、加/解密设备、桥接器、网络接口卡、虚拟专网代理和以太网集线器的功能于一身,它无须拨号上网,不占用电话线,可提供随时在线的永久连接。Cable-Modem的技术实现一般是从42MHz~750MHz电视频道中分离出一条6MHz的信道,用于下行传送数据。通常下行数据采用64QAM(正交调幅)调制方式,最高速率可达27Mb/s;如果采用256QAM,则最高速率可达51Mb/s。随着有线电视网的发展壮大和人们生活质量的不断提高,通过Cable-Modem利用有线电视网络访问Internet已成为越来越受业界关注的一种高速接入方式。

5. 通过局域网接入互联网

这种方式指用户接入局域网,局域网使用路由器通过数据通信网与ISP相连接,再通过ISP接入互联网。数据通信网有多种类型,例如DDN、ISDN、X.25、帧中继与ATM网等,它们均由电信部门运营与管理。用户端通常是具有一定规模的局域网,例如一个企业网或校园网。采用这种方式时,用户计算机通过网卡,利用数据通信专线(如电缆、光纤)连接到某个已经与Internet相连的局域网上。

6.2.2 TCP/IP 协议

传输控制协议/网际协议(Transmission Control Protocol/Internet Protocol, TCP/IP)是目前最常用的一种通信协议,也是因特网的基础协议。

TCP/IP 协议体系和 OSI 参考模型一样,也是一种分层结构,它由基于硬件层次上的 4 个概念性层次构成,即网络接口层、网络层、传输层和应用层。图 6-8 展示了 TCP/IP 协议体系与 OSI 参考模型的对应关系,图的右边显示的是 TCP/IP 协议层次。从图 6-8 中可以看出,对照 OSI 7 层协议,TCP/IP 的应用层组合了 OSI 的应用层和表示层,还包括 OSI 会话层的部分功能。但是,这样的对应关系并不是绝对的,它只有参考意义,因为 TCP/IP 各层功能和 OSI 模型的对应层功能还是有一些区别的。

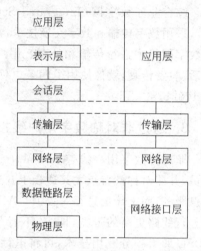

图 6-8 TCP/IP 体系结构与 ISO/OSI 参考模型对比

(1) 网络接口层,也称为数据链路层,它是 TCP/IP 的最底层,但是 TCP/IP 协议并没有严格定义该层,它只是要求主机必须使用某种协议与网络连接,以便能在其上传递 IP 分组。

(2) 网络层(Internet Layer),也称为 IP 层,负责机器之间的通信,它接收来自传输层的请求,传输某个具有目的地址信息的分组。该层把分组封装到 IP 数据报中,填入数据报的报头,使用路由算法选择是直接把数据报发送到目标机还是把数据报发送给路由器,然后将数据报交给网络接口层中的对应网络接口模块。IP 层还要处理接收到的数据报、检验正确性、使用路由算法决定将数据报在本地进行处理或继续向前传送。

(3) 传输层。传输层的基本任务是提供应用层之间的通信,即端到端的通信。传输层管理信息流,提供可靠的传输服务,以确保数据无差错地按序到达。为了达到这个目的,传输层协议软件要进行协商,让接收方回送确认信息及让发送方重发丢失的分组。传输层协议软件将要传送的数据流划分成分组,并把每个分组连同目的地址交给下一层发送。

(4) 应用层。在这个最高层,用户调用应用程序访问 TCP/IP 互联网络提供的多种服务。应用程序负责发送和接收数据。每个应用程序选择所需的传输服务类型,将数据按要求的格式传送给传输层。

实际上,TCP/IP 是一个协议簇,这个协议簇中有很多协议。TCP 和 UDP(User Datagram Protocol,用户数据报协议)是两种著名的传输层协议,它们都使用 IP 作为网络层协议,TCP 是一种可靠传输,而 UDP 是不可靠传输。IP 是网络层上的主要协议,同时被 TCP 和 UDP 使用。TCP 和 UDP 的每组数据都通过端系统和每台中间路由器中的 IP 层进行传输。ICMP(Internet Control Message Protocol,Internet 控制报文协议)是 IP 协议的附属协议,IP 层用它与其他主机或路由器交换错误报文和其他重要信息。IGMP (Internet Group Management Protocol,Internet 组管理协议)用来把一个 UDP 数据报多播到多台主机。ARP(Address Resolution Protocol,地址解析协议)和 RARP(Reverse Address Resolution Protocol,逆地址解析协议)是某些网络接口(如以太网和令牌环网)使用的特殊协议,用来转换 IP 层和网络接口层使用的地址。此外,TCP/IP 的应用层还定义了很多协议,如 Telnet、FTP、SMTP 等,本书将在 Internet 应用中介绍。

当应用程序用 TCP 传送数据时,与 ISO/OSI 参考模型通信过程类似,数据逐层向下传递直到被当作一串比特流送入网络,如图 6-9 所示。其中每一层对收到的数据都要增加一些首部和尾部信息,正是这些信息保证数据在网络中被正确地传送到目的地。TCP 传给 IP 的数据单元称为 TCP 报文段,简称为 TCP 段(TCP segment)。IP 层传给网络接口层的数据单元称为 IP 数据报(IP datagram)。通过网络接口层传输的比特流称为帧(Frame)。更准确地说,层之间传送的数据单元应该是分组(packet),它是网络上传输的数据片段。在计算机网络上,用户数据要按照规定划分为大小适中的若干部分,每个部分称为一个分组。网络上使用分组为单位传输的目的是为了更好地实现资源共享和检错、纠错。分组是一种通称,在不同的协议和不同的层次使用不同的名称,例如前面所述的各种名称。

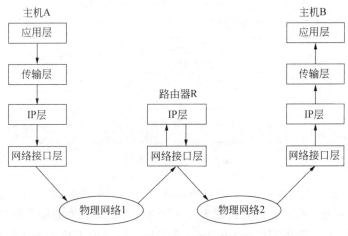

图 6-9　TCP/IP 协议通信过程

在网络上将用户数据划分为若干组,并以组为单位进行传输和交换的方式称为分组交换。TCP/IP 协议采用了分组交换技术。分组交换传输过程中,需要在每个分组前加上控制信息(如分组序号等)和地址标识(即分组头),然后在网络中以"存储—转发"的方式进行传送。到了目的地再将分组头去掉,将分割的数据段按顺序装好,还原成发送端的文件交给接收端用户。

每台连接到互联网的计算机都有一个独有的标识码,即唯一的 Internet 地址,这个地址就是通常所说的 IP 地址。IP 地址由 32 位的二进制数构成。为便于记忆,可将其分为 4 部分,每部分都包含 8 位二进制数,并用十进制数表示,部分和部分之间用"."分隔,这种记法称为点分十进制表示法,如图 6-10(a)所示。IP 地址由网络标识和主机标识组成,分配给这些部分的位数随着地址类的不同而不同(如图 6-10(b)所示)。当网络中有多个 IP 地址时,网络标识用于标识各 IP 地址是否在同一个网段,如果网络标识不同则需要路由器连接。网络标识部分的二进制数不能全为 1 或全为 0。主机标识用于标识同一网段内的不同计算机的地址,同样,主机标识的二进制数也不能全为 1 或全为 0。主机标识位全为 0 代表是本网段的网络地址号,全为 1 代表本网段的广播地址。

(a) IP 地址的点分十进制表示

(b) IP 地址分配方式示例

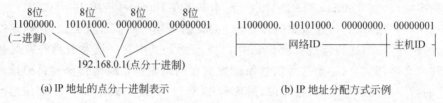

图 6-10 IP 地址的表示方法

IP 地址共分为 5 类,依次是 A 类、B 类、C 类、D 类、E 类,如图 6-11 所示。其中在互联网中最常用的是 A、B、C 3 大类,而 D 类在广域网中较常见,用于多播,E 类地址是保留地址,主要用于研究的目的。

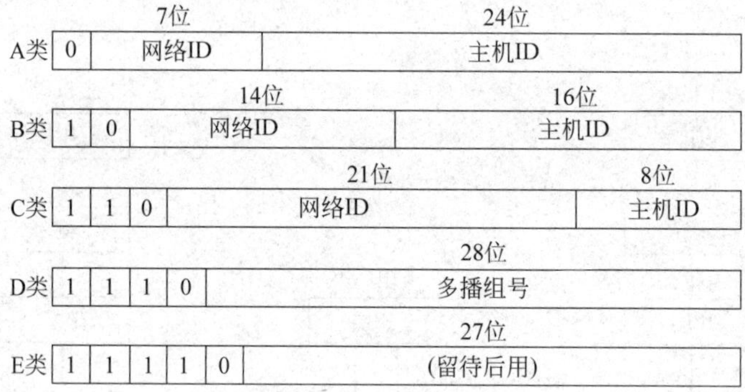

图 6-11 5 类 IP 地址

(1) A 类地址。A 类地址将 IP 地址的前 8 位作为网络标识,并且前 1 位必须是 0,后 24 位作为主机标识。网络标识的范围为 1～126(127 开头的地址用于回环地址测试,属于保留地址),主机标识的范围为 0.0.1～255.255.254。A 类地址每个网段的主机标识的数目为 $2^{24}-2=16777214$。

(2) B 类地址。B 类地址将 IP 地址的前 16 位作为网络标识,并且前 2 位必须是 10,后 16 位作为主机标识。网络标识的范围为 128.0～191.255,主机标识的范围为 0.1～255.254。B 类地址每个网段的主机标识数目为 $2^{16}-2=65534$。

(3) C 类地址。C 类地址将 IP 地址的前 24 位作为网络标识,并且前 3 位必须是 110,后 8 位作为主机标识。网络标识的范围为 192.0.0～223.255.255,主机标识的范围为 1～254。C 类地址每个网段的主机数目最多为 $2^{8}-2=254$。

TCP/IP 协议规定,凡 IP 地址中的第一个字节以 1110 开始的地址都称为多点广播地址,即 D 类地址。D 类地址的范围在 224.0.0.0 到 239.255.255.255 之间,每个 D 类地址代表一组主机,共有 28 位可用来标识小组,所以可以同时有多达 25 亿个小组。当向一个 D 类地址发送数据时,会尽可能地将它送给小组的所有成员,但不能保证全部送到。E 类地址保留作为研究之用,因此 Internet 上没有可用的 E 类地址。E 类地址的第一个字节以 11110 开始,因此有效的地址范围为 240.0.0.0～255.255.255.255。

IP 地址按用途分为私有地址和公有地址两种。公有地址是在广域网内使用的地址,但在局域网中也同样可以使用。私有地址只能在局域网中使用,而在广域网中不能使用的地址,除了私有地址以外的所有地址都是公有地址。私有地址有:

A 类:10.0.0.1～10.255.255.254。

B 类:172.16.0.1～172.31.255.254。

C 类:192.168.0.1～192.168.255.254。

在一个大型网络环境中,如果使用 A 类地址作为主机地址标识,那么一个大型网络内的所有主机都将在一个广播域内,这样会由广播而带来一些不必要的带宽浪费。事实上,在一个网络中人们并不会安排这么多的主机。通常的做法是由管理员进行子网规划,把主机标识再分成一个子网标识和一个主机标识。这样带来的好处是能充分利用地址,划分管理责任,简化网络管理任务,提高网络性能。

连接到 Internet 的任何主机,在引导时需要进行的一个配置是指定主机 IP 地址。大多数系统把 IP 地址存放在一个磁盘文件中,以供引导时读用。除了 IP 地址以外,主机还需要知道地址中有多少位用于子网标识,以及多少位用于主机标识。这是在引导过程中通过子网掩码确定的。子网掩码是一个 32 位的二进制串,其中值为 1 的位留给网络标识和子网标识,值为 0 的位留给主机标识。完成识别 IP 地址的网络标识和主机标识的过程称为按位与,即将 IP 地址和子网掩码的 32 位二进制数从最高位到最低位依次对齐,然后每位分别进行逻辑与运算,得到网络标识。将子网掩码取反再与 IP 地址按位与后得到的结果即为主机标识。

假设有一个 C 类地址为 192.9.200.13,其子网掩码为 255.255.255.0,则将 IP 地址 192.9.200.13 转换为二进制得到 11000000 00001001 11001000 00001101,将子网掩码 255.255.255.0 转换为二进制得到 11111111 11111111 11111111 00000000。将两个二进制数按位与运算后得出的结果为 11000000 00001001 11001000 00000000,即网络标识为 192.9.200.0。将子网掩码取反再与 IP 地址按位与后得到的结果为 00000000 00000000 00000000 00001101,即主机标识为 13。

通过 IP 地址可以识别主机上的网络接口,进而访问主机。但是一组 IP 数字很不容易记住,且没有什么意义,因此,通常会为网络中的主机取一个有意义又容易记住的名字,人们在访问主机资源时,就可以直接使用分配给主机的名字,这个名字就是域名。例如 www.nudt.edu.cn 作为一个域名和 IP 地址 202.197.9.133 对应。但是由于在 Internet 上能真实辨识主机的还是 IP 地址,所以当用户输入域名后,客户端程序必须要先在一台存有域名和 IP 地址对应资料的主机中查询域名所对应主机的 IP 地址,这台主机就是域名服务器(Domain Name Server,DNS)。

域名是由一串用点分隔的名字组成的、Internet 上某台计算机或计算机组的名称,用于在数据传输时定位主机(如 www.nudt.edu.cn、www.google.com 等)。域名中的名字都由英文字母和数字组成,每一个标号不超过 63 个字符,不区分大小写字母。标号中除连字符(-)外,不能使用其他的标点符号。级别最低的域名写在最左边,级别最高的域名写在最右边。由多个标号组成的完整域名总共不能超过 255 个字符。

域名采用层次结构,每一层构成一个子域名,子域名之间用"."隔开,自上而下分别为根域、顶级域、二级域、子域及最后一级主机名。顶级域名分为国家顶级域名和国际顶级域名,前者按国家和地区分配,如中国是 cn、美国是 us 等;后者按机构类型分配,如表示工商企业的 com、表示非盈利组织的 org 等。二级域名是指顶级域名之下的域名,在国际顶级域名下,它指域名注册人的网上名称,例如 ibm、intel、google 等;在国家顶级域名下,它是表示注册企业类别的符号,例如 com、edu、gov、net 等。第三级以下的域名可根据需要和实际意义,按照命名规则命名,例如域名 www.nudt.edu.cn,顶级域名为 cn,表示中国,二级域名为 edu,表示教育机构,nudt 表示学校名,这是自行命名的,而 www 表明此域名对应万维网服务。

在 TCP/IP 协议中,域名系统包含一个分布式数据库,由它提供 IP 地址和主机域名之间的映射信息。此处的分布式是指在 Internet 上的单个站点不能拥有所有的域名映射信息。每个站点(如大学中的系、校园)维护自己的域名数据库,并运行一个服务器程序供 Internet 上的其他系统(客户程序)查询这些映射信息,进行域名与 IP 地址之间的转换。

根域名服务器是一类特殊的域名服务器,全球只有 13 台,它们存储了负责每个域(如 com、net、org 等)解析的域名服务器的地址信息,其作用可与电话系统类比,例如,通过北京电信查询不到广州市某单位的电话号码,但是北京电信会告诉用户查询 020114。

域名与 IP 地址的转换称为域名解析。当人们通过域名访问某台主机时,客户机提出域名解析请求,并将该请求以 UDP 数据报方式发送给本地的域名服务器。当本地的域名服务器收到请求后,先查询本地的缓存,如果有该记录项,则本地的域名服务器就直接把查询结果返回,即域名对应的 IP 地址。如果本地的缓存中没有该记录,则本地域名服务器就直接把请求发给根域名服务器,根域名服务器再返回给本地域名服务器一个所查询域的主域名服务器的地址。本地服务器再向上一步返回的域名服务器发送请求,然后接受请求的服务器查询自己的缓存,如果没有该记录,则返回相关的下级域名服务器的地址。这个过程将一直重复下去,直到找到正确的记录。本地域名服务器把返回的结果保存到缓存,以备下一次使用,同时还将结果返回给客户机。

6.2.3 Python TCP/IP 网络编程

1. 套接字简介

要对 TCP/IP 进行网络编程,需要一些预备知识。首先,网络上的两个程序通过一个双向的通信连接实现数据的交换,这个连接的一端称为一个套接字(Socket)。Socket 的本质是编程接口(API),是对 TCP/IP 的封装。TCP/IP 自身也要提供可供程序员进行网络开发所用的接口,这就是 Socket 编程接口。

套接字用于描述 IP 地址和端口,是一个通信链的句柄,可以用来实现不同虚拟机或不同计算机之间的通信。在 Internet 上的主机一般运行了多个服务软件,同时提供几种服务。每种服务都打开一个 Socket,并绑定到一个端口上,不同的端口对应于不同的服务。

套接字在协议栈中的位置如图 6-12 所示,Socket 是应用层与 TCP/IP 协议簇通信的中间软件抽象层,它是一组接口。Socket 把复杂的 TCP/IP 协议簇隐藏在 Socket 接口后面,对用户来说,一组简单的接口就是全部,让 Socket 组织数据,以符合指定的协议。

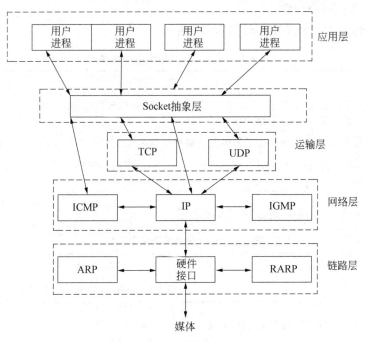

图 6-12　套接字在协议栈中的位置

通过 Socket 为网络中的设备建立连接时,主动发起连接的称为客户端,被动响应连接的称为服务器。使用 Socket 为机器建立连接并传输数据的模式,与日常生活中打电话的场景类似。生活中,当要给一个朋友打电话时,先拨号,朋友听到电话铃声后接通电话,这时你和你的朋友就建立起了连接,就可以通话了;等通话结束,挂断电话结束此次交谈。

本质上来说,参与机器间连接建立和数据传输的是机器上运行的程序或进程,通常利用"IP 地址+协议+端口号"唯一标识网络上的进程。所以,使用 Socket 建立连接时,必须指定 IP 地址、协议和端口号。使用 Socket 的过程一般如下。

(1) 服务器端(有 IP 地址)先初始化 Socket(同时指定协议),然后与端口绑定(bind),对端口进行监听(listen),调用 accept 阻塞,等待客户端连接。

(2) 此时如果某个客户端(有 IP 地址)初始化一个 Socket(同时指定协议),并连接服务器(connect),如果连接成功,则客户端与服务器端的连接就建立了。

(3) 客户端发送数据请求,服务器端接受请求并处理请求,然后把回应数据发送给客户端,客户端读取数据。

(4) 最后关闭连接,本次交互结束。

通过 Python 进行 TCP/IP 编程,需要用到 socket 模块。该模块常用的几个函数如下。

(1) socket(family,type):创建并返回一个套接字,套接字是计算机网络数据结构。网络化的应用程序在开始任何通信之前都必须创建套接字。通常用 socket(AF_INET, SOCK_STREAM)创建 TCP 套接字,用 socket(AF_INET, SOCK_DGRAM)创建 UDP 套接字。其中 AF 是地址家族的缩写,SOCK_STREAM 表示面向连接套接字,SOCK_DGRAM 表示无连接套接字。

(2) 服务器端常用套接字函数如表 6-1 所示。

表 6-1 服务器端常用套接字函数

函　数	描　述
bind()	用于绑定地址(主机名,端口号)到套接字,合法端口号范围为 0~65535。其中小于 1024 的是系统保留端口,其余均可用
listen()	开始 TCP 监听。参数表示最多允许多少个连接同时连入,而后边的连接会被拒绝
accept()	(阻塞式)接受连接并返回(conn,address),conn 是新的套接字对象,可以用来通过连接发送和接收数据,address 是另一个连接端的套接字地址

(3) 客户端常用套接字函数如表 6-2 所示。

表 6-2 客户端常用套接字函数

函　数	描　述
connect()	连接到 address 处的远程套接字

(4) 公共用途套接字函数如表 6-3 所示。

表 6-3 公共用途套接字函数

函　数	描　述
recv(bufsize [,flags])	接收 TCP 数据。bufsize 指定要接收的最大数据量。flags 提供有关消息的其他信息,通常忽略
send()	发送 TCP 数据
sendall()	完整发送 TCP 数据
recvfrom(bufsize [,flags])	接收 UDP 数据。返回(data,address),data 是接收数据字符串,address 是发送数据的套接字地址
sendto(string [,flags],address)	发送 UDP 数据。address 形式是元组,指定远程地址

2. Python 网络编程示例

利用 socket 模块提供的函数,可以很方便地利用 Python 进行网络编程。此处给出一个简单示例,这个示例中客户端和服务器端机器的通信流程如下。

(1) 一台客户机从键盘读入一行字符,并通过其套接字将该行字符发送到服务器。

(2) 服务器从其连接套接字读取一行字符。

(3) 服务器将该行字符转换成大写。

(4) 服务器将修改后的字符串(行)通过连接套接字再发回给客户机。

(5) 客户机从其套接字中读取修改后的行,然后将该行在显示器上显示出来。

上述过程如果基于 TCP 进行,则需要建立可靠连接,在通信结束后关闭。下面是服务器端程序。请注意,IP 地址用的是本机地址,即 127.0.0.1,端口选择了一个不被其他服务或进程使用的端口。

```
import socket

s=socket.socket(socket.AF_INET, socket.SOCK_STREAM)
s.bind(('127.0.0.1', 10021))    #绑定本机 IP 和任意端口(>1024)
s.listen(1)
print('服务器正在运行…')

def TCP(sock, addr):
    print('接受%s:%s 处的新连接.' %addr)
    while True:
        data=sock.recv(1024)
        print('客户端发来的数据:',data.decode('utf-8'))
        if not data or data.decode()=='quit':
            break
        sock.send(data.decode('utf-8').upper().encode())
    sock.close()
    print('关闭与%s:%s 的连接' %addr)

while True:
    socket,addr=s.accept()
    TCP(socket,addr)
```

下面是客户端程序。主机 IP 地址也使用本机地址,即 127.0.0.1。所以,在同一台计算机上,先启动服务器程序,再运行客户端程序,即可进行通信。如果想在局域网中实现两台不同机器之间的通信,只需要更改程序中的 IP 地址即可。

```
import socket

s=socket.socket(socket.AF_INET, socket.SOCK_STREAM)
s.connect(('127.0.0.1', 10021))
while True:
    data=input('请输入要发送的数据:')
    if data =='quit':
        break
    s.send(data.encode())
    print('服务器返回的数据:',s.recv(1024).decode('utf-8'))
s.send(b'quit')
s.close()
```

如果基于 UDP 协议实现上述通信过程,则不需要建立可靠连接,直接向目标发送数据即可,通信结束后,也不需要关闭连接。基于 UDP 通信的服务器端程序如下所示。

```
import socket

s=socket.socket(socket.AF_INET, socket.SOCK_DGRAM)
s.bind(('127.0.0.1', 10021))
print('在 10021 上绑定 UDP')
while True:
    data, addr=s.recvfrom(1024)
    print('从%s:%s 接收数据' %addr)
    print('接收的数据为',data.decode('utf-8'))
    s.sendto(data.decode('utf-8').upper().encode(), addr)
```

基于 UDP 通信的客户端程序如下所示。

```
import socket

s=socket.socket(socket.AF_INET, socket.SOCK_DGRAM)
addr=('127.0.0.1', 10021)
while True:
    data=input('请输入要处理的数据:')
    if not data or data =='quit':
        break
    s.sendto(data.encode(), addr)
    recvdata, addr=s.recvfrom(1024)
    print('从服务器返回的数据:', recvdata.decode('utf-8'))
s.close()
```

6.3 Internet 应用

Internet 是一个信息资源的大海洋。为了更加充分地利用 Internet 中的信息资源，各种各样的软件工具被开发出来，使人们能够应用它们，从 Internet 中得到越来越丰富的信息服务。由于 Internet 本身的开放性、广泛性和自发性，Internet 上的信息资源几乎是无限的。利用 Internet，人们可以做很多事情，例如可以迅速而方便地与远方的朋友交流信息，可以把远在千里之外的一台计算机上的资料瞬间传输到自己的计算机上，可以在网上直接访问有关领域的专家，并针对感兴趣的问题与他们进行讨论，等等。所有这些都应该归功于 Internet 所提供的各种各样的服务。

Internet 主要提供万维网（WWW）服务、电子邮件（E-mail）服务、搜索引擎服务、文件传输（FTP）服务、域名服务（Domain Name Service，DNS）等，帮助用户完成相关任务。

6.3.1 万维网

万维网（World Wide Web，WWW，简称 Web，也称为 3W 或 W3）最初是欧洲核子物理研究中心（the European Laboratory for Particle Physics，CERN）开发的，是近年来

Internet 取得的最为激动人心的成就。

Web 是依附于 Internet 的信息资源网络，从逻辑上可看作由超链接联系起来的超文本(Hypertext)的集合。从物理上可看作由浏览器(客户端)和 Web 服务器(或 WWW 服务器)组成。

超文本用以显示文本及文本相关信息，其中的文本包含可以链接到其他文本或文档的超链接。超文本利用超链接的方法，是将各种不同空间的文字信息组织在一起的网状文本。超文本的出现使原先的线性文本变成可以通向四面八方的非线性文本。用户可以在任何一个关键点处停下来，进入另一重文本，然后再单击进入又一重文本，如图 6-13 所示。

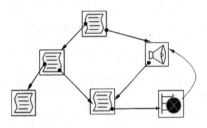

图 6-13　超文本的链接示例

超文本系统是一种提供了超文本解释的软件系统，在超文本系统中，除了文本外，还包含各类非文本类型的数据，例如声音、图像、超级链接等，统称为超媒体(Hypermedia)。Web 网用超链接将全球信息资源联系起来，使信息不仅可以按线性方式搜索，而且还可以按交叉方式访问。WWW 上的一个超媒体文档称为一个页面(Page)或网页。一个组织或个人在万维网上开始操作的页面称为主页(Homepage)或首页。主页中通常包括指向其他相关页面或其他结点的指针(超级链接)。将在逻辑上视为一个整体的一系列页面的有机集合称为网站(Website 或 Site)。

超文本标记语言(Hypertext Markup Language, HTML)是描述网页文档的一种标记语言。HTML 之所以称为超文本标记语言，是因为语言中包含了超级链接点和标记。通过激活(单击)超级链接点，可使浏览器方便地获取新的网页。HTML 是一种规范和标准，它通过标记符号标记要显示的网页中的各个部分。网页文件本身是一种文本文件，通过在文本文件中添加标记符，可以告诉浏览器如何显示其中的内容(如文字如何处理、画面如何安排、图片如何显示等)。浏览器按顺序阅读网页文件，然后根据标记符解释和显示其标记的内容。图 6-14 展示了 HTML 的一个示例及其在浏览器中的显示情况。

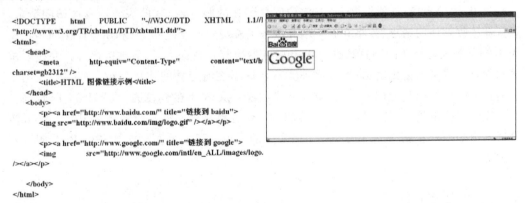

图 6-14　HTML 示例和其在浏览器中的显示情况

利用 Web 可以连接任何一种 Internet 资源、启动远程登录、浏览 Gopher、参加 Usenet 专题讨论等。例如，当 Web 连接到 Telnet，便会自动启动远程登录，用户甚至不必知道主机地址等细节；若连接到 Usenet，Web 将以简明的超文本格式显示专题文章。Web 的奇妙之处还在于其资源是自动取得的，用户无须知道这些资源究竟存放在什么地方。

总之，Web 试图将 Internet 的一切资源组织成超文本文件，然后通过链接让用户方便地访问它们。通过阅读文本文件的方式，Web 可以访问 Internet 上的各类资源。

Web 服务的核心技术主要有以下几种。

1. 超文本传送协议（Hypertext Transfer Protocol，HTTP）

HTTP 负责规定浏览器和服务器的交流方式，规定了在浏览器和服务器之间的请求和响应的交互过程必须遵守的规则。Web 服务器的 80 TCP 端口始终处于监听状态，以便发现是否有浏览器向它发出建立连接的请求。一旦监听到连接建立请求，并建立了 TCP 连接后，浏览器就向服务器发出浏览某个页面的请求，服务器找到该网页后，就返回所请求的页面作为响应。此后通信结束，释放 TCP 连接。

2. 统一资源定位符（Uniform/Universal Resource Locator，URL）

URL 是对能从 Internet 上得到的资源的位置和访问方法的一种简洁表示。在 Internet 上的所有资源都有一个独一无二的 URL 地址，并且无论是何种资源，都采用相同的基本语法。URL 由协议类型、主机名、端口号和路径及文件名构成，一般形式为"<协议>://<主机名>:<端口号>/<路径>"。其中协议指定使用的传输协议，如 HTTP、FTP 等；主机名指存放资源的服务器的域名或 IP 地址；各种传输协议都有默认的端口号，如果输入时省略，则使用默认端口号；路径是由零或多个"/"符号分隔的字符串，一般用来表示主机上的一个目录或文件地址。

同 Internet 上的许多其他服务一样，WWW 采用客户机/服务器模式，如图 6-15 所示。要访问的网页存放在 WWW 服务器上，客户端使用 Web 浏览器输入要访问网页的 URL。此时，Web 浏览器根据 URL 定位网页所在的服务器，并向服务器发送访问请求，服务器接收到访问请求后，将在客户端和服务器端建立一个连接，并利用该连接向客户端 Web 浏览器发送被访问网页数据。Web 服务器接收到数据后，对数据进行解释并按要求显示网页。网页数据传输结束后，服务器与客户端之前建立的连接将被关闭。当在网页上通过超链接访问其他网页时，将重复上述过程。从 Web 的角度看，世界上的任何事物，不是文档就是链接。所以，Web 浏览器的基本任务就是读文档和跟随链接浏览。Web 浏览器知道如何连接到 Web 服务器上，而实际的定位并返回网页的工作是由 Web 服务器完成的。

6.3.2 电子邮件

电子邮件是 Internet 的一个基本服务。通过电子邮件，用户可以方便快速地交换信

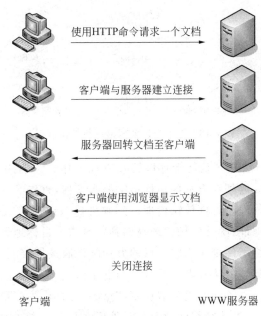

图 6-15　WWW 的工作原理

息、查询信息,还可以加入有关的信息公告,讨论与交换意见,获取有关信息。

电子邮件的工作过程是靠计算机技术和通信技术完成的。发信者注明收件人的姓名与邮件地址,发送方服务器把邮件传送到收件方服务器,收件方服务器再把邮件发送到收件人的邮箱中。

电子邮件涉及的主要概念如下。

(1) 邮件用户代理(Mail User Agent,MUA),通常是帮助用户读/写邮件的软件,它接受用户输入的各种命令,将用户的邮件传送至邮件传输代理,或者通过 POP、IMAP 协议将信件从传输代理服务器取到本机。常见的用户代理有 Foxmail、Outlook 等邮件客户端程序。

(2) 邮件传输代理(Mail Transport Agent,MTA),负责把邮件从一台服务器传到另一台服务器或邮件投递代理,其主要工作是监视用户代理的请求,根据电子邮件的目标地址找出对应的邮件服务器,将信件在服务器之间传输并且将接收到的邮件缓冲或者提交给最终投递程序。

(3) 邮件投递代理(Mail Delivery Agent,MDA),负责把邮件放入用户的邮箱。

Internet 统一使用 DNS 编定资源的地址,因而 Internet 中所有邮箱地址均具有相同的格式,即"用户信箱名称@主机名称",如 david@nudt.edu.cn,其中 david 是用户信箱名,而 nudt.edu.cn 是主机名。电子邮件系统的组成与工作过程如图 6-16 所示。

Internet 的电子邮件系统遵循简单邮件传送协议(Simple Mail Transfer Protocol,SMTP)标准,这是 Internet 传输电子邮件的标准协议,用于提交和传送电子邮件,规定了主机之间传输电子邮件的标准交换格式和邮件在链路层上的传输机制。SMTP 通常用于把电子邮件从客户机传输到服务器。

图 6-16　电子邮件系统组成与工作过程

简单邮件传送协议 SMTP 是基于存储转发方式工作的。当用户发送一封电子邮件时，并不能直接将信件发送到对方邮件地址指定的服务器，首先必须寻找一个邮件传输代理，并把邮件提交给该代理。邮件传输代理得到邮件后，首先将它保存在自己的队列中，然后，根据邮件的目标地址，邮件传输代理查询到应对这个目标地址负责的邮件传输代理服务器，并且通过网络将邮件传送给它。目的方的邮件服务器接收到邮件之后，将其暂时存储在本地，直到电子邮件的接收者查看自己的电子信箱。显然，邮件传输是从服务器到服务器的，而且每个用户必须拥有服务器存储信息的空间（称为信箱）才能接收邮件。

每个具有邮箱的计算机系统都必须运行邮件服务器程序接收电子邮件，并将邮件放入正确的邮箱。TCP/IP 包含一个电子邮件信箱远程存取协议，即邮局协议版本 3（Post Office Protocol Version 3，POP3）。POP3 是因特网电子邮件的第一个离线协议标准，它允许用户的邮箱位于某台邮件服务器上，并允许用户从个人计算机对邮箱的内容进行存取，同时根据客户端的操作，将邮件保存在邮件服务器，或删除邮件服务器中的邮件。POP3 的默认端口是 TCP 110 端口。

一封电子邮件通常包括以下几个部分。

（1）标题：邮件标题包含了相关的发件人和收件人的信息。邮件标题的实际内容可随生成邮件的电子邮件系统的不同而有所不同。一般来说，标题包含邮件的主题、发件人、收件人等信息。

（2）正文：邮件的正文是包含实际内容的文本，还可包含签名或由发件方邮件系统插入的自动生成的文本。

（3）附件：作为邮件组成部分的若干文件，也可以没有。

6.3.3　文件传输

文件传输服务（File Transfer Protocol，FTP）是 Internet 中最早提供的服务功能之一，目前仍被广泛使用。FTP 允许用户在两台计算机之间互相传送文件，并且能保证传输的可靠性。除此之外，FTP 还提供登录、目录查询、文件操作、命令执行及其他会话控制功能。

FTP 的工作原理并不复杂，它采用客户机/服务器模式，如图 6-17 所示。FTP 客户机是请求端，FTP 服务器是服务端。FTP 客户机根据用户需求发出文件传输请求，FTP 服务器响应请求，两者协同完成文件传输作业。FTP 服务器的 TCP 端口 21 始终处于监听状态,当客户端要连接 FTP 服务器时,客户端发起通信,请求与服务器的端口 21 建立 TCP 连接,FTP 服务器认可后,该连接将被建立,建立后该连接用于发送和接收 FTP 控制信息,所以又称其为控制连接。此后,客户端可通过该连接向 FTP 服务器发送各种控制命令,通过这些命令,既能将文件从 FTP 服务器复制到本地客户机,也能将本地文件复制到 FTP 服务器,前者称为下载(Download),后者称为上传或上载(Upload)。当用户通过命令进行下载或上传时,即在 FTP 服务器与客户端之间传输数据时,客户端将再次与 FTP 服务器端口 20 建立一个连接,该连接称为数据连接。当传输结束时,数据连接将被关闭。因此,在每一次开始传输数据时,客户端都会建立一个数据连接,并在该次数据传输结束时立即释放。客户端与 FTP 服务器会话结束时,将关闭控制连接。

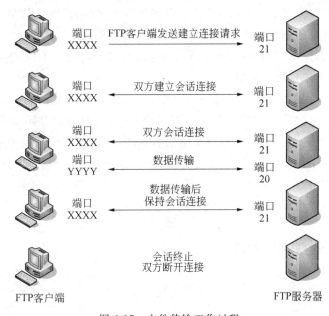

图 6-17　文件传输工作过程

相比于 HTTP,FTP 协议要复杂得多。复杂的原因是 FTP 协议要用到两个 TCP 连接,即控制连接和数据连接,二者分别用于在 FTP 客户端与服务器之间传递命令,以及用来上传或下载数据。

FTP 协议有两种工作方式,分别是主动方式(PORT)和被动方式(PASV)。

(1) 主动方式的工作过程。客户端向服务器的 FTP 端口(默认是 21)发送连接请求,服务器接受连接,建立一条命令链路。当需要传送数据时,客户端在命令链路上用 PORT 命令告诉服务器:"我打开了 YYYY 端口,你过来连接我"。于是服务器从 20 端口向客户端的 YYYY 端口发送连接请求,建立一条数据链路以传送数据。

(2) 被动方式的工作过程。客户端向服务器的 FTP 端口(默认是 21)发送连接请求,服务器接受连接,建立一条命令链路。当需要传送数据时,服务器在命令链路上用 PASV 命令告诉客户端:"我打开了 20 端口,你过来连接我"。于是客户端向服务器的 20 端口发送连接请求,建立一条数据链路用来传送数据。

6.3.4 搜索引擎

能够获得网站或网页的资料,并能够建立数据库且提供查询功能的系统,都可以称之为搜索引擎。搜索引擎的"网络机器人"或"网络蜘蛛"是一种网络软件,它遍历 Web 空间,能够扫描一定 IP 地址范围内的网站,并沿着网络上的链接从一个网页到另一个网页、从一个网站到另一个网站采集网页资料。为了保证采集的资料是最新的,它还会回访已抓取过的网页。采集到网页后,还要由其他程序进行分析,根据一定的相关度算法进行大量的计算,建立网页索引,才能将资料添加到索引数据库中。全文搜索引擎实际上只是一个搜索引擎系统的检索界面,当用户输入关键词进行查询时,搜索引擎会从庞大的数据库中找到符合该关键词的所有相关网页的索引,并按一定的排序规则呈现。不同的搜索引擎,其网页索引数据库不同,排序规则也不尽相同。所以,当使用不同的搜索引擎查询同一关键词时,查询结果也不尽相同。

搜索引擎信息收集和分析的工作过程可以分为 3 步:从互联网上抓取网页→建立索引数据库→在索引数据库中排序。在处理查询服务时,搜索引擎并不是真正地搜索互联网,它搜索的实际上是预先整理好的网页索引数据库。因此,应认识到搜索引擎只能搜索到网页索引数据库中存储的内容,同时也要认识到,如果搜索的网页已保存在搜索引擎的网页索引数据库中,但用户没有搜索到,则可能是因为用户没有完全掌握搜索技能,需要用户进一步学习如何使用搜索引擎,以便提高搜索能力。

6.3.5 Python 编程示例

1. 发送电子邮件

虽然能手工编写和发送邮件,但是在一些场景下,利用编程能实现自动化重复工作。例如,在一次活动中,需要向通讯录中的人发送内容相似的邮件,但是需要根据不同的人名发送称呼不同、格式不同的邮件。此时,就可以自己编写程序实现自动生成并发送这类邮件,节省了大量复制和粘贴的时间。

发送电子邮件需要使用到简单邮件传输协议(SMTP),Python 的 smtplib 模块对 SMTP 涉及的各种复杂操作进行了封装,这些操作包括格式化邮件、加密、在邮件服务器之间传递邮件等。使用 smtplib 编程实现邮件的自动发送,SMTP 服务器必须支持通过程序发送邮件。在该前提下,一个完整的邮件发送过程一般需要以下几个步骤。

首先,连接到 SMTP 服务器,SMTP 服务器的 IP 地址和端口由邮件服务提供商提供,例如,163 邮箱的 SMTP 服务器地址为 smtp.163.com,端口是 25;QQ 邮箱的 SMTP 服务器地址为 smtp.qq.com,但是 QQ 邮箱的 SMTP 服务器需要一个安全的连接(如 SSL,其端口号为 456)。

其次,登录 SMTP 服务器,此时需要提供邮箱账号和登录密码。

再次,登录成功后,即可编程组建一封邮件,包括邮件标题和正文等,然后发送到目的邮箱。

最后,退出登录。

smtplib 模块中常用的函数如表 6-4 所示。

表 6-4 smtplib 模块中常用的函数

函　　数	描　　述
SMTP()	创建一个 SMTP 对象,参数有两个,一个是 SMTP 服务器地址,另一个是端口号,例如 SMTP('smtp.163.com', 25)
login()	登录 SMTP 服务器,参数有两个,一个是在 SMTP 服务器上的用户名,另一个是登录密码
sendmail()	发送邮件,一般需要 3 个参数:发送方的邮件地址、接收方的邮件地址、邮件正文
quit()	退出 SMTP 服务器的登录

下面的程序演示了如何用 QQ 邮件服务器发送邮件,其中,_user、_pwd 和 _to 需替换成真实的账号、密码和接收方邮件地址。此处,使用 email 模块的 MIMEText 创建 MIME 格式的邮件内容。多用途互联网邮件扩展(Multipurpose Internet Mail Extensions,MIME)是当前广泛应用的一种电子邮件技术规范。MIME 邮件由邮件头和邮件体构成,邮件头包含发件人、收件人、主题、时间、MIME 版本、邮件内容的类型等重要信息,而邮件体包含邮件的内容。

```
import smtplib
from email.mime.text import MIMEText

_user="xxxxxx@qq.com"
_pwd="xxxxxxxxx"
_to="xxxx@163.com"

msg=MIMEText("一封测试邮件")
msg["Subject"]="测试邮件"
msg["From"]=_user
msg["To"]=_to

try:
    s=smtplib.SMTP_SSL("smtp.qq.com", 465)
    s.login(_user, _pwd)
    s.sendmail(_user, _to, msg.as_string())
    s.quit()
    print("Success!")
except smtplib.SMTPException as e:
    print("Failed,%s" %e)
```

2. Python 编程读取网页

网络爬虫(Web Crawler)也叫网络蜘蛛(Spider),是一种按照一定的规则,自动地抓取万维网信息的程序或者脚本。目前的搜索引擎(如百度等)就是利用网络爬虫来采集海量数据。

网络爬虫的基本工作流程如下。

(1) 确定要抓取的初始网页 URL 列表。

(2) 对该 URL 列表依次爬取,在爬取每一个 URL 时,将 URL 对应的网页源码下载下来。

(3) 在抓取网页的过程中,通过解析网页源码不断从中提取新的 URL 放入 URL 列表,直到满足一定条件为止。

本节介绍如何编写 Python 程序读取指定的网页源码。读取网页需要用到 urllib 模块。

urllib 是 Python 内置的 HTTP 请求库,包括 urllib.request(请求)、urllib.error(异常处理)、urllib.parse(解析)等模块。此处读取网页主要用到 urllib.request 模块的 urlopen 和 read 函数。

(1) urlopen(url, data=None, timeout) 函数:创建一个表示远程 URL 的类文件对象,然后像本地文件一样操作这个类文件对象来获取远程数据。参数 url 表示远程数据的路径,一般是网址;参数 data 表示以 post 方式提交到 url 的数据;参数 timeout 用于设置连接超时。

(2) read 函数:读取 urlopen 函数返回的类文件对象,将文件内容放到一个字符串变量中。

读取网页的示例如下,在 IDLE 中输入以下语句:

```
>>>import urllib.request
>>>response=urllib.request.urlopen('http://www.baidu.com')
>>>print(response.read().decode('utf-8'))
```

第一条语句引入 urllib.request 模块,第二条语句利用 urlopen 函数创建一个表示 http://www.baidu.com 的文件对象 response,第三条语句利用 read 函数读 http://www.baidu.com 对应的网页,返回的是网页源代码。

6.4 无线网络

前面介绍的各种网络与电话系统类似,都需要传输介质连接网络中的通信设备和计算机。笔记本计算机出现后,人们希望像使用手机一样,可以一边在办公室里走动,一边让计算机连接到网络,不受有线连接的限制。另外,从网络建设成本角度而言,当一个工厂的占地面积很大时,若要将各个部门的计算机用电缆连接成网,成本会相当高,而使用无线网络可以节省投资,加快建网速度。此外,当大量持有笔记本计算机的用户在同一个地方(如图书馆、会议大厅等)同时要求上网时,如果采用有线连接,则需要很多接口和走线空间,而利用无线网络,则比较容易实现用户的需求。

目前,常用的无线通信介质有以下几种。

(1) 微波通信。载波频率为2GHz~40GHz。频率高,可同时传送大量信息。由于微波是沿直线传播的,故在地面的传播距离有限。

(2) 卫星通信。利用地球同步卫星作为中继转发微波信号的一种特殊微波通信形式。卫星通信可以克服地面微波通信距离的限制,3个同步卫星即可覆盖全球全部通信区域。

(3) 红外通信和激光通信。和微波通信一样,有很强的方向性,都是沿直线传播的,但红外通信和激光通信需要把传输的信号分别转换为红外光信号和激光信号后才能直接在空间沿直线传播。

微波、红外线和激光都需要在发送方和接收方之间建立一条视线通路,故它们统称为视线媒体。

无线数据网络解决方案包括无线个人网、无线局域网、无线城域网和无线广域网。

1. 无线个人网(Wireless Personal Area Network, WPAN)

无线个人网主要用于个人用户工作空间,典型距离仅覆盖几米,可以与计算机同步传输文件、访问本地外部设备(如打印机等)。WPAN通常被形象地描述为"最后10m"的通信需求,目前的主要技术为蓝牙(Bluetooth)。蓝牙技术源于1994年Ericsson提出的无线连接与个人接入的想法。目前,蓝牙信道带宽为1MHz,异步非对称连接最高数据速率为723.2kb/s,连接距离大多为10m左右。为了适应未来宽带多媒体业务的需求,蓝牙速率也计划进一步增强,新的蓝牙标准2.0版拟支持高达10Mb/s以上速率(4Mb/s、8Mb/s、12Mb/s、20Mb/s)。

2. 无线局域网(Wireless LAN, WLAN)

顾名思义,WLAN是一种借助无线技术取代以往有线布线方式构成局域网的新手段。WLAN可提供传统有线局域网的所有功能,是计算机网络与无线通信技术相结合的产物。WLAN可提供传统有线局域网的所有功能,实现固定、半移动及移动的网络终端对因特网进行较远距离的高速连接访问,支持的传输速率为2Mb/s~54Mb/s。WLAN通常被形象地描述为"最后100米"的通信需求,如企业网和驻地网等。1997年6月,IEEE推出了IEEE 802.11标准,开创了WLAN的先河。IEEE 802.11主要用于解决办公室无线局域网和校园网中用户终端的无线接入,其业务范畴主要限于数据存取,速率最高只能达到2Mb/s。由于它在速率、传输距离、安全性、电磁兼容能力及服务质量方面均不尽如人意,从而导致了系列标准IEEE 802.11x的产生。系列标准中应用最广泛的是IEEE 802.11b,其将速率提升至11Mb/s,并可在5.5Mb/s、2Mb/s及1Mb/s之间进行自动速率调整,同时提供了MAC层的访问控制和加密机制,从而达到了与有线网络相同级别的安全保护,还提供了可供选择的40位及128位的共享密钥算法,从而成为目前IEEE 802.11系列的主流产品。而IEEE 802.11b+还可将速率提升至22Mb/s。IEEE 802.11a工作在5GHz频带,数据传输速率将提升到54Mb/s。

目前,IEEE 802.11系列得到了许多半导体器件制造商的支持,这些制造商成立了一个无线保真联盟 Wi-Fi(Wireless Fidelity)。Wi-Fi 实质上是一种商业认证,表明具有 Wi-Fi 认证的产品要符合 IEEE 802.11 无线网络规范。无疑,Wi-Fi 为 IEEE 802.11 标准的推广起到了积极的促进作用。

3. 无线城域网(Wireless MAN,WMAN)

WMAN 是一种有效作用距离比 WLAN 更远的宽带无线接入网络,通常用于城市范围内的业务点和信息汇聚点之间的信息交流和网际接入。有效覆盖区域为 2~10km,最远可达 30km,数据传输速率最快可达 70Mb/s。目前,WMAN 的主要技术为 IEEE 802.16 系列。该标准于 2001 年 12 月获得批准,可支持 1GHz、2GHz、10GHz,以及 12GHz 至 66GHz 等多个无线频段。借鉴 Wi-Fi 模式,一个同样由多个顶级制造商组成的全球微波接入互操作联盟(Wireless Interoperability for Microwave Access,WiMax)宣告成立。WiMax 的目标是帮助推动和认证采用 IEEE 802.16 标准的器件和设备具有兼容性和互操作性,促进这些设备的市场推广。

4. 无线广域网(Wireless WAN,WWAN)

无线广域网主要解决超过一个城市范围的信息交流无线接入需求。IEEE 802.20 和 3G 蜂窝移动通信系统构成了 WWAN 的标准。IEEE 802.20 标准初步规划是为以 250km/h 的速度移动的用户提供高达 1Mb/s 的高带宽数据传输,这将为高速移动用户使用视频会议等对带宽和时间敏感的应用创造条件。ITU 早在 1985 年就提出工作在 2GHz 频段的移动商用系统为第三代移动通信系统,国际上统称为 IMT-2000 (International Mobile Telecommunications-2000)系统,简称 3G(3rd Generation)。其设计目标为高速移动环境支持 144kb/s、步行慢速移动环境支持 384kb/s、室内环境支持 2Mb/s 的数据传输,从而为用户提供包括话音、数据及多媒体等在内的多种业务。3G 的三大主流无线接口标准分别是 W-CDMA、CDMA2000 和 TD-SCDMA。其中 W-CDMA 标准主要起源于欧洲和日本,CDMA2000 标准主要由美国高通北美公司为主导提出,时分同步码分多址接入标准 TD-SCDMA 由中国提出,并在此无线传输技术(RTT)的基础上与国际合作,完成了 TD-SCDMA 标准,成为 CDMA TDD 标准的一员,这是中国移动通信界的一次创举,也是中国对第三代移动通信发展的贡献。

随着数据通信与多媒体业务需求的发展,适应移动数据、移动计算及移动多媒体运作需求的第四代移动通信(简称 4G)开始兴起。2012 年 1 月 18 日,国际电信联盟在 2012 年无线电通信全会全体会议上,正式审议通过将 LTE-Advanced 和 WirelessMAN-Advanced(802.16m)技术规范确立为 IMT-Advanced(4G)国际标准,中国主导制定的 TD-LTE-Advanced 和 FDD-LTE-Advanced 并列成为 4G 国际标准,标志着中国在移动通信标准制定领域再次走到了世界前列,为 TD-LTE 产业的后续发展及国际化奠定了重要基础。

4G 移动通信技术的信息传输级数比 3G 移动通信技术的信息传输级数高一个等级。对无线频率的使用效率比第二代和第三代系统都高得多,且抗信号衰落性能更好。4G 手机系统下行链路速度为 100Mb/s,上行链路速度为 30Mb/s。4G 集 3G 与 WLAN 于一体,并能够快速传输数据以及高质量音频、视频和图像等。4G 能够以 100Mb/s 以上的速度进行下载,比目前的家用宽带 ADSL(4Mb/s)快 25 倍,并能够满足几乎所有用户对于无线服务的要求。

6.5 物 联 网

物联网的概念最初起源于美国麻省理工学院(MIT)在 1999 年建立的自动识别中心(Auto-ID Labs)提出的网络无线射频识别(RFID)系统,即把所有物品通过射频识别等信息传感设备与互联网连接起来,实现智能化识别和管理。

早期的物联网是以物流系统为背景提出的,以射频识别技术作为条码识别的替代品,实现对物流系统进行智能化管理。随着技术和应用的发展,物联网的内涵已经发生了较大变化。2005 年,ITU 在突尼斯举办的信息社会世界峰会(WSIS)上正式确定了"物联网"的概念,并在随后发布了 *ITU Internet Reports 2005——The Internet of Things*,介绍了物联网的特征、相关技术、面临的挑战和未来的市场机遇。

物联网(the Internet of Things,IoT)即物物相连的互联网。通俗来说,世界上的万事万物,小到手表、钥匙,大到汽车、楼房,只要嵌入一个微型感应芯片,把它变得智能化,这个物体就可以"自动开口说话"。再借助无线网络技术,人们就可以和物体"对话",物体和物体之间也能"交流",这就是物联网,被称为继计算机、互联网之后世界信息产业发展的第三次浪潮。物联网是互联网的应用拓展,与其说物联网是网络,不如说物联网是业务和应用。所以,应用创新是物联网发展的核心。

首先,物联网的核心和基础仍然是互联网,它是在互联网基础上的延伸和扩展的网络;其次,其用户端延伸和扩展到了任何物品与物品之间,进行信息交换和通信。所以,物联网的定义是通过射频识别(RFID)、红外感应器、全球定位系统、激光扫描器等信息传感设备,按约定的协议,把任意物品与互联网相连接,进行信息交换和通信,以实现对物品的智能化识别、定位、跟踪、监控和管理。

狭义上的物联网指连接物品到物品的网络,实现物品的智能化识别和管理;广义上的物联网则可以看作是信息空间与物理空间的融合,将一切事物数字化、网络化,在物品之间、物品与人之间、人与现实环境之间实现高效信息交互的方式,并通过新的服务模式使各种信息技术融入社会行为,是信息化在人类社会综合应用达到的更高境界。

从通信对象和过程来看,物联网的核心是物与物以及人与物之间的信息交互。物联网的基本特征可概括为全面感知、可靠传送和智能处理。

(1) 全面感知:利用射频识别、二维码、传感器等感知、捕获、测量技术随时随地对物体进行信息采集和获取。

(2) 可靠传送:通过将物体接入信息网络,依托各种通信网络,随时随地进行可靠的信息交互和共享。

(3) 智能处理:利用各种智能计算技术,对海量的感知数据和信息进行分析和处理,实现智能化的决策和控制。

在物联网应用中有 3 项关键技术,即传感器技术、RFID 标签技术和嵌入式系统技术,如果把物联网用人体做一个简单比喻,传感器相当于人的眼睛、鼻子、皮肤等感知器官,网络就如同神经系统,用来传递信息,嵌入式系统则是人的大脑,在接收到信息后要进行分类处理。

(1) 传感器技术:传感器技术是实现测试与自动控制的重要环节。传感器是要求能感受规定的被测量,并按照一定的规律转换成可用输出信号的器件或装置。传感器作为信息获取的重要手段,与通信技术和计算机技术共同构成信息技术的三大支柱。目前为止绝大部分的传感器感受到的被测量是模拟信号,需要传感器把模拟信号转换成数字信号后计算机才能处理。

(2) RFID 标签技术:RFID 标签技术是一种非接触式的自动识别技术,它通过射频信号自动识别目标对象并获取相关数据,识别工作无须人工干预,可工作于各种恶劣环境。RFID 技术可识别高速运动的物体并可以同时识别多个电子标签,操作快捷方便。该技术是集合无线射频技术和嵌入式技术为一体的综合技术,在自动识别、物品物流管理领域有着广阔的应用前景。

(3) 嵌入式系统技术:嵌入式系统技术是综合了计算机软硬件、传感器技术、集成电路技术、电子应用技术为一体的复杂技术。经过几十年的演变,以嵌入式系统为特征的智能终端产品已经随处可见。

作为一种网络,物联网的技术体系结构也是分层的,自底向上可分为感知层、网络层、应用层 3 个层次。

(1) 感知层:主要用于采集物理数据,包括各类物理量、身份标识、位置信息、音频数据、视频数据等。物联网的数据采集主要通过传感器、RFID、二维码、多媒体信息采集等技术实现。

(2) 网络层:主要功能是完成大范围的信息沟通,主要借助于已有的各种电信网络与互联网,把感知层感知到的信息快速、准确、安全地传送到全球的各个地方,使物品能够进行远距离、大范围的通信。

(3) 应用层:主要完成物品信息的汇总、协同、共享、互通、分析、决策等处理,实现智能化识别、定位、跟踪、监控和管理等实际应用,相当于物联网的控制层、决策层。

6.6 小 结

本章介绍了计算机网络相关的各种概念、原理与技术,包括发展历史、各种分类方法、ISO/OSI 分层体系结构与协议、常见传输介质、设备及其作用、局域网、Internet 及其应用、无线网络以及物联网等,以及通过 Python 编程访问网络的方法与示例。通过本章的学习,希望读者能掌握网络环境中的信息表示和处理方法,体会抽象、分层、共享等计算思维和思想。

6.7 习　　题

1. 计算机网络的发展可分为几个阶段？每个阶段的特点是什么？
2. 网络体系结构为什么要采用分层结构？
3. 网络协议的三要素是什么？协议与服务有何区别和联系？
4. 试比较 TCP/IP 和 OSI 体系结构，讨论其异同之处。
5. 简述 HTTP 协议的工作过程。
6. 电子邮件涉及的协议有哪些？其工作过程是什么？
7. 简述搜索引擎的原理和工作过程。
8. 无线网络的优点有哪些？如何分类？简述各类无线网络对应的协议标准及其特性。
9. 编写 Python 程序，实现一个局域网内的即时通信工具，要求至少具备传送文字信息的功能。
10. 编写 Python 程序，从某台邮件服务器中获取某账号下的收件箱中的所有邮件，并显示每封邮件的主题和发件人。
11. 编写 Python 程序，获取某网站的首页，并保存为 html 文件。

第 7 章 数据库技术应用基础

【学习内容】
本章介绍数据库技术的相关内容，主要知识点如下。
(1) 数据库的基本概念。
(2) 数据库管理系统软件。
(3) 数据库系统的设计步骤。
(4) 通过编程操作关系数据库的实例。

【学习目标】
通过本章的学习，读者应掌握以下内容。
(1) 了解数据管理的发展史。
(2) 理解数据库的基本概念。
(3) 理解数据模型的基本概念，掌握数据库建模的步骤和方法。
(4) 理解数据完整性的含义。
(5) 理解数据库设计的基本步骤。
(6) 能够使用 SQL 语言实现简单查询。
(7) 了解编程操作数据库系统的方法与技术。

本章首先概述数据管理技术的发展脉络、数据库的基本概念和数据库建模的概念，然后介绍数据库管理系统的概念和功能，并介绍几款常见的数据库管理系统软件，最后展示通过编程操作数据库系统的方法与技术。

7.1 概 述

在开始本章的学习之前，有这样一个问题需要读者综合应用前面所学的知识加以解决：如何将你在大学期间所学每一门课程的考试成绩都记录存档？学习了文件系统之后，读者一定能够在第一时间想到利用文件记录和保存这些信息（还要提醒读者的是，要做好定期备份，以防有效数据丢失）。假设需求进一步升级：
(1) 要求记录班级中所有同学大学期间所有选课及考试信息。
(2) 要求记录全校学生大学期间所有选课及考试信息。

（3）要求记录所有学生的年龄、姓名、性别、籍贯、政治面貌等信息，并且能够存储每个学生的免冠证件照。

除了上述对存储数据结构的需求之外，如果信息的使用者还提出了下列操作需求：

（1）输入学号，查找对应学生的所有信息。

（2）输入课程编号，列出所有选修该门课程的学生的考试情况，并同时给出平均分及分数的分布规律。

（3）为了进一步保护隐私权，要求不同权限的用户看到的信息是不同的。例如，同学之间除了能够查阅到某个学号所对应的学生姓名和性别以外，不允许看到其他任何信息；任课老师只能够看到所有选修自己所讲授课程的学生的学号和姓名，并能够进行成绩录入，除此以外不再拥有其他权限；教务人员则只能查看所有与教学内容相关的信息，而不允许涉及其他类别的信息。

对于第一个查询请求，聪明的读者也许会想到借助于文件系统的查找功能；对于第二个查询请求，可以利用电子表格的计算、分析功能解决；而对于最后一个操作需求，显然超出了文件系统的能力范围。能够解决上述所有需求（包括大数据量的存储、多媒体数据的存储、多种查询操作的请求以及采用授权等方法对数据实施安全保护等）的技术之一就是数据库技术。

在人类的进化史上，信息的演进经历了语言的诞生、文字的诞生、印刷术的诞生、利用电磁波和计算机技术传输和处理信息5次信息变革。当人们掌握了如何运用计算机表示、存储、处理与再生等信息技术以后，现有的技术已经能够对大量涌现的信息进行分门别类的存储，并提供多种检索手段以满足用户对信息的查询请求。信息的类别包括天文气象、水文水利、商品、学生选课信息、高考招生录取信息等，人们可以查看某地震活跃地区百年来地质活动的历史信息，并利用地震预报模型进行预测，越来越多的人在网上商城购物，越来越多的学校建立了网络教学管理体系。可以预见的是，在不久的将来，几乎所有信息都会接入网络，所以，为了满足人们对信息的各种可能的请求，需要提供更加丰富和有效的信息存储、处理和检索机制，需要开发多种功能各异的信息管理系统，数据库是支撑这些系统的基础技术之一。在数据管理的发展史上，数据库处于较高的阶段，它是由文件系统发展起来的。

数据库是依照某种数据模型组织起来并存放于外部存储器中的数据集合。这种数据集合具有如下特点：尽可能不重复；以最优方式为某个特定组织的多种应用服务；其数据结构独立于使用它的应用程序；对数据的增、删、改、查（检索）由统一软件进行管理和控制。

使用数据库可以带来如下好处：降低数据的冗余度、节省数据的存储空间、易于实现数据资源的充分共享等。此外，数据库技术还为用户提供了非常简便的使用手段，使用户易于编写有关数据库的应用程序。

在全世界已进入信息化社会的今天，数据库的建设规模、数据库的信息量和使用频度已经成为衡量一个国家信息化程度的重要标志。

7.1.1 数据管理发展简史

数据管理即对数据资源的管理,是利用计算机硬件和软件技术对数据进行有效的收集、存储、处理和应用的过程。随着计算机技术的发展,数据管理经历了人工管理、文件系统管理和数据库系统管理3个阶段。

1. 人工管理阶段

在20世纪50年代中期以前,计算机相当于一个计算工具,没有操作系统,没有管理数据的软件,这一阶段是计算机用于数据管理的初级阶段——人工管理阶段。这一时期数据管理的主要特点是:主要面向科学计算;数据并不长期保存;数据的管理由程序员个人考虑安排,所以用户程序被迫需要与物理地址直接交流,效率低下;数据与程序不具备独立性,数据是程序的一部分,因此数据共享性差。

2. 文件系统管理阶段

从20世纪50年代后期到60年代中期,计算机有了磁盘、磁带等直接存取的外存储设备,操作系统有了专门管理数据的软件——文件系统,数据管理进入文件系统管理阶段。这一时期的特点是:计算机大量用于数据管理,数据需要长期保存,数据可以被存放在外存储设备上,因而可以被反复处理和使用;数据文件可以脱离程序而独立存在,应用程序可以通过文件名存取文件中的数据,实现简单数据共享;所有文件由文件管理系统进行统一管理和维护。不足之处主要体现在数据冗余度高、数据一致性差、数据之间的联系比较弱。

3. 数据库系统管理阶段

20世纪70年代初,随着数据库管理技术的出现,数据管理进入了数据库系统管理阶段。这一阶段的数据管理克服了文件系统的缺点,所有数据由数据库管理系统(Database Management System,DBMS)统一管理。该方式能够解决多用户多应用共享数据的需求,具有如下特点:采用复杂的数据模型(结构),既能够描述数据本身,也能够描述数据之间的联系;数据的存取和更新操作均由DBMS统一管理;DBMS还能够实现对数据的安全性控制、完整性控制、并发性控制和数据恢复;数据库系统提供了方便的用户接口。

7.1.2 数据库的基本概念

很难再找到比"数据库"这个词的含义更"不精确"的术语了。数据库可以是某个电子表格程序(如Excel)中的一份消费清单;可以是电信公司的日志文件,文件记录着每天百万次的电话接听情况,包括单次通话记录、月话费账单、点对点通信账单等信息。简单的数据库可以是一种单机系统,任何时刻只能支持单个用户对驻留在一台本地计算机中的数据进行的操作。复杂的数据库则允许成千上万甚至百万、千万的用户同时使用,数据通常分散存储在相互连接的多台计算机和几十个硬盘上。一个数据库可以小到几千个字节,也可以大到需要以太比特作为计量单位。

数据库系统是一个实际可运行的存储、维护数据的应用软件,通常涉及存储介质、处理对象和数据库管理系统等方面。一个完整的数据库系统应该包括用户为实现特定功能而开发的应用程序、数据库、DBMS 和数据库管理员(DataBase Administrator,DBA)4 个部分,如图 7-1 所示。

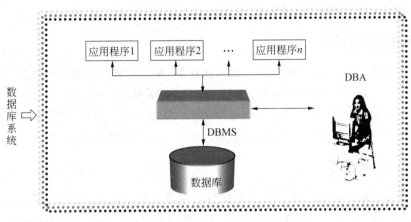

图 7-1　数据库系统

(1) 数据库存放的是原始数据的集合以及描述这些数据如何组织的数据,后者被称为元数据。元数据的存在,实现了数据的自描述性。在存储器上,数据是以数据文件的形式逻辑存在的。

(2) DBMS 是一种操纵和管理数据库的大型系统软件,用于建立、使用和维护数据库,DBMS 对数据库进行统一的管理和控制,以保证数据库的安全性和完整性。用户通过 DBMS 访问数据库中的数据,数据库管理员也通过 DBMS 实现数据库的维护工作。DBMS 的内部机制可以保证多个应用程序和用户通过多种方法同时正确地操作数据库,如建立、修改和询问数据库。

(3) 应用程序是使用程序设计语言(如 C、C++、Python 等)开发的软件,该软件实现了一些较为复杂的功能,为用户的常规工作提供了人机交互界面。应用程序并不直接访问数据库中的原始数据或者元数据,而是将操作请求交由 DBMS 执行。若用户为高级用户,也可以通过 DBMS 直接操作数据库。

(4) 正如一个大型公共图书馆需要有专门的工作人员负责规划、设计、协调、维护和管理一样,为保证数据库系统的正常运行和服务质量,有关人员需要进行与建立、存储、修改和访问数据库中信息相关的管理工作,完成这些工作的个人或集体就称为 DBA。数据库管理的主要内容有数据库的建立、调整、重组、重构、安全控制,数据的完整性控制,为用户提供技术支持等。DBA 通过 DBMS 提供的界面访问数据库,DBA 一般是由业务水平较高、资历较深的人员担任。

需要进一步指出的是,当用户访问数据库系统时,尽管数据在存储器上是以数据文件的形式逻辑存在的,但是对这些文件的 I/O 操作是交由操作系统完成的。也就是说 DBMS 的正确运行需要依托于特定的操作系统,这就是为什么数据库管理系统软件开发商要分别发行 Windows 版和 UNIX 版等多种版本 DBMS 软件的原因。

在不引起混淆的情况下,数据库系统有时也简称为数据库。

7.1.3 数据库技术管理数据的主要特征

数据库技术管理数据的主要特征如下。

1. 集中控制数据

在文件管理方法中,无法按照统一的方法控制、维护和管理数据。而数据库能够集中控制和管理有关数据,以保证不同用户和应用可以共享数据。例如,全国联网的火车票订票系统尽管有成千上万个售票窗口,但是由于该系统能够统一管理所有的数据,所以能够满足不同用户在同一时刻的订票操作,避免出现一票两卖的错误结果。

2. 数据冗余度小

冗余是指数据的重复存储。冗余数据的存在导致两个问题:增加了存储空间、容易出现数据不一致。若某公司的财务部门与人事部门分别用文件保存了公司员工的财务信息和人事信息,则两个文件中包含相同的信息,即有数据冗余。当人事部门更改了某员工的姓名而财务部门没有得到通知进行相应修改时,数据的一致性就遭到了破坏。数据库系统能够最大限度地降低数据冗余。但是需要澄清的是,在现有的技术条件下,即使是数据库方法也不能完全消除冗余数据,并且为了提高数据的处理效率,有时也允许存在一定程度的数据冗余。

3. 数据独立性强

数据的独立性是指数据库中的数据与应用程序相互独立,即应用程序不因数据的改变而改变。数据的独立性分为两级:物理数据独立性和逻辑数据独立性。

物理数据独立性是指数据的物理结构变化不影响应用程序,可以不必修改或者重写应用程序。当前的技术水平可以提供以下几个方面的物理数据独立性。

(1) 改变存储设备或引进新的存储设备。

(2) 改变数据的存储位置,例如把数据从一个区域迁移到另一个区域。

(3) 改变物理记录的体积。

逻辑数据独立性意味着数据库逻辑结构的改变不影响应用程序。逻辑数据独立性比物理数据独立性更难以实现。通常情况下,可以提供下列逻辑数据独立性。

(1) 在模式中增加新的记录类型,只要不破坏原有记录类型之间的联系即可。

(2) 在原有记录类型之间增加新的联系。

(3) 在某些记录类型中增加新的数据项。

4. 维持复杂的数据模型

数据模型能够表示现实世界中各种各样的数据组织以及数据间的联系。复杂的数据模型是实现数据集中控制、减少数据冗余的前提和保证。采用数据模型是数据库方法与文件方式的一个本质差别。当前主流的数据模型仍然是关系模型,但是越来越多的厂商用 DBMS 支持带有面向对象特征的关系模型,这种模型也被称为对象-关系模型。

5. 提供数据的安全保障

能够保障数据的安全是数据库技术流行的原因之一。一旦数据库中的数据遭到破坏,就会影响数据库的功能,甚至使整个数据库失去作用。数据的安全保障主要包括两个方面的内容:安全性控制和完整性控制。

(1) 安全性控制是指使用各种访问控制机制、密码和审计等技术保护所存储数据的安全性,使未经授权的人不能访问、改变和破坏数据。

(2) 完整性控制的目的是保护数据项之间的结构不被破坏,保持数据的正确、有效,使同一数据的不同副本尽可能一致、协调,提高数据对用户的可用性。

7.1.4 数据库的应用

数据库是计算机领域中发展最为迅速的重要分支,数据库技术在各行各业中已得到广泛应用,信息管理、商业管理、企业管理、地理信息系统(Geographic Information System,GIS)、银行、办公自动化、计算机辅助设计、情报检索、辅助决策等各个方面,都已经建立了成千上万个数据库系统。以下是一些数据库应用的经典案例。

案例 1:网上填报高考志愿——访问教育考试院的数据库系统。
案例 2:购买火车票、飞机票——访问全国铁路、航空数据库系统。
案例 3:银行取款——访问银行的数据库系统。
案例 4:学校选课——访问学校的学籍管理系统。
案例 5:图书馆借书——访问图书馆的数据库系统。
案例 6:上网浏览、网上购物——访问网站的后台数据库系统。

通常情况下,网站的后台支撑技术是数据库。因为在实际应用中,网站需要保存大量的数据:想象一下最火爆的购物网站一共有多少买家、卖家注册,每天又有多少商品上架、下架,而这些数据之间往往还有着紧密的关联。简单来说,用户只要能够连接到 Internet 并且安装了 Web 浏览器,就能够操作数据库,其过程如下:用户向 Web 服务器发出数据操作请求;Web 服务器收到请求以后,按照特定的方式将请求转发给数据库服务器;数据库服务器执行这些请求并将结果数据返回给 Web 服务器;Web 服务器则以页面的形式将结果数据返回用户的 Web 浏览器;用户通过 Web 浏览器查看请求结果,如图 7-2 所示。

随着微电子技术和存储技术的发展,嵌入式系统的内存和各种永久性存储介质的容量都在不断增加,这也就意味着嵌入式系统的数据处理能力随之不断增加。随着嵌入式

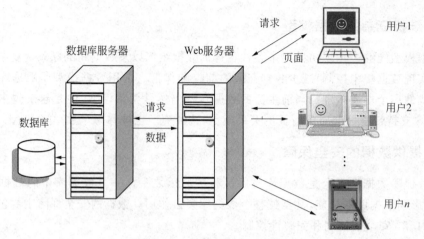

图 7-2　Web 环境下的数据库访问

系统的广泛应用和嵌入式实时操作系统的不断普及,为嵌入式环境提供数据管理成为亟待解决的重要问题,在这种情况下,数据库技术被引入嵌入式系统。

所以,当前的数据管理不仅限于大型通用的后台数据库,还广泛应用于各种网络设备、移动通信设备、计算和娱乐设备、数据采集与控制设备、数字家庭智能家电产品以及交通、建筑、医疗智能设备等领域,计算和数据技术向微型化、网络化、移动化方向发展,业界预测未来会出现数以亿计的嵌入式设备存在数据管理的需要,数据采用集中式方法进行管理是远远不够的,这些都是嵌入式数据库应用的潜在市场。

下面以娱乐和定位导航为例,说明嵌入式数据库的数据管理需求。娱乐和定位导航是移动通信终端和车载智能终端的两项主要应用。对于电子娱乐设备,需要管理语音、图像等媒体数据。对于车载设备中的嵌入式数据库,则需要管理大量的空间地理数据,这些数据与汽车车辆定位、导航、调度、交通等信息密切相关。为此,需要研究针对多媒体信息的基于内存的内容检索和索引技术,以及基于内存的空间数据检索和索引技术。

在基于嵌入式数据库的应用解决方案中,嵌入式应用是直接使用嵌入式数据库的第一级应用。在目前的各种应用解决方案中,基本上都采用了如图 7-3 所示的体系结构。在这个嵌入式架构中,嵌入式数据库系统能够和嵌入式操作系统有机地结合在一起,为应用开发人员提供有效的本地数据管理手段。

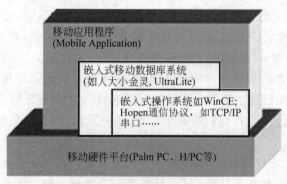

图 7-3　嵌入式应用体系结构

7.2 数 据 模 型

模型是对现实世界的抽象。在数据库中,由数据模型负责描述和说明数据,数据以及描述数据的数据共同构成数据库。数据模型是数据库系统的核心和基础。通常,数据模型由以下 3 部分组成:

数据模型＝数据结构＋数据操作＋数据完整性约束

数据结构、数据操作和数据完整性约束也被称为数据模型的三要素。

1. 数据结构

数据结构是指对象和对象之间联系的表达和实现,是对系统静态特征的描述,包括数据本身和数据之间的联系两个方面。例如,在表 7-1 中,描述学生的数据包括学号、学生姓名、籍贯等,描述教师的数据包括教师姓名、职称,描述课程的数据包括课程编号和课程名称,这些就是"数据本身"的基本含义;哪些学生选修了哪些教师讲授的课程以及得了多少分,这类信息就属于"数据之间的联系"。实际应用要比这个例子复杂得多。另外,该表的结构显然不够好,例如当任思远同学的籍贯录入有误时,则至少需要同时修改 3 处。因此实际制表时,很自然地会把教师和学生的信息分别放在两个表中。

表 7-1 学生信息表(student)

学 号	学生姓名	籍贯	教师姓名	职称	课程编号	课程名称	成绩
XS001	任思远	湖南	李广志	副教授	KC001	高等数学	80
XS001	任思远	湖南	陈 述	讲师	KC002	大学英语	90
XS001	任思远	湖南	王学山	教授	KC003	大学计算机基础	86
XS002	陈建平	广东	李广志	副教授	KC001	高等数学	88
XS002	陈建平	广东	陈 述	讲师	KC002	大学英语	75
XS002	陈建平	广东	王学山	教授	KC003	大学计算机基础	90

2. 数据操作

数据操作是指对数据库中对象的实例允许执行的操作集合,主要指检索和更新(插入、删除、修改)两类操作。数据模型必须定义这些操作的确切含义、操作符、操作规则(如优先级)以及实现操作的语言。数据操作是对系统动态特性的描述。例如,假设表 7-1 已经存在于 Access 的某个数据库中,则可以使用下列查询语句检索来自湖南的学生的姓名:

```
SELECT    学生姓名
FROM      student
WHERE     籍贯="湖南";
```

第 7 章 数据库技术应用基础

3. 数据完整性约束

数据完整性是指数据的正确性、有效性和相容性。正确性是指数据是否合法;有效性是指数据是否在定义的有效范围内;相容性是指同一事实的两个数据是否相同。如果数据库中存储了不正确的数据值,则称该数据库失去了数据完整性。数据完整性约束的存在是为了保证数据的正确性、有效性和相容性。数据完整性约束是一组完整性规则的集合,规定数据库状态及状态变化所应满足的条件。数据完整性约束可以实现下列约定:规定学生年龄的数据类型应该是整数类型,并且取值范围应该大于等于0;信用卡的透支额度不能超过5万元等。

数据模型按不同的应用层次可以划分成3种类型:概念数据模型、逻辑数据模型和物理数据模型。在开发数据库系统时,最基础、最关键的工作就是数据库的设计工作。一般的数据库设计工作都需要经过以下3个步骤。

(1) 建立概念数据模型。

(2) 将概念数据模型转化为逻辑数据模型。

(3) 将逻辑模型转化为物理数据模型。

数据库设计的主要工作是数据库建模。数据库建模指对现实世界中的各类数据的抽象组织,确定数据库需要管辖的范围、数据的组织形式等直至转化变成现实的数据库。

数据库应用程序设计与开发第一阶段的工作是对数据库进行设计,这项工作的好坏对应用程序执行效率的高低、前期编程和后期维护工作的难易程度,以及能否在今后灵活地修改设计方案等问题将产生深远的影响。在设计阶段埋下的隐患会在其后给开发者和使用者带来无穷的烦恼和痛苦。数据库设计没有捷径,数据库设计方案的好坏与设计者的知识和经验是否丰富有着很大的关系,人们一直都认为数据库中的数据都是有结构的,完成数据库的设计却是一项十分复杂的工作。后文给出的示例仅仅演示了数据库设计的一般方法,更加详细的设计步骤和更多的数据库设计技巧需要读者翻阅更加专业的其他书籍。

7.2.1 概念模型

概念数据模型(Conceptual Data Model)简称概念模型,是面向数据库用户的现实世界的模型,主要用来描述世界的概念化结构。概念模型的建模工作与具体的 DBMS 无关。概念数据模型必须转换成逻辑数据模型,才能在 DBMS 中实现。在概念数据模型中,最常用的是实体-联系(Entity-Relation,E-R)模型、扩充的 E-R 模型及谓词模型。概念模型这一阶段的工作,近年来得到了越来越多的重视,而在早些时候的数据库系统设计阶段的工作中,尤其是小型数据库系统,数据库设计人员往往会忽略它。

数据库概念模型实际上是现实世界到机器世界的一个中间层次。数据库概念模型用于信息世界的建模,是现实世界到信息世界的第一层抽象,概念模型是最终用户对数据存储的看法,反映了最终用户综合性的信息需求。概念模型是数据库设计人员进行数据库设计的有力工具,也是数据库设计人员和用户之间进行交流的语言。在有些数据模型的设计过程中,概念模型和逻辑模型是合并在一起进行设计的。

E-R 模型认为世界是由一组被称为实体的基本对象与其之间的联系所构成的。E-R 模型有助于将现实世界中的对象和相互关联映射到概念模式。许多数据库设计工具都支持创建 E-R 模型。

为了更好地说明 E-R 模型的概念,下面将以大家熟悉的教学管理系统为例建立一个概念模型,这是一个为简化学生选课系统而建立的 E-R 模型。该系统的应用背景涉及学生、课程、教师、办公室、学习、任课等多个方面。在该系统中,要求管理的相关信息如下。

(1) 学生的学号、姓名、性别和籍贯。

(2) 课程的课程编号、课程名称和学时数。

(3) 教师的教师编号、姓名和职称。

(4) 办公室所在的办公楼名称和房间号。

(5) 学生可以学习多门课程,每门课程可以被多名学生学习,每个学生学习的每门课程都有一个分数。

(6) 每位教师可以讲授多门课程,每门课程只能被一位教师讲授。

(7) 每位教师都有一间办公室,每间办公室都只能被一位教师使用(该假设与现实情况稍有出入)。

E-R 模型涉及的几个主要概念是:实体、实体集、属性、实体关键字(实体键)、联系。E-R 模型一般用一种图形语言表示,用这种图形语言描述的具体 E-R 模型称为 E-R 图。学生选课系统的 E-R 图如图 7-4 所示。

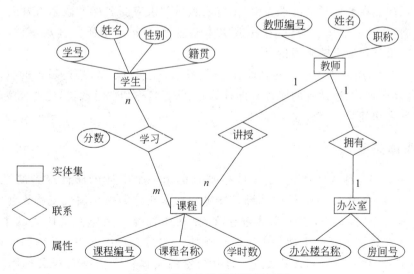

图 7-4 学生选课系统的 E-R 图

1. 实体

在观念世界中，人们把凡是可以互相区别的客观事物和概念统一抽象为实体，实体是现实世界中可以相互区分的对象。例如，每一个学生就是一个实体。实体可以是实际存在的客观事物，如一位雇员、一位经理、一台计算机、一个桌子等，也可以是抽象的，如贷款或者一个概念。

2. 实体集

实体集是具有相同类型和相同性质（或属性）的实体集合。在 E-R 图中，实体集用矩形表示，在矩形中标上该实体集的名字，名字通常用名词。图 7-4 中显示了"学生""教师""课程"和"办公室"4 个实体集的图形化表示。当不引起误解时，实体集也可以简称为实体。例如，"学生"这个实体集可以被命名为 student。

3. 属性

属性是实体集中每个成员具有的描述性性质，是对实体特征的描述，每个属性都有其取值范围，称为域。每个实体都由若干属性描述其特征，例如雇员编号、姓名、出生日期、雇用日期和联系电话，表示了实体"雇员"5 个方面的特征，而实体"商品"具有属性：商品编号、商品名称、供应商编号、类别编号、单价、库存量、订购量等。在 E-R 图中，属性通常用椭圆表示。

在同一实体集中，每个实体的属性及域是相同的，但属性取值可能不同。值得注意的是，实体与属性的划分存在一定的相对性，此相对性是由于描述事物的抽象层次不同或观察问题的角度不同而引起的。例如实体"商品"具有属性"商品编号""商品名称"和"供应商"等，而供应商在必要时又可视为由"供应商编号""供应商名称""联系人姓名""供应商地址"等属性描述的实体。所以，在构造实体模型时，要辩证地研究客观事物，争取最自然、最合理、最贴切地反映客观世界。

在图 7-4 中，用来描述学生的属性有学号、姓名、性别和籍贯，描述教师的属性有教师编号、姓名和职称，描述课程的属性有课程编号、课程名称和学时数，描述办公室的属性有办公楼名称和房间号。

4. 实体关键字

实体关键字也称为实体键，是由能够唯一标识一个实体的属性或者属性组组成。例如，学号可以作为 student 的实体键。能唯一标识实体的极小属性组称为此实体集的实体键。若一个实体集有多个实体键存在，则从中选择一个作为实体集的主关键字。通常在组成实体键的属性下面加上一条下画线。如图 7-4 中，学生、教师和课程的实体键分别为学号、教师编号和课程编号，而办公室的实体键则由办公楼名称和房间号共同组成。

对于一些相对简单的数据库应用程序，有可能在 E-R 图中列出每个实体的所有属性。然而，对于复杂的数据库应用程序，E-R 图只能列出构成实体集的主关键字的属性。

5. 联系

实体之间往往存在各种关系,例如"供货商"与"商品"之间存在"供应"关系,"雇员"与"部门"之间存在"管理"关系,这种实体间的关系抽象为联系。在 E-R 图中,联系通常用菱形框表示,联系和联系所涉及的实体之间使用线段连接。

设有实体集 A 和 B,其间建立了某种二元联系,若对参与联系的实体加以约束,联系可分为下面 3 类。

1) 一对一联系(1∶1)

如果 A 中的任一实体至多对应于 B 中的一个实体;反过来,B 中的任一实体也至多对应于 A 中的一个实体,则称 A 对 B 是一对一的联系。例如,电影院中观众与座位之间、乘车旅客与车票之间、病人与床位之间、学校与校长(不包括副校长)之间都是一对一联系。图 7-4 中"拥有"是教师与办公室之间的一对一联系。在 E-R 图中,一对一联系的线段两端都需要标示 1。

2) 一对多联系(1∶n)

如果 A 中至少有一个实体对应于 B 中一个以上的实体;但 B 中任一实体至多对应于 A 中的一个实体,则称 A 与 B 是一对多联系。例如,省对县、城市对街道、班级对学生等都是一对多联系。图 7-4 中"讲授"是教师与课程之间的一对多联系。图 7-4 中连接"教师"和"讲授"的线段上标示 1,连接"课程"和"讲授"的线段上标示 n。

3) 多对多联系($m∶n$)

如果 A 中至少有一个实体对应于 B 中一个以上的实体;反过来,B 中也至少有一个实体对应于 A 中一个以上的实体,则称 A 与 B 是多对多联系。例如,学生与课程、工厂与产品、商场与顾客等都是多对多联系。图 7-4 中"学习"是学生与课程之间的多对多联系,"学习"与"学生"、"学习"与"课程"的连线上分别标示 n 和 m。

联系也可以有自己的属性,如图 7-4 中菱形框"学习"表示学生和课程之间的联系,具有成绩等属性。

为了更好地分析二元联系,下面以学生和教师之间的联系为例进行进一步的说明。假设一个学生至多被一位教师指导,一位教师至多指导一个学生,则教师与学生之间存在一对一的联系,如图 7-5(a)所示。假设一个学生至多被一位教师指导,一位教师可以指导多个学生,则教师与学生之间存在一对多的联系,如图 7-5(b)所示。假设一个学生可以被多位教师指导,一位教师可以指导多个学生,则教师与学生之间存在多对多的联系,如图 7-5(c)所示。因此对于联系类型的确定,要针对问题描述中给出的约束关系进行具体分析。

E-R 图描述的是一种静态实体模型,只反映实体的当前状态,因而只能回答有关实体当前状态的问题。例如,可以回答"某学生的籍贯""某课程的学时数""某学生学习某课程的分数"等,但不能反映实体状态的变化过程。目前数据库多是根据这种模型设计的。

下面以上述学生选课系统为例,说明概念建模的前 5 个基本步骤。

步骤1:确定实体集。在有关学生选课系统的需求说明中,可以提取出"学生""教师""课程""办公室"4 个实体集。实体通常是需求说明文档中出现的名词。所以,学习、讲授

(a) 一对一联系　　(b) 一对多联系　　(c) 多对多联系

图 7-5　联系类型示意图

都不是实体集。而学号、姓名、性别、籍贯等虽然属于名词，但不是可以互相区别的客观事物和概念，因此不能作为实体。

步骤 2：标识联系。在这一步，将建立上一步提取出来的实体集之间的关联。根据前面的分析，为学生选课系统提取出"学习""讲授"和"拥有"3 种联系。联系通常为动词。

步骤 3：标识属性并将属性与实体或联系相关联。本步骤将分析实体和联系的描述属性，根据前面的分析，学生的属性包括学号、姓名、性别、籍贯，课程的属性包括课程编号、课程名称、学时数，教师的属性包括教师编号、姓名、职称，办公室的属性包括办公楼名称和房间号，而联系"学习"也拥有自己的属性——分数。属性通常为名词。

步骤 4：确定属性域。

步骤 5：确定实体键。学生的实体键为学号，教师的实体键为教师编号，课程的实体键为课程编号。

概念建模工作结束之后，还需要将其进一步转化为逻辑模型。

7.2.2　逻辑模型

逻辑数据模型（Logical Data Model）简称逻辑模型，是用户从数据库所能看到的模型，是具体的 DBMS 所支持的数据模型。此模型既要面向用户，又要面向系统。在逻辑数据模型中最常用的是层次模型、网状模型和关系模型，其中应用最广泛的是关系模型。逻辑数据模型的目标是尽可能详细地描述数据，但并不考虑数据在物理上如何实现。逻辑数据建模不仅会影响数据库设计的方向，还间接影响最终数据库的性能和管理。

逻辑模型反映的是系统分析设计人员对数据组织的观点，是对概念数据模型进一步的分解和细化。如果在实现逻辑数据模型时的投入足够多，那么在物理数据模型设计时就可以有许多可供选择的方法。

各种 DBMS 软件都是基于某种逻辑数据模型的。根据逻辑数据模型的发展，数据库技术经历了三代演变：第一代是网状、层次数据库系统；第二代是关系数据库系统；第三代是面向对象的数据库系统。本节重点介绍关系模型。

关系数据库理论出现于 20 世纪 60 年代末至 70 年代初。1970 年，IBM 公司的研究员 E. F. Codd 博士在《大型共享数据银行的关系模型》一文中提出了关系模型的概念，并最终成为现代数据库产品的主流。关系模型有着严格的数学基础，抽象级别较高，简单清晰,易于理解和使用。

1. 关系模型的基本概念及实例

关系数据库以关系模型为基础,可以看作是许多表的集合,每张表代表一个关系。关系模型涉及的基本概念如下。

(1) 关系:在关系模型中,将图7-6中所示的二维表格称为关系。

(2) 关系框架:关系的逻辑结构,即表的第一行被称为关系框架。

(3) 属性:表的每一列称为一个属性。属性在某个值域中取值,不同属性的值域可以不同或相同。

(4) 元组:表中除第一行之外的每一行称为关系的一个元组,它由属性的值组成。

(5) 超关键字:关系中能够唯一标识每个元组的属性集合称为关系的超关键字。

(6) 候选关键字:能唯一标识每个元组的极小属性集合称为关系的候选关键字。

(7) 主关键字:组织物理文件时,通常选用一个候选关键字作为插入、删除、检索元组的操作变量。被选用的候选关键字称为主关键字,有些书中也称其为主键或者主码。

(8) 外部关键字:关系的一个外部关键字是其属性的一个子集,这个子集是另一个关系的超关键字。正常情况下,外部关键字与其相匹配的超关键字共享相同的名称。外部关键字是关系之间的连接纽带,在进行跨表查询时,起到连接多张表的作用。

属于同一个事物或个体的信息可能分散在若干表中,表和表之间通过外部关键字建立关联,将多张表的信息重新连接组合起来就可以得到数据库中存储的属于某一个事物或个体的完整信息。图7-6(a)给出了一个学生关系的示例,该关系的关系框架包括4个属性:学号、姓名、性别、籍贯。在学生关系中,主关键字为学号,若能够确保该表中没有重名的人存在,则姓名也可以作为主关键字。

学号	姓名	性别	籍贯
XH001	孔帅	男	云南
XH002	林霏雪	女	湖南
...	...	...	...

(a) 学生关系

教师编号	教师姓名	职称
JS001	谢一凡	教授
JS002	夏柳	副教授
JS003	简清	讲师
...	...	...

(b) 教师关系

图7-6 学生选课系统的关系模型示例

课程编号	课程名称	学时数	授课教师编号
KC001	大学计算机基础	40	JS001
KC002	数据库	30	JS003
KC003	程序设计基础	60	JS001
KC004	大学英语	90	JS002
…	…	…	

(c) 课程关系

学号	课程编号	分数
XH001	KC001	85
XH001	KC003	82
XH002	KC001	70
XH002	KC002	88
XH002	KC003	95
…	…	…

(d) 学习关系

办公楼名称	房间号	教师编号
天河楼	305	JS001
银河楼	209	JS002
天河楼	403	JS003
…	…	…

(e) 办公室关系

图 7-6 （续）

在图 7-6(d)的学习关系中，由于一个学生可以选修多门课程，每门课程可以被多个学生选修，任意单独一个属性都无法唯一标识一个元组，所以主关键字是由学号和课程编号共同组成的。在图 7-6(e)中，主关键字为办公楼名称和房间号。图 7-6 记录了学生、教师、课程以及学生考试的一些信息，表和表之间的关联是通过属性建立的。例如要查找学习了谢一凡教授讲授的课程的同学姓名的时候：

（1）首先查阅教师关系，找到谢一凡教授的教师编号为 JS001。
（2）然后在课程关系中，查找到授课教师编号为 JS001 的元组有两个，讲授的课程编号分别为 KC001 和 KC003。
（3）继而查阅学习关系，在该关系中可以看到课程编号为 KC001 和 KC003 的元组有 4 个，所对应的学号分别为 XH001 和 XH002。
（4）最后查阅学生关系，发现学号为 XH001 的学生的姓名是孔帅，学号为 XH002 的学生的姓名是林霏雪，"孔帅"和"林霏雪"就是本次检索需要查找的信息。

关系数据模型是以集合论中的关系概念为基础发展起来的。关系模型中无论是事物还是事物之间的联系均由单一的结构类型"关系"表示。不同于层次模型和网状模型,对基于关系模型的数据库的操作是高度非过程化的,用户不需要指出特殊的存取路径,路径的选择由 DBMS 的优化机制完成。

2. 关系模型的基本运算

上述查找过程涉及关系模型的基本运算。关系模型的基本运算包括选择、投影和连接。关系模型的运算结果仍然是关系。

(1) 选择:选择操作是指在指定的关系中按照用户给定的条件进行筛选,将满足给定条件的元组放入结果关系。

(2) 投影:投影操作是指从指定关系的属性集合中选取属性或属性组组成新的关系。

(3) 连接:连接是将两个关系中的元组按指定条件进行组合,生成一个新的关系。

关系模型的运算结果仍然是关系。关系 DBMS 利用结构化查询语言(Structured Query Language,SQL)来表达关系模型上的运算。以图 7-6 的关系模型为例,假设存于 MySQL 数据库中后,各关系框架表示如下所示(下画线表示主关键字,括号前为表名)。

① student (<u>studentID</u>, studentname, gender, orignalplace)。
② teacher (<u>teacherID</u>, teachername, professionaltitle)。
③ course (<u>courseID</u>, coursename, coursehours, teacherID)。
④ study (<u>studentID</u>, <u>courseID</u>, score)。
⑤ room (<u>buildingID</u>, <u>roomNo</u>, teacherID)。

则在表 7-6(a)中查找所有籍贯为湖南的学生的运算就是一个典型的选择运算,用 SQL 可表达为

```
SELECT *
FROM student
WHERE orignalplace='湖南';
```

这个查询语句中,大写单词为 SQL 关键字,从该例可看出,每个 SQL 查询语句包括三部分:SELECT 子句、FROM 子句和 WHERE 子句,以及结尾处的分号,分别代表选择什么属性、从哪些表选择、选择条件。其中,WHERE 子句不是必须出现的。

例如,假设对表 7-6(b)中的数据,只想查看教师名字及其职称,则这样的操作为一个投影操作,用 SQL 可表达为

```
SELECT teachername, professionaltitle
FROM teacher;
```

又例如,"查找学习了谢一凡老师讲授的课程的同学姓名"的操作是一个典型的连接操作,假设已知谢一凡老师的教师编号为 JS001,则可用 SQL 表达为

```sql
SELECT student.studentname
FROM student, course, study
WHERE course.teacherID='JS001'
    AND course.courseID=study.courseID
    AND study.studentID=student.studentID;
```

本次查询连接了 student、course 和 study 这 3 个表,从连接后的关系中选择了满足查询条件的元组,最后投影在指定的属性上。

此外,SQL 还提供了定义关系结构、创建关系和修改关系内容的操作。例如,可用 INSERT INTO、DELETE FROM 和 UPDATE 对关系所对应的数据表内容进行添加记录、删除记录和修改记录的操作。

下面这条 SQL 语句在数据库中创建一个 student 表。语句使用 CREATE TABLE 命令,括号中是 student 关系各属性的名称及其数据类型,varchar 是一种可变长度的字符串类型。

```sql
CREATE TABLE student (studentID varchar(5), studentname varchar(10), gender varchar(1), orignalplace varchar(20));
```

下面这条 SQL 语句在 student 表中插入一条记录,代表一个学生:学号为 XH010、姓名为张三、性别为男、籍贯为广东。

```sql
INSERT INTO student
VALUES ('XH010','张三','男','广东');
```

下面这条语句在 course 表中删除谢一凡老师讲授的所有课程。

```sql
DELETE FROM course
WHERE teacherID='JS001';
```

下面这条语句修改学号为 XH002 的学生的数据库的成绩为 92。

```sql
UPDATE study
SET score=92
WHERE studentID='XH002' AND courseID='KC002';
```

3. 关系模型的完整性约束

不同属性的取值来自不同的集合。例如姓名和编号的取值是由字母和数字组成的,这种数据类型称为字符型,而学时数、分数则由数字组成,这种数据类型称为数值型,数值型包括实数类型和整数类型。定义数据模型时除了要定义每条记录是由哪些属性描述的(即记录的型)以外,还要说明属性的数据类型,数据类型决定了操作数据的方式。除此之外,还可以定义其他完整性约束,如限定属性的取值范围:约束"分数"的取值在 0～100 之间。如果需要,用户还应该显式地定义如果违反了完整性约束应该如何处理,通常对完整性约束的检验是由 DBMS 系统自动完成的。

完整性约束条件是数据模型的一个重要组成部分,它保证数据库中的数据与现实世界的一致性。关系数据模型的完整性约束可以分为下面4类。

1) 域完整性(Domain Integrity)约束

域完整性约束主要规定属性值必须取自于值域以及属性能否取空值(NULL)。域完整性约束是最基本的约束,一般关系DBMS都支持此项约束检查。

2) 实体完整性(Entity Integrity)约束

实体完整性约束规定组成主关键字的属性不能取空值,否则无从区分和识别元组(实体)。目前,大部分DBMS都支持实体完整性约束检查,但并不是强制性的。

3) 引用完整性(Referential Integrity)约束

实体完整性约束主要考虑一个关系内部的制约,而引用完整性约束则考虑不同关系之间或同一关系的不同元组之间的制约。引用完整性约束规定外部关键字取空值或者引用一个实际存在的候选关键字。例如,图7-6(d)所示的学习关系中,若存在元组(XH003,KC005,90),而在课程关系中不存在课程编号(课程关系的候选关键字)为KC005的元组,或在学生关系中不存在学号(学生关系的候选关键字)为XH003的元组,则学习关系不满足引用完整性约束。

4) 用户自定义完整性约束

上述3类完整性约束是最基本的,关系数据模型应普遍遵循。此外,一般系统都支持数据库设计者根据数据的具体内容定义语义约束,并提供检验机制。

至此,基本上给出了关系模型的一个完整示例,虽然简单但是却涵盖了数据模型的三要素,即数据结构、数据操作和数据完整性约束。

7.2.3 E-R模型到关系模型的转化

将概念模型转化为关系模型时,可以遵从下述转化规则。

(1) 实体的转化:每一个实体都转化为一个关系,原来描述实体的属性直接转化为关系的属性,实体的主关键字转化为关系的主关键字。根据这个原则,可以将图7-4中的4个实体直接转换为图7-6中的关系a、b、c、e。

(2) 一对一联系的转化:将任意一方的主关键字放入另外一方的关系中。若联系本身还具有属性,则也将属性放入这一关系中。在图7-4中,教师和办公室之间存在一对一的关系,所以,可以将实体教师的主关键字"教师编号"放入图7-6(e)中,也可以将办公室的主关键字"办公楼名称"和"房间号"放入图7-6(b)中,本书采用的是前一种方法。

(3) 一对多联系的转化:将一方的主关键字放入多方的关系中,作为多方的外部关键字。若联系本身还具有属性,则也将属性放入多方的关系中。教师和课程之间存在一对多的联系,所以可以将教师的主关键字放入课程关系中,作为课程关系的外部关键字,如图7-6(c)所示。

(4) 多对多联系的转化:为多对多联系创建一个新的关系,将参与该多对多联系的双方的主关键字放入这个关系,作为外部关键字,双方的主关键字组合在一起构成了新的关系的主关键字。若联系还具有自己的属性,则这些属性也要放入这个关系。学生与课程之间存在多对多的联系,因此要为这一联系创建一个新的关系——学习关系,同时将学号和课程编号放入这个关系,分别作为这个关系的外部关键字,另外还要将该联系具有的属性"分数"也放入这个新生成的关系中,如图7-6(d)所示。

7.3 数据库管理系统

在讨论 DBMS 的功能和特点之前,首先对文件系统与数据库系统在数据管理方面的区别进行简单讨论,以此说明 DBMS 软件为何能够成为现代数据管理的基础性、核心性软件。

文件系统和数据库系统在数据管理方面有很大的区别。若直接通过文件系统存储管理数据,则关于数据结构的定义是附属于应用程序的,而非独立存在,用户需要为数据文件设计物理细节,并且一旦文件的物理结构发生变化,则需要修改或重写应用程序。在早期,一种格式的文件通常只能被特定的应用程序读写,例如 doc 格式的文件就不能被 Notepad 这样的应用程序打开(打开之后为乱码),原因就在于 Notepad 不知道 doc 文件的物理结构,因此文件系统无法支持高度共享。此外,由于在文件系统中访问数据的方法事先由应用程序在代码中确定和固定,不能根据需要灵活改变,而此后出现的数据库技术成为比文件更为有效的数据管理技术。

7.3.1 数据库管理系统的功能

DBMS 主要负责将用户(应用程序)对数据库的一次逻辑操作转换为对物理级数据文件的操作。DBMS 的功能如下。

1. 数据库的定义

DBMS 提供数据定义语言(Data Description Language,DDL),描述的内容包括数据的结构和操作(对面向对象数据库而言),以及数据的完整性约束和访问控制条件等,并负责将这些信息存储在系统的数据字典中,供以后操作或控制数据时查用。使用 DDL 语言定义数据模型时,需要为记录类型的每个字段定义其数据类型,通过定义数据类型,可以在一定程度上保证数据的完整性。

2. 数据库的操作及优化

DBMS 提供数据操作语言(Data Manipulation Language,DML),用于实现对数据库的检索、插入、删除和修改等操作。例如,在一张表中查找信息或者在几个相关的表或文件中进行复杂的查找;使用相应的命令更新一个字段或多个记录的内容;用一个命令对数据进行统计,甚至可以使用数据库管理系统工具进行编程,以实现更加复杂的功能。DBMS 在处理用户的操作请求时会启动优化机制,提高 DML 语句的执行效率,优化机制的好坏直接反映一个 DBMS 的性能。

3. 数据库的控制运行

数据库技术能够支持多个用户并发访问数据库,充分实现共享,所以 DBMS 必须对数据提供一定的保护措施,保证在多个用户共享数据时,只有被授权的用户才能查看或修改数据。为了实现对数据的充分共享,DBMS 提供并发控制机制、访问控制机制和数据完整性约束机制,避免多个读写操作并发执行可能引发的问题,以及避免重要数据被盗或安全性和完整性被破坏等一系列问题。

4. 数据库的恢复和维护

在数据库系统运行的过程中,难免会出现各种错误或者故障。用户一定不希望下面的情况发生:正在银行自动存款机中进行存款操作,操作进行到一半时,机器由于某种原因停机,机器恢复正常工作以后,已经存入的 1000 元钱却没有留下任何记录。DBMS 为了解决因各种故障而导致系统崩溃或者硬件失灵的问题,采取了多种措施,其中之一就是日志。DBMS 将系统的运行状态和用户对系统的每一个操作都记录在日志中,一旦出现故障,根据这些历史可维护性信息就能够将数据库恢复到一致的状态。此外,当发现数据库性能严重下降或系统软硬件设备变化时,也能重新组织或更新数据库。有了这些机制,银行的系统就能够保证一旦机器恢复正常工作,对用户所有的历史操作都不会否认。

5. 数据库的数据管理

数据库中物理存在的数据包括两部分:一部分是元数据,即描述数据的数据;另一部分是原始数据。以关系数据库系统为例,元数据描述了一个数据库中包含了多少张表(关系),每张表又是由哪些属性构成其关系框架的,还要描述每个属性的域,表示表和表之间联系的属性(组),每张表的主关键字以及合法用户的信息等内容,它们构成数据字典(Database Dictionary,DD)的主体,DD 由 DBMS 管理,并允许用户访问。原始数据构成物理存在的数据库,DBMS 一般提供多种文件组织方法,如用户可以选择将文件组织为流水文件,即系统按记录到达的时间顺序组织文件,或者可以选择顺序文件的组织方式,将文件中的记录按照某一个(些)属性排序。这部分工作需要在数据库的设计阶段完成。

6. 提供数据库的多种接口

为了满足不同类型用户的操作需求,DBMS 通常提供多种接口,用户可以通过不同的接口使用不同的方法和交互界面操作数据库。用户群包括常规用户、应用程序的开发者、DBA 等。主流的 DBMS 除了提供命令行式的交互式使用接口以外,通常还提供了图形化接口,用户使用 DBMS 时就像使用 Windows 操作系统一样方便。

7.3.2 常见数据库管理系统软件

计算机越来越深入地渗透到各行各业,帮助公司、企业、大学和科研院所高效地处理大量的数据业务。目前流行的数据库管理系统有许多种,大致可分为小型桌面数据库、大型商业数据库、开放源代码(简称开源)数据库、Java数据库,其中包含国产数据库。

1. 国产数据库软件

我国很早就对数据库技术进行了研究,但由于技术、资金和市场的原因,一直处于较落后的状态。到目前为止,国产数据库软件在技术上日臻成熟,在产品开发上也积累了一定经验。目前已经获得实际应用且较有影响的国产数据库管理系统软件主要有东软公司开发的东软OpenBASE、达梦公司推出的具有完全自主知识产权的高性能数据库管理系统达梦数据库(DM7)、天津南大通用数据技术股份有限公司开发的GBASE国产数据库、北京人大金仓信息技术股份有限公司开发的金仓数据库等。

相对于国外数据库软件的发展模式而言,我国数据库软件发展普遍存在理论研究、原型设计与产品商业化分离的不足,导致成果商品化、产品化率低、速度慢。与国外数据库软件相比,国产数据库软件要进一步市场化。

Internet的飞速发展对数据库提出了新的需求和挑战,数据库技术也面临着一个以网络计算为核心的全新应用环境,对国产数据库软件来说,这是一个与国外数据库软件抗衡的难得机遇。

2. 国际主流数据库软件

在软件业的发展史上,数据库市场多年来都是最缺乏新意的领域。一直以来其格局都保持相对稳定:Oracle(甲骨文)、IBM、Microsoft 3家公司各占一方,瓜分了世界范围内数据库市场近90%的份额。

长期以来,Oracle在关系数据库的高端市场占据着主导地位,其在分布式数据库方面起步较早,在数据的优化、可用性和稳定性方面有其独到之处,相比IBM的软件,其易操作性更强。尽管IBM进入分布式数据库的时间比较晚,但与Oracle相比,其产品线齐全,可以提供更加全面的解决方案,在金融等一些大型数据库行业应用领域,IBM占据着绝对市场。2005年11月,Microsoft凭借其在全球发布的SQL Server 2005 Express免费版重新收复江山。随后,同年11月9日,Oracle宣布在中国推出名为Oracle Database 10g Express Edition(Oracle数据库XE版)的数据库软件免费版本,IBM则在2006年发布了免费的DB2数据库独立版本。

目前,市场上主要的DBMS软件有Access、SQL Server、DB2、Oracle、Sybase、Informix、FoxPro等。

3. 开源数据库软件

随着Linux操作平台的逐渐主流化,以MySQL公司为代表的一系列开源数据库厂商正在变得越来越引人注目:最受欢迎的开源数据库MySQL;最先进的开源数据库PostgreSQL;新世纪的关系型数据库Firebird;将嵌入式作为自己重要使命的精巧数据库Berkeley DB;曾经在ERP(Enterprise Resource Planning)领域取得不俗业绩的SAP DB(MaxDB);Apache组织的Derby(由IBM著名的Cloudscape 10演化而来);Hypersonic的

HSQL 等。

开源数据库软件定位于简单任务,如存放网站的数据或在数据仓库中保存分析信息。开放源码的吸引力在于企业可以不需要支付巨额费用,而源码的公开使修改软件的操作更为容易,安全性相对更好。开源数据库首先得到了中小企业的青睐。中小企业基本的数据库应用需求包括信息的有效保存、信息查询、统计报表等。为了降低成本,这些企业放弃了功能过于"强盛"的主流企业级数据库,而选择了可以满足其基本数据库应用要求的开源软件。开源数据库产品可以免费下载,或者用户只需支付很少的费用就可以得到满足自身需求的数据库产品。开源数据库可以解决中等负载量的商业应用程序的需求。由于 IT 成本的"瘦身"以及开源数据库的不断自我完善等因素,使得一些高端大型企业也开始使用开源数据库。

开源数据库的用户在不断增长,并正在被越来越多的用户所采用。在嵌入式数据库领域,开源数据库的优势更加明显。开放源码"从 2000 年被怀疑到 2005 年已经发展成为全球的主流技术",低成本甚至免费的开源数据库时代即将来临。

7.4 Python 数据库程序设计示例

本节展示如何通过 Python 程序设计,对 MySQL 数据库中的数据表进行操作。

利用 Python 在本地建立数据库并存入数据,需要用到 pymysql 模块,pymysql 模块用于 Python 连接 MySQL 数据库,它实现了 Python 数据库 API 规范 2.0 版本,提供了数据库的相关操作函数。此处主要用到以下一些函数。

(1) connect(host, user, passwd, db, charset):打开数据库连接,其中,host 为主机地址,user 为 MySQL 的用户名,passwd 为 user 的密码,db 为要连接的数据库,可以不指定,charset 为字符的编码设置。

(2) cursor():获取数据库操作的游标。

(3) execute(sql):执行字符串 sql 中的 SQL 语句。

(4) commit():将执行过的 SQL 语句提交到数据库执行,即同步到本地数据库。

(5) select_db(db):选择名为 db 的数据库。

(6) fetchall():查询并获取多条数据,该函数接收全部的返回结果行。

(7) fetchone():该方法获取下一个查询结果集。结果集是一个对象。

利用 Python 使用 MySQL 数据库的基本模式是首先连接 MySQL 中的某个数据库,然后获得该连接上的游标,利用游标执行各种 SQL 语句,对所连接的数据库中的表进行各种操作。

以图 7-6 中的关系为例,拟将所有的关系对应的数据表都建在 MySQL 的 studyadmin 数据库中。首先利用 Python 编程在 MySQL 中创建数据库:

```
>>>import pymysql
>>>conn =pymysql.connect(host='localhost', user='root', passwd='123456', charset='utf8')
```

```
>>>cursor =conn.cursor()
>>>cursor.execute('create database '+'studyadmin')
```

上面第二条语句以 root 用户连接本机上的 MySQL 数据库,登录密码为 123456,字符集为 UTF-8。第三条语句获得该连接上的游标。最后一条语句创建 study_admin 数据库。本节后续给出的程序语句是基于此处的 4 条语句的,即必须先运行这 4 条语句。

此后,可在 studyadmin 数据库中创建学生、教师、课程、学习等关系对应的数据表,例如,下面的语句可创建 student 数据表,据此可创建其他的数据表。

```
>>>sql ='create table student (studentID varchar (5), studentname varchar (10), gender varchar(1), orignalplace varchar(20))'
>>>cursor.execute(sql)
```

创建了 student 数据表后,可用 INSERT INTO 语句在表中插入数据,如下:

```
>>>sql ="insert into student values ('XH010','张三','男','广东')"
>>>cursor.execute(sql)
```

假设图 7-6 中各关系的数据已全部填入,则可利用查询语句查询各表的数据。例如,下面的代码将查询并逐条显示所有男生的信息。

```
>>>sql ="select * from student where gender='男'"
>>>cursor.execute(sql)
>>>records =cursor.fetchall()
>>>for record in records:
        print(record)
```

7.5 Python 数据分析示例

数据分析是指用适当的统计方法对收集的大量第一手资料和第二手资料进行分析,以求最大化地开发数据资料,发挥数据的作用。数据也称为观测值,是实验、测量、观察、调查等的结果,常以数量的形式给出。数据分析的目的是把隐藏在一大批看起来杂乱无章的数据中的信息集中、萃取和提炼出来,以找出研究对象的内在规律。在实际使用中,数据分析可帮助人们做出判断,以便采取适当行动。数据分析是有目的地收集数据、分析数据,并使之成为信息的过程。

在学术界,科学家们提供了各种各样的数据供其他研究人员使用,以期利用这些数据发现复杂难题的解决办法。这样的数据集有很多,如美国加州大学埃尔文分校的机器学习库(http://archive.ics.uci.edu/ml),其中有 170 多个数据集,主题涵盖文字识别到花卉识别。其中一个数据集描述的是从乳腺癌病人身上提取的肿瘤组织的属性。一般来说,每个被怀疑患上癌症的病人都会做穿刺活检,然后由肿瘤学家对活组织进行检查,并描述活组织的各种特征。之后肿瘤学家将对肿瘤进行判断：良性(benign)或恶性(malignant)。

在该数据集中包含了699位病人的肿瘤数据，每位病人的数据由肿瘤的9个属性构成，以及相应的最终诊断结果：良性肿瘤或恶性肿瘤，即肿瘤属性及其"答案"都包含在数据集中。数据的格式为1个病人ID号、9个肿瘤特性数据、1个最终检查结果（4为恶性，2为良性），如图7-7所示。希望通过对这些数据的分析，找到一些模式，即当有新病人时，能根据其肿瘤活组织的特征，预测病人的肿瘤是良性的还是恶性的。

```
1000025,5,1,1,1,2,1,3,1,1,2
1002945,5,4,4,5,7,10,3,2,1,2
1015425,3,1,1,1,2,2,3,1,1,2
1016277,6,8,8,1,3,4,3,7,1,2
1017023,4,1,1,3,2,1,3,1,1,2
1017122,8,10,10,8,7,10,9,7,1,4
```

图7-7　病人信息文件示例

此处创建一个分类器(classifier)进行肿瘤数据的分析，分类器是一个程序，以新的数据（如新病人的肿瘤活组织特征数据）为输入，并基于以前观测到的例子，决定新数据属于哪一类。此处选择一个简单的模型构建分类器。首先对每个病人逐个考察其肿瘤属性数据。其次，将每个病人的同一个肿瘤属性数据组合起来构成一个决断值，用于对病人的单个属性进行区分。对肿瘤的9种属性值，构建2组平均值：第1组是训练数据中所有良性肿瘤患者的每个属性值的平均值；第2组是训练数据中所有恶性肿瘤患者的每个属性值的平均值。训练完成后，得到了18个平均值，其中9个是良性肿瘤的数据、9个是恶性肿瘤的数据。

基于训练的结果，构建分类器的方法是对每个肿瘤属性，计算该属性的良性平均值和恶性平均值的中值，该中值就是决断值，术语是类区分值(class separation value)。这样，分类器将包含9个类区分值，每个属性1个。分类器训练过程如图7-8所示。

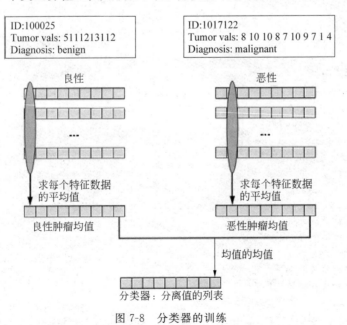

图7-8　分类器的训练

预测时，如果病人的某个属性值小于分离值，则该属性预测为良性，否则该属性预测为恶性。在对病人的每个肿瘤属性值进行预测后，以预测的多数预测肿瘤的诊断结果，即如果9个属性中超过5个(含5个)属性的预测为恶性,则肿瘤预测为恶性;反之,如果超过5个(含5个)属性的预测为良性,则肿瘤预测为良性。分类器测试和预测过程如图7-9所示。

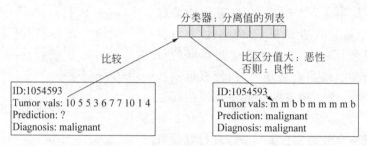

图7-9　分类器的测试

基于上述说明,构建分类器的算法如下所示。
(1) 从训练数据文件中创建一个训练集。
(2) 用训练集中的数据为每个属性生成分离值,并创建分类器。
(3) 在测试数据文件中创建一个测试集。
(4) 用分类器对测试数据进行分类,同时记录预测的精准度。

根据算法描述,利用"自顶向下、逐步求精"和"分而治之"的策略,列出算法的顶层设计。程序代码中大量的print语句是为了在运行时显示执行进度,标识分类器的各个阶段。

```
def make_training_set(training_file_name):
    return []
def train_classifier(training_set_list):
    return []
def make_test_set(test_file_name):
    return []
def classify_test_set_list(test_set_list, classifier_list):
    return []
def report_results(result_list):
    print("Reported the results")
def main():
    print("读入训练数据…")
    training_file = "fullTrainData.txt"
    training_set_list = make_data_set(training_file)
    print("已读入训练数据\n")
    print("训练分类器…")
    classifier_list = train_classifier(training_set_list)
    print("分类器训练已完成\n")
    print("读入测试数据…")
    test_file = "fullTestData.txt"
    test_set_list = make_data_set(test_file)
    print("已读入测试数据\n")
    print("分类…")
    result_list = classify_test_set(test_set_list, classifier_list)
```

```
    print("完成分类\n")
    report_results(result_list)
    print("任务完成,程序结束")
```

按照算法描述列出 4 个阶段的操作,在顶层设计中,分别设计 4 个函数进行对应。此时,由于算法描述的操作还不能直接用 Python 语句实现,需要用 4 个函数进行抽象。

(1) 函数 make_training_set:以文件名为参数,返回训练数据列表。

(2) 函数 train_classifier:以训练数据列表为参数,对分类器进行训练,返回类分离值列表。

(3) 函数 make_test_set:以文件名为参数,返回测试数据列表。

(4) 函数 classify_test_set_list:以测试数据列表和类分离值列表为参数,对分类器进行测试,返回测试结果。

此外,函数 report_results 用于报告分类器预测结果的精准度。

仔细考察 make_test_set 函数的功能,可以发现除了数据文件名不同外,其所有的功能都和 make_training_set 一样,因此,可以在此基础上再次抽象,将 make_training_set 和 make_test_set 函数抽象成一个函数 make_data_set,其功能是逐行读入文件数据,为每个病人创建一个元组,并将元组存入数据列表中,最后返回该列表。该函数的实现代码如下所示。

```
def make_data_set(file_name):
    input_set_list=[]
    input_file=open(file_name)
    for line_str in input_file:
        line_str=line_str.strip()
        if '?' in line_str:
            continue
        id_str,a1,a2,a3,a4,a5,a6,a7,a8,a9,diagnosis_str =line_str.split(',')
        if diagnosis_str =='4':
            diagnosis_str='m'
        else:
            diagnosis_str='b'
        patient_tuple=id_str,diagnosis_str,int(a1),int(a2),int(a3),\
            int(a4),int(a5),int(a6),int(a7),int(a8),int(a9)
        input_set_list.append(patient_tuple)
    return input_set_list
```

train_classifier 函数是程序的核心函数,其主要功能如下。

(1) 以训练数据集列表为参数,该列表由函数 make_data_set 函数返回。

(2) 对训练集中的每条病人数据(以元组组织)进行如下操作:

① 如果该病人的诊断结果为良性,则将其每个属性数据加到对应的良性属性累加和上,同时记录良性肿瘤患者的数量。

② 如果该病人的诊断结果为恶性,则将其每个属性数据加到对应的恶性属性累加和

上,同时记录恶性肿瘤患者的数量。

③ 最后将得到 18 个属性值的累加和(其中 9 个是良性肿瘤患者的,9 个是恶性肿瘤患者的)以及两种病人的数量。

(3) 对 18 个良性和恶性属性值进行计算,得到每个属性的平均值。

(4) 对每个良性和恶性的属性平均值计算其中值,即分离值。由所有分离值构成分类器。

(5) 返回得到的分类器。

train_classifier 函数代码如下所示。

```
def sum_lists(list1,list2):
    sums_list=[]
    for index in range(9):
        sums_list.append(list1[index]+list2[index])
    return sums_list
def make_averages(sums_list,total_int):
    averages_list=[]
    for value_int in sums_list:
        averages_list.append(value_int/total_int)
    return averages_list
def train_classifier(training_set_list):
    benign_sums_list=[0]*9
    benign_count=0
    malignant_sums_list=[0]*9
    malignant_count=0
    for patient_tuple in training_set_list:
        if patient_tuple[1]=='b':
            benign_sums_list=sum_lists(benign_sums_list,
                                patient_tuple[2:])
            benign_count +=1
        else:
            malignant_sums_list=sum_lists(malignant_sums_list,
                                patient_tuple[2:])
            malignant_count +=1
    benign_averages_list=make_averages(benign_sums_list,benign_count)
    malignant_averages_list=make_averages(malignant_sums_list, malignant_count)
    classifier_list = make_averages(sum_lists(benign_averages_list,
         malignant_averages_list),2)
    return classifier_list
```

在实现时,定义了两个辅助函数:sum_lists 和 make_averages,前者对两个列表计算对应位置上元素的和,后者根据 total_int 值,对列表中的元素逐个求平均值。

classify_test_set 函数读入一组新数据,首先将肿瘤属性值逐项与分离值进行比较,如果小于分离值,则该项属性预测为良性,否则该项属性预测为恶性。然后根据良性属性和恶性属性的个数,由多数方决定最后的诊断预测。

```python
def classify_test_set_list(test_set_list, classifier_list):
    result_list=[]
    for patient_tuple in test_set_list:
        benign_count=0
        malignant_count=0
        id_str, diagnosis_str=patient_tuple[:2]
        for index in range(9):
            if patient_tuple[index+2]>classifier_list[index]:
                malignant_count +=1
            else:
                benign_count +=1
        result_tuple=(id_str,benign_count,malignant_count,
                      diagnosis_str)
        result_list.append(result_tuple)
    return result_list
```

report_results 函数输出预测的精度,即有多少个病人的预测诊断结果与其真实诊断结果一致,代码如下所示。

```python
def report_results(result_list):
    total_count=0
    inaccurate_count=0
    for result_tuple in result_list:
        benign_count, malignant_count, diagnosis_str=result_tuple[1:4]
        total_count +=1
        if(benign_count>malignant_count)and(diagnosis_str =='m'):
            inaccurate_count +=1
        elif diagnosis_str =='b':
            inaccurate_count +=1
    print("Of ",total_count," patients, there were ", inaccurate_count,
          "inaccuracies")
```

7.6 小　　结

本章属于数据库技术的入门教程,所涉及的知识点包括数据管理发展史、数据库的基本概念、数据库应用、数据库建模、DBMS 的功能、常见的 DBMS 软件等,并且以学生选课系统为例,讲述了数据库的设计、创建、维护以及查询的相关操作。通过本章学习,读者应能更加清楚地认识到人们为何需要数据库技术解决绝大部分信息的存储与管理问题,并掌握基本的数据库设计、操作等,能够从一个计算机的简单使用者(如文字录入、文字处理工作、上网、收发电子邮件)成长为信息系统的组织者和开发者。

7.7 习　　题

1. 数据库和数据库系统有何异同？
2. 简述数据库中构成数据模型的三要素。
3. 简述数据库设计的 3 个步骤。
4. 分析下列每个描述所给出的联系的类型。
(1) 每个教师可以指导多个学生，每个学生可以被多个教师指导。
(2) 每个学生属于一个学院，每个学院拥有多个学生。
(3) 每个学院可以开设多门课程，每门课程可以被多个学院开设。
(4) 每个学院都有且仅有一名院长。
(5) 每个学院都拥有多个教师，每个教师只能属于一个学院。
5. 某大学要开发一个教学管理系统，其数据的存储管理需求如下所述。
(1) 有 10 个学院，每个学院都有学院 ID、名称、院长。
(2) 每个学院有学生若干，每个学生只属于一个学院，每个学生都有学号、姓名、性别和籍贯。
(3) 每个学院拥有教师若干，每个教师只能在一个学院任职，每个教师都有教师 ID、姓名和职称。
(4) 每个教师可以指导多个学生，每个学生可以被多个教师指导。
(5) 每个教师可以讲授多门课程，每门课程可以由多教师讲授，每门课程都有课程编号、课程名称、学时数。
(6) 每个学生可以选修多门课程，每门课程可以被多个学生选修。
请回答下列问题。
(1) 从上述描述中提取实体。
(2) 为每个实体提取相应的属性，并指出每个实体的实体键。
(3) 分析这些实体之间的联系。
(4) 画出 E-R 图。
(5) 将 E-R 模型转换为关系模型。
6. 在 7.4 节基础上，编写 Python 程序，实现：
(1) 创建 teacher、study、course 和 room 关系的数据表。
(2) 向上述各数据表中插入数据。
(3) 查询并显示"学习了谢一凡老师讲授的课程的同学"的所有信息。
7. 7.5 节中 sum_lists 函数只能处理两个 list，且每个 list 只能有 9 个元素，修改该函数，使其能：
(1) 处理任意大小的 list。
(2) 即使两个 list 的大小不同也能处理。
(3) 使用 list comprehension 技术改写函数中列表处理的代码，用尽量少的代码实现相同的功能。

第 8 章 科学计算

【学习内容】

本章的内容,主要围绕科学计算展开,讲解其推导、应用以及基于 Python 语言的实现。主要知识点如下。

(1) 泰勒级数的主项及余项形式。

(2) 科学计算中的插值及拟合。

(3) 数值微分及数值积分的计算。

(4) 非线性方程的数值解解法。

(5) 线性方程组的数值解解法。

(6) 基于 Python 的符号计算。

【学习目标】

通过学习本章内容,读者应该掌握如下内容。

(1) 掌握泰勒级数的使用,并能够估算近似误差。

(2) 掌握拉格朗日插值、牛顿插值、埃尔米特插值以及线性回归方法。

(3) 掌握基本的数值微积分计算方法,包括组合梯形公式、组合辛普森公式等。

(4) 掌握非线性方程的数值解解法,如二分法、函数迭代法、牛顿迭代法。

(5) 掌握求解线性方程组的直接法以及迭代法。

(6) 了解 Python 的 SymPy 库提供的符号计算功能。

计算机被发明的初衷,就是进行计算,将人类从复杂的、繁重的、机械的计算任务中解放出来,从而更加专注地进行创造性活动。传统上,人们主要借助计算机进行数值计算,或者说,求取数学问题的近似解。这是因为有些数学问题的解析解难以求得,或者本身不存在。但与此同时,以牺牲一部分精确性为代价,可以使数值算法获得更加广泛的应用领域,这也使得计算机发挥了更加强大的辅助作用。这是一种非常重要的手段和思想。本章还特别介绍了 Python 符号计算库的若干 API 接口。

8.1 泰勒级数

一般说来,形如

$$a_n x^n + a_{n-1} x^{n-1} + \cdots + a_x + a_0$$

的多项式是最基本的初等函数,也是最容易处理的函数。如果某一元函数 $f(x)$ 能够在 x_0 的某邻域内将其近似为一个多项式,即若能够找到常数 c_0、c_1、…、c_n 使得

$$f(x) \approx \sum_{i=0}^{n} c_i (x - x_0)^i \tag{8-1}$$

在 x_0 的某个邻域内成立,那么此时对 $f(x)$ 的处理就非常方便了。

泰勒(Taylor)级数是实现该种近似的有力工具。本节讨论泰勒级数的主项、几种主要形式的泰勒余项的推导,并讨论其程序实现。

8.1.1 泰勒级数的主项

设 $f(x)$ 在 x_0 的邻域 $(x_0-\delta, x_0+\delta)$ 内存在 n 阶导数,那么在式 8-1 两边令 $x \to x_0$,则得到

$$c_0 = f(x_0) = \frac{f(x_0)}{0!}$$

然后,对式 8-1 两边求导,并令 $x \to x_0$,则有

$$c_1 = f'(x_0) = \frac{f'(x_0)}{1!}$$

进而,对式 8-1 两边同时求 i 阶导数($i \leqslant n$),再令 $x \to x_0$,便有

$$c_i = \frac{f^{(i)}(x_0)}{i!}$$

于是,将上式代入式 8-1,就得到了泰勒级数的表示形式

$$f(x) \approx \sum_{i=0}^{n} \frac{f^{(i)}(x_0)}{i!} (x - x_0)^i \tag{8-2}$$

特别地,当 $x_0 = 0$ 时,泰勒级数的形式变为

$$f(x) \approx \sum_{i=0}^{n} \frac{f^{(i)}(0)}{i!} x^i \tag{8-3}$$

称之为麦克劳林(Maclaurin)级数。下面是一些常用函数的麦克劳林级数(注意该式成立的取值范围):

$$e^x \approx \sum_{i=0}^{\infty} \frac{x^i}{i!} \quad x \in (-\infty, \infty)$$

$$\ln(x+1) \approx \sum_{i=0}^{\infty} \frac{(-1)^{i+1} x^i}{i!} \quad x \in (-1, 1]$$

$$\sin x \approx \sum_{i=0}^{\infty} \frac{(-1)^i x^{2i+1}}{(2i+1)!} \quad x \in (-\infty, \infty)$$

$$\cos x \approx \sum_{i=0}^{\infty} \frac{(-1)^i x^{2i}}{(2i)!} \quad x \in (-\infty, \infty)$$

$$\frac{1}{1-x} \approx \sum_{i=0}^{\infty} x^i \quad x \in (-1, 1)$$

$$(1+x)^a \approx \sum_{i=0}^{\infty} \binom{a}{k} x^i \quad x \in (-1, 1)$$

$$\sinh x \approx \sum_{i=0}^{\infty} \frac{x^{2i+1}}{(2i+1)!} \quad x \in (-\infty, \infty)$$

$$\cosh x \approx \sum_{i=0}^{\infty} \frac{x^{2i}}{(2i)!} \quad x \in (-\infty, \infty)$$

下面的函数 Taylor_poly(f,n,x0,x,dx=1E-8)利用泰勒级数将 $y=f(x)$ 在 x_0 附近做 n 次展开(假设 $f(x)$ 在 x_0 处至少 n 阶可导),计算 x 的近似值。这里参数 f、n、x0、x 分别对应数学标记 f、n、x_0、x;参数 dx(对应于数学符号 Δx)用于计算函数的(一阶或高阶)数值导数。

```
def Taylor_poly(f,n,x0,x,dx=1E-8)
    def derive(f,dx=1E-8):
        return lambda x: (f(x+dx)-f(x-dx))/(2.0*dx)

    m, t, fun, s =1, 1, f, f(x0)
    while  m<=n:
        t *= (x-x_0)/m
        fun =derive(fun,dx)
        s +=t * fun(x0)
        m +=1
    return s
```

其中,内嵌函数 derive(f,dx)利用公式

$$f'(x) \approx \frac{f(x+\Delta x) - f(x-\Delta x)}{2\Delta x} \tag{8-4}$$

计算给定一元函数 f 的数值导数,在后面的分析中会看到,若 f 在 x_0 处存在二阶以上导数,采用该公式具有二阶的计算精度。

上述给出的函数虽具有较好的通用性,但是其计算结果并不总是令人满意,原因在于这里的导数计算是基于数值方法给出,对于高阶导数,累积误差非常明显。一般情况下,更希望针对具体的函数给出计算。

例如,若基于麦克劳林公式计算函数 $f(x)=\sin x$ 的多项式近似时,就可以使用下面的 sin_se 函数计算:

```
def  fac(n):
    return (1 if n<=1 else n * fac(n-1)
```

```
def sin_t(n, x):
    return (-1)**n*x**(2*n+1)/fac(2*n+1)

def sin_se(n, x):
    return (0 if n<0 else sin_t(n,x)+sin_se(n-1,x))
```

可以调用 sin_se 获得当 $n=1,3,5$ 时的函数,并通过绘图将其与正弦函数进行比较。

```
import numpy as np
import matplotlib.pyplot as plt

plt.grid('on')
x =np.linspace(-2*np.pi,2*np.pi,101)
plt.plot(x,np.sin(x))

for n in [1,3,5]:
    plt.plot(x,sin_se(n,x))

plt.legend(['sin','n=1','n=3','n=5'])
plt.ylim(-2,2)

plt.show()
```

运行结果如图 8-1 所示。

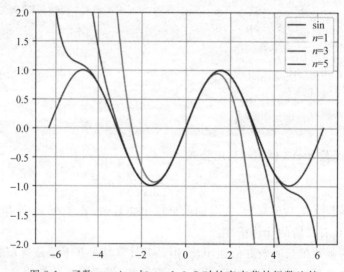

图 8-1　函数 $y=\sin x$ 与 $n=1,3,5$ 时的麦克劳林级数比较

8.1.2　余项及误差

通过图 8-1 可以看出:泰勒级数在 x_0 处与函数具有较好的近似程度,但是在其余自

变量处则不然。令

$$R_n(x;x_0) = f(x) - \sum_{i=0}^{n} \frac{f^{(i)}(x_0)}{i!}(x-x_0)^i \tag{8-5}$$

该式称为 $f(x)$ 在 x_0 处的 n 阶泰勒余项。

常用的余项类型有 3 种：皮亚诺(Peano)型余项、拉格朗日(Lagrange)型余项、柯西(Cauchy)型余项。

(1) 皮亚诺型余项：若 $f(x)$ 在 x_0 处存在 n 阶导数，则

$$R_n(x;x_0) = o((x-x_0)^n) \tag{8-6}$$

(2) 拉格朗日型余项：若 $f(x)$ 在 x_0 处存在 $n+1$ 阶导数，则

$$R_n(x;x_0) = \frac{f^{(n+1)}(x_0+\theta(x-x_0))}{(n+1)!}(x-x_0)^{n+1} \tag{8-7}$$

其中，$\theta \in (0,1)$。特别地，若 $f(x)$ 在 x_0 处还存在 $n+2$ 阶导数且 $f^{(n+2)}(x_0) \neq 0$，则此时还有 $\lim\limits_{x \to x_0} \theta = \dfrac{1}{n+2}$。

(3) 柯西型余项：若 $f(x)$ 在 x_0 处存在 $n+1$ 阶导数，则

$$R_n(x;x_0) = \frac{f^{(n+1)}(x_0+\theta(x-x_0)) \cdot (1-\theta)^n}{n!}(x-x_0)^{n+1} \tag{8-8}$$

事实上，拉格朗日型余项与柯西型余项分别是施勒米尔希-罗什(Schlomilch-Roche)型余项的特殊形式。此外，还可能会用到如下形式的积分型余项：

$$R_n(x;x_0) = \frac{(-1)^n}{n!} \int_{x_0}^{x} (t-x)^n f^{(n+1)}(t) \mathrm{d}t \tag{8-9}$$

灵活地使用这些余项公式，可以估计使用泰勒级数对函数做近似时带来的误差。例如，当 $f''(x_0)$ 存在时，根据皮亚诺型余项公式有

$$f(x_0+\Delta x) = f(x_0) + f'(x_0)\Delta x + \frac{f''(x_0)}{2}(\Delta x)^2 + o((\Delta x)^3)$$

$$f(x_0-\Delta x) = f(x_0) - f'(x_0)\Delta x + \frac{f''(x_0)}{2}(\Delta x)^2 + o((\Delta x)^3)$$

将两式相减并除以 $2\Delta x$ 得

$$\frac{f(x_0+\Delta x) - f(x_0-\Delta x)}{2\Delta x} = f'(x_0) + o((\Delta x)^2)$$

因此，使用公式

$$\lim_{\Delta x \to 0} \frac{f(x+\Delta x) - f(x-\Delta x)}{2\Delta x}$$

对 $f'(x)$ 进行估算具有二阶的精度。

例 8-1 分析并计算：使用麦克劳林公式 $\sum\limits_{i=0}^{n} \dfrac{x^i}{i!}$ 对 e^x 进行近似计算时，若要保证在 $x=2$ 处的误差值小于 10^{-5}，问 n 应取多少？

分析：由于 e^x 在 $(-\infty,\infty)$ 上任意阶可导，用麦克劳林公式近似计算时，在 $x=2$ 处其拉格朗日型余项的值为 $\dfrac{\mathrm{e}^{2\theta}}{(n+1)!}2^{n+1}$，其中，$\theta \in (0,1)$。由指数函数的单调性，其余项小

于 $\dfrac{e^2 2^{n+1}}{(n+1)!}$，只要求出使得该值小于 10^{-5} 的 n 值即可。该值可用下面的程序计算。

```
import numpy as np

r,n = 2 * np.e * * 2, 0
while r >= 1E-5:
    n += 1
    r *= 2.0
    r /= (n+1)
print(n)
```

8.2 插值及拟合

使用泰勒级数对函数进行近似，可以在某个点处具有非常高的近似程度——记 $f^{(0)}(x) = f(x)$，如果

$$f_1^{(i)}(x_0) = f_2^{(i)}(x_0), \quad i = 0,1,\cdots,n$$

称函数 $f_1(x)$ 和 $f_2(x)$ 在 x_0 处有 n 阶近似程度。

插值和拟合是另外两种使用多项式对函数进行近似的重要方法。

插值的目的：构造多项式函数 $f(x)$，使得其对于给定的 $\{x_i\}_{i\in I}$ 以及给定的 $\{f_{i,j}\}_{i\in I, j\in J}$ 满足

$$f^{(j)}(x_i) = f_{i,j}, \quad i \in I, j \in J$$

因此，泰勒级数可以视为在单点集上的插值。

拟合的目的：对于给定的点集 $\{(x_i, y_i)\}_{i\in I}$，构造多项式函数 $f(x)$ 使得误差

$$\sum_{i\in I}(f(x_i) - y_i)^2$$

取最小值①。

8.2.1 拉格朗日插值

拉格朗日插值是一种最基本的插值方法，它要求对于给定的集合 $\{x_i\}_{i\in I}$ 及 $\{f_i\}_{i\in I}$，寻找多项式 $f(x)$，使得

$$f(x_i) = f_i, \quad i \in I$$

均成立，即拉格朗日插值在插值点处仅具有 0 阶精度。

以下，假设当 $i \neq j$ 时 $x_i \neq x_j$。构造拉格朗日插值的关键在于寻找一组基函数 $w_i(x)$ 满足

$$w_i(x_j) = \begin{cases} 1, & j = i \\ 0, & j \neq i \end{cases} \tag{8-10}$$

---

① 这里的误差是用欧几里得距离定义的，也可以取其他的衡量目标，如 $\sum\limits_{i\in I}\|f(x_i) - y_i\|$。

于是,容易验证 $\sum_i f_i w_i(x)$ 即为所求。

事实上,令

$$w_i(x) = \prod_{j \in I, j \neq i} \frac{x - x_j}{x_i - x_j}$$

可直接验证式 8-10 成立。因此,拉格朗日插值多项式的形式是

$$L(x) = \sum_{i \in I} \left(f_i \prod_{\substack{j \in I \\ j \neq i}} \frac{x - x_j}{x_i - x_j} \right) \tag{8-11}$$

例 8-2 编写函数 Lag_intp(x,y,x0),实现拉格朗日插值。其中,x 和 y 是两个具有相同长度的 NumPy 数组。

```
import numpy as np

def w(x,y,i,x0):
    p = 1.0
    for j in range(len(x)):
        if j==i: continue
        p *= (x0-x[j])
        p /= (x[i]-x[j])
    return p

def Lag_intp(x,y,x0):
    s = 0
    for i in range(len(i)):
        s += w(x,y,i,x0)
    return s
```

下面来计算拉格朗日插值产生的误差。任取 $y \notin \{x_i\}_{i \in I}$,则考虑函数

$$R(x) = [f(x) - L(x)] - \frac{w(x)}{w(y)}[f(y) - L(y)]$$

其中,$w(x) = \prod_{i \in I}(x - x_i)$。容易验证每个 x_i 以及 y 都是 $R(x)$ 的零点。不妨设 $|I| = n$,则由拉格朗日中值定理,存在 ζ 使得 $R^{(n)}(\zeta) = 0$,于是整理得

$$f(y) - L(y) = \frac{f^{(n)}(\zeta)}{n!} w(y)$$

特别地,当取 $y \in [\min\{x_i\}_{i \in I}, \max\{x_i\}_{i \in I}]$ 时,可知 ζ 也在该区间内。然后再将 y 换为 x,可得

$$f(x) - L(x) = \frac{f^n(\zeta)}{n!} w(x) \tag{8-12}$$

8.2.2 牛顿插值

拉格朗日插值虽然形式上便于计算,但是如果增加一个插值点,除了需要增加一项之

外,还需要对每个单项式 $w_i(x)$ 做修改。下面介绍一种新的计算插值的方法——牛顿(Newton)插值,它与拉格朗日结果本质上相同,但是在形式上能非常方便地适应插值节点的变化。

在此之前,先介绍差分以及差商的概念。

给定函数 $f(x)$ 以及等距点集 $\{x_i\}_{i=0}^n$,不妨设 $x_i=x_0+i\cdot h$,则归纳定义 $f(x)$ 的 n 阶前向差分 $\Delta^n f(x)$ 如下。

(1) $\Delta^0 f(x)=f(x)$。

(2) $\Delta^{i+1}f(x)=\Delta^i f(x+h)-\Delta^i f(x)$。

同样,也可以定义 $f(x)$ 的 n 阶后向差分 $\nabla^n f(x)$ 如下。

(1) $\nabla^0 f(x)=f(x)$。

(2) $\nabla^{i+1}f(x)=\nabla^i f(x)-\nabla^i f(x-h)$。

由于这两个概念具有对偶性,以下只研究前向差分,后向差分具有相应的性质。

例 8-3 下面的函数递归地计算 $\Delta^k f(x)$。

```
def diff_forward(f,k,h,x):
    if k<=0:
        return f(x)
    else:
        return diff_forward(f,k-1,h,x+h) -diff_forward(f,k-1,h,x)
```

差商的概念定义如下。

(1) 函数 $f(x)$ 在两个相异节点 x_1、x_2 的差商定义为

$$f[x_1,x_2]=\frac{f(x_1)-f(x_2)}{x_1-x_2}$$

(2) 在 n 个互异节点 $\{x_i\}_{i=1}^n$ 上的差商定义为

$$f[x_1,x_2,\cdots,x_{n-1},x_n]=\frac{f[x_1,x_2,\cdots,x_{n-1}]-f[x_2,\cdots,x_{n-1},x_n]}{x_1-x_n}$$

于是有

$$f[x_1,\cdots,x_{n-1}]=f[x_2,\cdots,x_n]+(x_1-x_n)f[x_1,\cdots,x_n] \tag{8-13}$$

例 8-4 下面的程序用来递归计算 f 在给定点上的相应差商。

```
def diff_quo(f,l):
    l =list(set(l))   #get rid of repetitions
    if len(l)==0:
        raise ValueError('Empty point set!')
    elif len(l)==1:
        return f(l[0])
    else:
        return (diff_quo(f,l[:-1])-diff_quot(f,[1:]))/(l[0]-l[-1])
```

下面来推导牛顿插值多项式的具体形式。由式 8-13,有

$$f(x)=f(x_1)+(x-x_1)f[x_1,x]$$

$$f[x_1,x] = f[x_1,x_2]+(x-x_2)f[x_1,x_2,x]$$
$$\vdots$$
$$f[x_1,\cdots,x_{n-1},x] = f[x_1,\cdots,x_{n-1},x_n]+(x-x_n)f[x_1,\cdots,x_n,x]$$

逐项代入得

$$f(x) = \sum_{k=1}^{n}\left(f[x_1,\cdots,x_k]\prod_{j=1}^{k-1}(x-x_j)\right)+R_n(x) \tag{8-14}$$

其中,特别规定:$f[x_1]=f(x_1)$,并且此时$\prod_{j=0}^{0}(x-x_j)=1$;同时,

$$R_n(x) = f[x_1,\cdots,x_n,x]\prod_{j=1}^{n}(x-x_j) \tag{8-15}$$

是牛顿插值的余项。

例 8-5 下面的程序计算函数 f 的牛顿插值。

```
def Newton_interp(f,l,x):
    l = list(set(l))
    if len(l)==0: raise ValueError('Empty List!')
    s, p = 0, 1
    for i in range(l):
        s += diff_quo(f,l[:i+1]) * p
        P *= x-l[i]
    return s
```

下面讨论拉格朗日插值与牛顿插值的关系。给定函数$f(x)$与节点集$\{x_i\}_{i=1}^{n}$,分别做牛顿插值多项式$N_n(x)$以及以$\{(x_i,f(x_i))\}_{i=1}^{n}$确定的拉格朗日插值多项式$L_n(x)$。直接可验证

$$N_n(x_i) = L_n(x_i) = f(x_i), \qquad i=1,2,\cdots,n$$

但$N_n(x)$与$L_n(x)$都是次数不超过$n-1$的多项式,因而$N_n(x)=L_n(x)$在$x\in\mathbb{R}$上成立。进而,两者的余项也应该相同。比较式 8-12 与式 8-15,可知

$$f[x_1,\cdots,x_n,x] = \frac{f^n(\zeta)}{n!} \tag{8-16}$$

因此,当$f(x)$是一个次数不超过n的多项式时,还有$f[x_1,\cdots,x_n,x]=0$。

8.2.3 埃尔米特插值

前面给出的拉格朗日插值及牛顿插值在给定节点处均仅具零阶精度(也就是说,只与给定节点具有相同的函数值)。现在讨论一种具有更高阶精度的插值方法,称为埃尔米特(Hermite)插值。

埃尔米特插值的目标:对于给定的集合$\{x_i\}_{i=1}^{n}$、$\{f_i\}_{i=1}^{n}$、$\{f'_i\}_{i=1}^{n}$,构造多项式$H(x)$使得

$$\begin{cases} H(x_i) = f_i \\ H'(x_i) = f'_i \end{cases} \quad i = 1, 2, \cdots, n$$

成立。

这里采用与构造拉格朗日插值多项式相似的技巧：寻找两组基函数 $p_i(x)$ 和 $q_i(x)$，使得

$$\begin{cases} p_i(x_j) = \delta_{ij} \\ p'_i(x_j) = 0 \end{cases} \quad \begin{cases} q_i(x_j) = 0 \\ q'_i(x_j) = \delta_{ij} \end{cases}$$

其中

$$\delta_{ij} = \begin{cases} 1, & i = j \\ 0, & i \neq j \end{cases}$$

于是，令

$$H(x) = \sum_{i=1}^{n}(f_i p_i(x) + f'_i q_i(x)) \tag{8-17}$$

即可。

仍令 $w_i(x) = \prod\limits_{\substack{1 \leqslant j \leqslant n \\ j \neq i}} \dfrac{x - x_j}{x_i - x_j}$，同时令

$$p_i(x) = (1 - 2w'_i(x_i)(x - x_i))w_i^2(x) \tag{8-18}$$

以及

$$q_i(x) = (x - x_i)w_i^2(x) \tag{8-19}$$

代入式 8-17，可直接验证满足插值约束条件。

8.2.4 函数拟合

拟合是另外一种使用多项式对函数进行近似的方法。给定点集 $\{(x_i, y_i)\}_{i \in I}$，寻找多项式

$$F(x) = a_k x^k + a_{k-1} x^{k-1} + \cdots + a_0$$

使得函数在给定节点处的误差

$$D = \sum_{i \in I}(y_i - F(x_i))^2 \tag{8-20}$$

最小。

拟合的任务是要确定系数 $a_0 、 a_1 、 \cdots 、 a_k$。特别地，当 $k=1$ 时，目标函数 $F(x)$ 的形式为 $a_1 x + a_0$，这时的拟合问题也称为线性回归，这也是本节主要讨论的内容。

若 $F(x) = a_1 x + a_0$，则式 8-20 的目标化为

$$\min_{a_0, a_1} D = \min_{a_0, a_1} \sum_{i \in I}(y_i - a_1 x_i - a_0)^2$$

将 a_0 和 a_1 视为未知数，若使得 D 最小，则

$$\begin{cases} \dfrac{\partial D}{\partial a_0} = 2\sum (a_0 + a_1 x_i + y_i) = 0 \\ \dfrac{\partial D}{\partial a_1} = 2\sum x_i(a_0 + a_1 x_i + y_i) = 0 \end{cases} \tag{8-21}$$

分别令 $\bar{x} = \sum_{i \in I} x_i / |I|$ 以及 $\bar{y} = \sum_{i \in I} y_i / |I|$,则可从式 8-21 中解出

$$\begin{cases} a_1 = \dfrac{\sum_{i \in I}(x_i - \bar{x})y_i}{\sum_{i \in I}(x_i - \bar{x})^2} \\ a_0 = \bar{y} - a_1 \bar{x} \end{cases} \tag{8-22}$$

例 8-6 下面是一个线性回归的 Python 程序示例。

```python
import numpy as np
import matplotlib.pyplot as plt

def inner_prod(lx,ly):
    return sum([x*y for (x,y) in zip(lx,ly)])

x_cors = [1.0, 2.0, 3.0, 4.0, 5.0]
y_cors = [2.5, 3.4, 4.6, 5.5, 6.4]
x_bar = sum(x_cors)/len(x_cors)
y_bar = sum(y_cors)/len(y_cors)
x_shift = [x-x_bar for x in x_cors]

a1 = inner_prod(x_shift,y_cors)/inner_prod(x_shift,x_shift)
a0 = y_bar - a1 * x_bar

plt.grid('on')
plt.scatter(x_cors,y_cors)

x = np.linspace(0.0,6.0,51)
y = a1 * x + a0
plt.plot(x,y,'r')

plt.show()

print("F(x) =%f*x +%f"%(a1,a0))
```

程序打印输出结果为

```
F(x) = 0.99 * x + 1.51
```

绘图结果如图 8-2 所示。

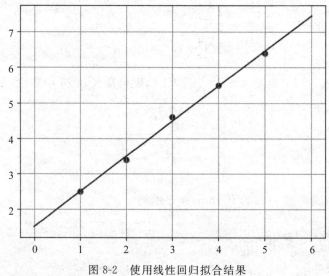

图 8-2 使用线性回归拟合结果

8.3 数值微积分

8.3.1 数值微分

在 8.1 节中介绍了泰勒级数,基于该方法,可以给出某些近似计算函数导数的方法。例如,若 $f(x)$ 存在一阶导数,则由泰勒级数

$$f(x+\Delta x) = f(x) + \Delta x \cdot f'(x) + o(\Delta x)$$

移项并舍弃高阶无穷小得

$$f'(x) \approx \frac{f(x+\Delta x) - f(x)}{\Delta x}$$

这是一个常用的用于估算函数一阶导数的计算公式,它具有一阶精度。此外,前面还介绍过具有二阶精度的估算公式

$$f'(x) \approx \frac{f(x+\Delta x) - f(x-\Delta x)}{2\Delta x}$$

甚至,当函数具有更高阶的导数时,如利用

$$f(x+\Delta x) = f(x) + f'(x) \cdot \Delta x + \frac{f''(x)}{2} \cdot (\Delta x)^2 + o((\Delta x)^2)$$

以及

$$f(x-\Delta x) = f(x) - f'(x) \cdot \Delta x + \frac{f''(x)}{2}(\Delta x)^2 - o((\Delta x^2))$$

可得

$$f''(x) \approx \frac{f(x+\Delta x) - 2f(x) + f(x-\Delta x)}{(\Delta x)^2}$$

如果函数表达式未给出,而仅给出在若干点处的函数值,那么可以利用其拉格朗日插值函数作为其近似给出导数的估算。

给定点集$\{(x_i, f_i)\}_{i=1}^n$,其相应的拉格朗日插值多项式的表达式为

$$L_n(x) = \sum_{i=1}^n \left(f_i \prod_{\substack{1 \leqslant j \leqslant n \\ j \neq i}} \frac{x - x_j}{x_i - x_j} \right)$$

因此,在x_i处有

$$\frac{\mathrm{d}}{\mathrm{d}x} L_n(x) \bigg|_{x=x_i} = \sum_{i=1}^n \left(f_i \cdot \frac{\mathrm{d}}{\mathrm{d}x} \prod_{1 \leqslant j \leqslant n, j \neq i} \frac{x - x_j}{x_i - x_j} \right) \bigg|_{x=x_i} \tag{8-23}$$

化简得

$$\frac{\mathrm{d}}{\mathrm{d}x} L_n(x) \bigg|_{x=x_i} = \sum_{\substack{1 \leqslant j \leqslant n \\ j \neq i}} \frac{f_i}{x_i - x_j} + \sum_{\substack{1 \leqslant k \leqslant n \\ k \neq i}} \left(\frac{f_k}{x_k - x_i} \prod_{\substack{1 \leqslant j \leqslant n \\ j \neq k, i}} \frac{x_i - x_j}{x_k - x_j} \right) \tag{8-24}$$

下面以一些力学、运动学中的问题来展示数值微分(数值导数)的应用。

例 8-7 甲、乙、丙、丁 4 个人分别位于起始位置$(-200, 200)$、$(200, 200)$、$(200, -200)$以及$(-200, -200)$处(单位:米),并且以恒定的速率 1(单位:米/秒)行走。在行走过程中,甲始终朝向乙的当前位置;同样,乙朝向丙、丙朝向丁、丁朝向甲。试绘制 4 人行走过程的(近似)轨迹。

分析:在运动学中,速度是位移相对于时间的导数,即

$$v(t) = \frac{\mathrm{d}}{\mathrm{d}t} r(t)$$

因此,在一段很短的时间Δt内,近似地有

$$r(t + \Delta t) \approx r(t) + v(t) \cdot \Delta t$$

成立。又由于位移、速度均是矢量,因此在xOy平面内,又有

$$r_x(t + \Delta t) \approx r_x(t) + \cos\theta(t) \cdot v(t) \cdot \Delta t$$
$$r_y(t + \Delta t) \approx r_y(t) + \sin\theta(t) \cdot v(t) \cdot \Delta t$$

其中,$\theta(t)$是t时刻与x轴正向的夹角。

取定变量 dT,对应Δt。以两个二维数组 LX 和 LY 分别存储 4 个人在x和y方向的位置序列——具体地说,LX[i][n]是第i个人第n步(即在$n \cdot \Delta t$时刻)的x坐标。其中i取 0、1、2、3 分别对应甲、乙、丙、丁。进一步,在$n \cdot \Delta t$时刻,下面的语句

```
D_x = LX[j][n]-LX[i][n]
D_y = LY[j][n]-LY[i][n]
D = np.sqrt(D_x**2+D_y**2)
cos_t, sin_t = D_x/D, D_y/D
```

就完成了对夹角余弦、正弦值的计算。其中

```
j = (i+1)%4
```

具体程序代码如下:

```
import numpy as np
```

```python
import matplotlib.pyplot as plt

N = 4
v = 1.0
d = 200.0
time = 400.0
divs = 201
LX = [[-d],[d],[d],[-d]]
LY = [[d],[d],[-d],[-d]]
T = np.linspace(0,time,divs)
dT = T[1]-T[0]

for n in range(len(T)):
    for i in range(N):
        j = (i+1)%N
        D_x = LX[j][n]-LX[i][n]
        D_y = LY[j][n]-LY[i][n]
        D = np.sqrt(D_x**2+D_y**2)
        cos_t, sin_t = D_x/D, D_y/D
        LX[i].append(LX[i][n]+v*cos_t*dT)
        LY[i].append(LY[i][n]+v*sin_t*dT)

for i in range(N):
    plt.plot(LX[i],LY[i])
plt.show()
```

程序的运行结果如图 8-3 所示。可以用二分法,通过改变 time 变量的值,来估算 4 人"汇聚"在中心点时所需要的时间。

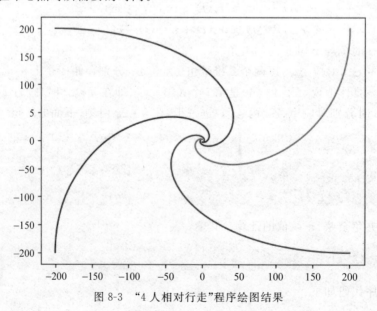

图 8-3 "4 人相对行走"程序绘图结果

8.3.2 数值积分

在实际的计算问题中,利用牛顿-莱布尼兹(Newton-Leibniz)公式,通过求原函数

$$\int_a^b f(x)\mathrm{d}x = F(x)\Big|_a^b = F(b) - F(a) \tag{8-25}$$

来计算一个函数的定积分是非常困难的。然而,我们知道,当一元函数 $f(x)$ 在区间 $[a,b]$ 上不变号时,其定积分的值,恰好等于 $f(x)$ 与直线 $x=a$、$x=b$ 以及 x 轴所围成的曲边梯形的"有向"面积[①]。同时,当 $f(x)$ 的形式较为复杂时,可以用函数的插值多项式来替代该函数。下面对计算方法加以推导。

设函数 $f(x)$ 经过点 $\{(x_i, f_i)\}_{i \in I}$,利用拉格朗日插值,可以获得其对应的插值多项式

$$L(x) = \sum_{i \in I} \left(f_i \cdot \prod_{\substack{j \in I \\ j \neq i}} \frac{x - x_j}{x_i - x_j} \right)$$

于是,可用

$$\int_a^b L(x)\mathrm{d}x = \int_a^b \sum_{i \in I} \left(f_i \cdot \prod_{\substack{j \in I \\ j \neq i}} \frac{x - x_j}{x_i - x_j} \right) \mathrm{d}x \tag{8-26}$$

来近似计算其定积分。其中,$a = \min\{x_i\}_{i \in I}$,$b = \max\{x_i\}_{i \in I}$。

为便于计算,一般将 $\{x_i\}_{i \in I}$ 取成一组等距节点 $\{x_0, x_1, \cdots, x_n\}$,其中,$x_i = x_0 + i \cdot h$。则此时 $a = x_0$,$b = x_n$。

当取 $n=1$ 时,函数经过 $\{(x_0, f_0), (x_1, f_1)\}$ 两点,且此时有 $h = x_1 - x_0$,于是式 8-26 变为

$$I_1 = \int_{x_0}^{x_1} \left(f_0 \cdot \frac{x - x_0}{x_0 - x_1} + f_1 \cdot \frac{x - x_1}{x_1 - x_0} \right) \mathrm{d}x = \frac{f_0 + f_1}{2} \cdot h \tag{8-27}$$

它恰好计算的是一个梯形的面积,因此,式 8-27 称为"梯形公式"。

进一步,若将整个区间 $[a,b]$ 进行 n 等分 $\left(\text{此时 } h = \frac{b-a}{n}\right)$,然后再在每个区间上分别使用梯形公式,则得到如下计算公式:

$$\tilde{I}_1 = \frac{h}{2}\left(f_0 + 2\sum_{i=1}^{n-1} + f_n \right) \tag{8-28}$$

该公式称为"组合梯形公式",其示意图如图 8-4 所示。

可以证明,若采用组合梯形公式计算 $\int_a^b f(x)\mathrm{d}x$ 的近似值,当 $f(x) \in \mathbf{C}^2[a,b]$[②] 时,其误差公式为

$$\int_a^b f(x)\mathrm{d}x - \frac{h}{2}\left[f(x_0) + 2\sum_{i=1}^{n-1} f(x_i) + f(x_n) \right] = \frac{-(b-a)}{12} h^2 f''(\zeta) \tag{8-29}$$

其中,$\zeta \in [a,b]$。

[①] 规定当图形位于 x 轴上方时面积为正。
[②] $\mathbf{C}^n[a,b]$ 表示 $[a,b]$ 上具有 n 阶连续导数的函数集合。

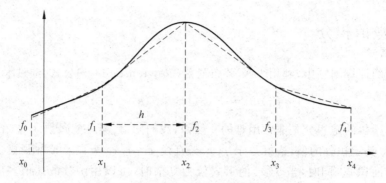

图 8-4 组合梯形公式示意图

例 8-8 下面的程序片段完成组合梯形公式的计算。

```
import numpy as np

def comb_trapezoid(f, n, a, b):
    l = np.linspace(a, b, n)
    h = (b-a)/(n-1)
    return h* (sum(f(l))-(f(a)+f(b))/2)
```

注：在每个区间$[x_i, x_{i+1}]$上，不是用一个矩形近似，而是用一个以$f\left(\dfrac{x_i+x_{i+1}}{2}\right)$为高、以$h$为宽的矩形进行近似，那么式 8-28 就变成了

$$\tilde{I}_0 = h \cdot \sum_{i=0}^{n-1} f\left(\frac{x_i + x_{i+1}}{2}\right) \tag{8-30}$$

这种计算方法称为中点法。

回到数值积分计算框架，如果取$n=2$，即若$f(x)$过点$\{(x_0, f_0), (x_1, f_1), (x_2, f_2)\}$，其中，$x_2 - x_1 = x_1 - x_0 = h$，则代入式 8-26 得

$$\begin{aligned}I_2 &= \int_{x_0}^{x_2} \Big[f_0 \frac{(x-x_1)(x-x_2)}{(x_0-x_1)(x_0-x_2)} + f_1 \frac{(x-x_0)(x-x_2)}{(x_1-x_0)(x_1-x_2)} + \\ &\quad f_2 \frac{(x-x_0)(x-x_1)}{(x_2-x_0)(x_2-x_1)} \Big] \mathrm{d}x \\ &= \frac{h}{3}(f_0 + 4f_1 + f_2)\end{aligned} \tag{8-31}$$

该公式称为辛普森(Simpson)公式。

进一步，若将区间$[a, b]$分为$2n$份，令$h = \dfrac{b-a}{2n}$，在每个$[x_{2i}, x_{2i+2}]$上（注：$x_0 = a$，$x_{2n} = b$）应用辛普森公式，则得到

$$\tilde{I}_2 = \frac{h}{3}\Big[f_0 + 2\sum_{i=1}^{n} f_{2i} + 4\sum_{i=1}^{n} f_{2i-1} + f_{2n} \Big] \tag{8-32}$$

该公式称为组合辛普森公式。若$f(x) \in \mathbf{C}^4[a, b]$，则

$$\int_a^b f(x)\mathrm{d}x - \tilde{I}_2 = -\frac{b-a}{180} h^4 f^{(4)}(\xi) \tag{8-33}$$

其中,$\xi \in (a,b)$。

例 8-9 下面的程序给出了使用组合辛普森公式计算数值积分的过程。

```
import numpy as np

def comb_Simpson(f, n, a, b):
    l, h = np.linspace(a, b, 2*n+1), (b-a)/(2.0*n)
    le = [f(l(i)) for i in range(len(l)) if i%2 ==0]
    lo = [f(l(i)) for i in range(len(l)) if i%2 !=0]
    return h * (2*sum(le)+4*sum(lo)-f(a)-f(b))/3.0
```

8.4 非线性方程数值解

方程求解一直是数学中的核心问题之一。然而,即使是对于形如

$$\sum_{i=0}^{n} a_i x^i = 0$$

这样的代数方程,当 $n \geqslant 5$ 时也没有统一的求根公式。甚至某些整系数代数方程,如

$$x^5 - 5x + 2 = 0$$

的根,无法使用方程系数[①],经有限次使用四则运算及(开整数次)根号获得。因此,对于形式上更加复杂的方程,其求解问题更加复杂。

在实际应用中,方程的数值解往往就可以满足工程及计算的需要了。这里介绍 3 种较为常用的方程数值解法:二分法、函数迭代法、牛顿迭代法。读者需要了解这些方法的使用条件以及相应的收敛速度。

8.4.1 二分法求根

若 $f(x) \in \mathbf{C}^0[a,b]$,且 $f(a) \cdot f(b) < 0$,则由介值定理,存在 $c \in [a,b]$,使得 $f(c) = 0$。这时,可以使用二分法对方程进行求根。

(1) 令 $a_0 = a, b_0 = b, n = 0$。
(2) 令 $c_n = (a_n + b_n)/2$。
(3) 若 $|f(c_n)| < \epsilon$,则算法停止,输出 c_n。
(4) 若 $f(a_n) \cdot f(c_n) < 0$,则 $a_{n+1} \leftarrow a_n, b_{n+1} \leftarrow c_n$;否则,$a_{n+1} \leftarrow c_n, b_{n+1} \leftarrow b_n$。
(5) $n \leftarrow n+1$,转至(2)。

其中,ϵ 是预先设定的正数。

下面给出了二分法方程求根的函数实现 binary_search,并使用该函数求方程 $\cos x = 0$ 在区间 $[0, \pi]$ 上的根。

[①] 甚至包括任意有理数、1 的整数次本原根 $e^{\frac{2i\pi}{n}}$ 等可以构造出来的常数。

```
import  numpy as np
def  binary_search (f, eps, a, b):
    c = (a+b)/2.0
    while  np.abs(f(c))>eps :
        if   f(a) * f(c)<0: b=c
        else : a = c
        c = (a+b)/2.0
    return   c

binary_search(np.cos, 1e-6, 0, np.pi)
```

采用二分法对方程进行求根时,第 n 次迭代对应的区间长度为 $(b-a)/2^n$。对于上面求解 $\cos x=0$ 的过程为例:第一次求中点时,恰好落在 $\pi/2$ 附近,但由于浮点运算总是存在误差,所以不会得到精确的 $\pi/2$;再考虑余弦函数的计算误差,这将导致第一次迭代计算 f(c) 时会获得一个较为接近于零的值。如果该值的绝对值本身小于 $\in$,那么计算将直接终止;否则,反而需要较多次迭代算法才能结束(想一想导致这种现象的原因)。

8.4.2　函数迭代法求根

设 $f(x)\in \mathbf{C}^1[a,b]$,且在 $[a,b]$ 区间内至少有一个根时,可将方程 $f(x)=0$ 等价地变形为

$$x = g(x) \tag{8-34}$$

其中,当 $x\in[a,b]$ 时,恒有 $|g'(x)|\leqslant p$,这里 p 是一个小于 1 的常量。于是:

(1) 取 $x_0 \in [a,b]$。

(2) 令 $x_{i+1} = g(x_i)$。

当 $i\geqslant 1$ 时,由中值定理:

$$|x_{i+1}-x_i| = |g(x_i)-g(x_{i-1})| = |g'(\zeta)| \cdot |x_i-x_{i-1}| \leqslant p \cdot |x_i-x_{i-1}| \tag{8-35}$$

从而有

$$|x_{i+1}-x_i| \leqslant p^i \cdot |x_1-x_0| \tag{8-36}$$

故不难发现,该序列是一个柯西序列,从而必然存在极限 x^* 满足

$$x^* = g(x^*)$$

由式 8-34 知,x^* 确为方程的一个解。

例 8-10　若求解方程 $\cos x - 3x = 0$,选择合适的迭代函数。

解:将方程变形为

$$x = g(x) = \frac{\cos x}{3}$$

则在 R 上有

$$|g'(x)| = \left|-\frac{\sin x}{3}\right| \leqslant \frac{1}{3} < 1$$

因此满足迭代条件。

反之,在例 8-10 中,若选择 $h(x)=\arccos(3x)$,则由于

$$|h'(x)| = \left|\frac{3}{\sqrt{1-9x^2}}\right| > 1$$

所以,不能将其作为迭代函数。这里再次提醒,对于有的方程,若找不到统一的迭代函数,应将函数做分段处理,每段分别各自选取满足迭代条件的函数。

例 8-11 下面的代码给出了函数迭代法的实现。

```
import numpy as np

def func_iter (g, eps, x0) :
    x1 =g(x0)
    while np.abs(x1-x0) >eps :
        x1, x0 =g(x1), x1
    return x1

func_iter(np.cos/3, 1e-6, 0)
```

这里,参数 g、eps、x0 分别对应函数的迭代形式、容差、起始点。

8.4.3 牛顿迭代法求根

若 $f(x) \in \mathbf{C}^2[a,b]$,$f(a) \cdot f(b) < 0$,且 $f'(x)$ 在 $[a,b]$ 上不变号,则方程 $f(x)=0$ 在 $[a,b]$ 内必然存在某个根 x^*。设 x_0 是 x^* 附近的点,则根据泰勒级数有

$$0 = f(x^*) = f(x_0) + f'(x_0)(x^* - x_0) + \frac{f''(\zeta)}{2}(x^* - x_0)^2$$

令 $x_1 = x_0 - \frac{f(x_0)}{f'(x_0)}$,则

$$\frac{x^* - x_1}{(x^* - x_0)^2} = -\frac{f''(\zeta_0)}{2f'(x_0)} \tag{8-37}$$

同样,对每个 i,若令 $x_{i+1} = x_i - \frac{f(x_i)}{f'(x_i)}$,则有

$$\frac{x^* - x_{i+1}}{(x^* - x_i)^2} = -\frac{f''(\zeta_i)}{2f'(x_i)} \tag{8-38}$$

若存在 $M = \frac{\max_{x\in[a,b]}|f''(x)|}{\min_{x\in[a,b]}|f'(x)|}$,则

$$\frac{|x^* - x_{i+1}|}{x^* - x_i} \leqslant \frac{M}{2}|x^* - x_i| \tag{8-39}$$

这说明该序列能够以较快的速度收敛于 x^*。该方法称为牛顿迭代法,其几何意义如图 8-5 所示。

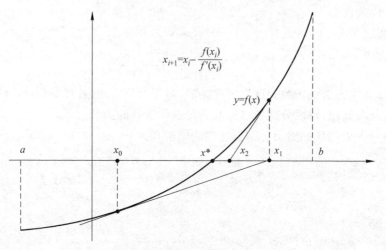

图 8-5 牛顿迭代法示意图

例 8-12 下面的代码给出了牛顿迭代法的 Python 实现。

```
def Newton_iter(f, eps, x0, dx=1E-8):
    def diff(f, dx=dx):
        return lambda x: (f(x+dx)-f(x-dx))/(2*dx)

    df = diff(f, dx)
    x1 = x0 - f(x0)/df(x0)
    while np.abs(x1-x0) >= eps:
        x1, x0 = x1-f(x1)/df(x1), x1
    return x1
```

8.5 线性方程组求解

矩阵计算与线性方程组求解在科学计算中有着至关重要的地位。在实际计算中,需要顾及计算复杂度以及舍入误差对精度造成的影响。本节介绍求解线性方程组的直接法与迭代法。

8.5.1 直接法求解

令系数矩阵 $\boldsymbol{A}=[a_{i,j}]_{n \times n}$,常数向量 $\boldsymbol{b}=[b_i]_{n \times 1}$,以及变量向量 $\boldsymbol{x}=[x_i]_{n \times 1}$,则线性方程组

$$\boldsymbol{Ax} = \boldsymbol{b}$$

在 $\mathrm{rank}[\boldsymbol{A} \vdots \boldsymbol{b}]=\mathrm{rank}\boldsymbol{A}$ 且 $\det\boldsymbol{A} \neq 0$ 时有唯一解。由克莱姆(Cramer)法则知,此时方程的解为

$$x_i = \frac{\det \boldsymbol{D}_i}{\det \boldsymbol{A}} \tag{8-40}$$

其中

$$\boldsymbol{D}_i = \begin{bmatrix} a_{1,1} & \cdots & a_{1,i-1} & b_1 & a_{1,i+1} & \cdots & a_{1,n} \\ a_{2,1} & \cdots & a_{2,i-1} & b_2 & a_{2,i+1} & \cdots & a_{2,n} \\ \vdots & \ddots & \vdots & \vdots & \vdots & \ddots & \vdots \\ a_{n,1} & \cdots & a_{n,i-1} & b_n & a_{n,i+1} & \cdots & a_{n,n} \end{bmatrix}$$

但因为式 8-40 中涉及大量的行列式计算,因此实际计算中一般不采用克莱姆法则进行求解。较为常用的是高斯消去法和 LU 分解法。

所谓高斯消去法,是通过对 $\boldsymbol{A}$ 关于 $\boldsymbol{b}$ 的增广矩阵施加行变换,将方程

$$\boldsymbol{Ax} = \boldsymbol{b}$$

等价地变换为

$$\boldsymbol{Dx} = \boldsymbol{c}$$

其中,$\boldsymbol{D} = \mathrm{diag}\{d_{1,1}, d_{2,2}, \cdots, d_{n,n}\}$ 为对角矩阵,$\boldsymbol{c} = [c_i]_{n \times 1}$。这时[①],可以非常容易地求得方程的解为 $x_i = c_i / d_{i,i}$。

例 8-13 下面是高斯消去法的一个初步实现。

```
def Gua_elim(A, b):
    n = len(A)           #also len(b)
    for i in range(n):
        for j in range(n):
            if j == i: continue
            coe = A[j][i]/A[i][i]
            for k in range(i,n):
                A[j][k] -= coe * A[i][k]
            b[j] -= coe * b[i]
    return [b[i]/A[i][i] for i in range(n)]
```

注意:上面的实现在计算 coe 时,没有考虑 A[i][i] 为 0 的情况。在习题 10 中,要求读者对程序进行完善,使得能够处理这种情况。

例 8-14 事实上,Python 的 NumPy 库本身已经对线性方程组求解提供了非常好的支持。在系数矩阵 A 满秩时,可以使用 A.I 获取 A 的逆矩阵,进而由 A.I * b 获得方程组的解,下面是一个交互式示例。

```
>>> from numpy import *
>>> A = matrix([[2.0,1.0,1.5],[1.0,2.0,1.0],[0,3.0,3.0]])
>>> b = matrix([1.5,2.0,3.0]).T
>>> A.I * b
matrix([[0.2],
        [0.8],
        [0.2]])
```

[①] 也可以只将 $\boldsymbol{A}$ 变化为上三角矩阵或者下三角矩阵。

尽管如此,为了熟悉计算过程本身,建议读者使用基本语句完成计算程序,以获得对算法本身更好的了解。当然,可以使用 Python 的内置库进行正确性验证。下面的其他计算方法也遵循相同的原则。

LU 分解的原理,是将系数矩阵 A 分解为一个下三角矩阵 L 与一个上三角矩阵 U 的乘积,其中

$$L = \begin{bmatrix} 1 & & & & \\ l_{1,2} & 1 & & & \\ l_{3,1} & l_{3,2} & 1 & & \\ \vdots & \vdots & & \ddots & \\ l_{n,1} & l_{n,2} & \cdots & \cdots & 1 \end{bmatrix} \quad (8-41)$$

$$U = \begin{bmatrix} u_{1,1} & u_{1,2} & \cdots & u_{1,n} \\ & u_{2,2} & \cdots & u_{2,n} \\ & & \ddots & \vdots \\ & & & u_{n,n} \end{bmatrix} \quad (8-42)$$

其中,空白处元素均为 0。

于是,方程 $Ax = b$ 就等价地转化为

$$LUx = b \quad (8-43)$$

令 $Ux = y$,那么式 8-43 就变成了两个线性方程组求解问题:

$$\begin{aligned} Ly &= b \\ Ux &= y \end{aligned} \quad (8-44)$$

由于 L 和 U 都是三角矩阵,这两个方程非常容易求解:

$$\begin{cases} y_1 = b_1 \\ \vdots \\ y_i = b_i - \sum_{j=1}^{i-1} l_{i,j} \cdot y_j \\ \vdots \end{cases} \quad \begin{cases} x_n = y_n / u_{n,n} \\ \vdots \\ x_i = \left(y_i - \sum_{j=i+1}^{n} u_{i,j} x_i \right) / u_{i,i} \\ \vdots \end{cases} \quad (8-45)$$

即 y 的计算依下标从小到大进行,x 的计算依下标从大到小进行。

因此,实现 LU 分解,是该种方程组求解的核心步骤。由于 L 和 U 分别是下三角矩阵和上三角矩阵,在实际计算中,可以将其合并存放在一个 $n \times n$ 的矩阵中——主对角线及以上存储 U 矩阵,主对角线以下存储 L 矩阵——这是因为 L 的主对角线元素都是 1,因此该部分信息可以隐式给出。

例 8-15 下面是基于 LU 分解求线性方程组的 Python 实现。

```
def LU_decomp(A, b):
    #decomposition
    n = len(A)   #must be same as len(b)
    for i in range(n):
        for j in range(i+1, n):
            A[j][i] /= A[i][i]
```

```
            for k in range(i+1,n):
                A[j][k] -=A[j][i] * A[i][k]
#solving
x, y =[0] * n, [0] * n
for i in range(n):
    y[i] =b[i]-sum([A[i][j] * y[j] for j in range(i)])
for i in range(n):
    x[n-1-i] =(y[n-1-i]-sum([A[n-1-i][j] * x[j]
                    for j in range(n-i,n)]))/A[n-1-i][n-1-i]
return x
```

在上面的实现中,没有考虑 A[i][i] 为 0(或者接近于 0)的情况。在习题 11 中,要求读者对该实现进行改进。

8.5.2 迭代法求解

同前面介绍的直接法相比,使用迭代法求解 $Ax=b$ 时,一般会通过

$$x^{(k)} = \mathcal{F}_k(A,b,x^{(0)},x^{(1)},\cdots,x^{(k-1)}) \tag{8-46}$$

得到从某个初始解 $x^{(0)}$ 开始的迭代解序列

$$x^{(0)},x^{(1)},\cdots,x^{(k-1)},x^{(k)}$$

这里,$\mathcal{F}_k$ 对应第 k 步的迭代函数。

特别地,当迭代函数只依赖于前 r 个解,且 $\mathcal{F}_k$ 与 k 无关时,称此迭代过程为 r 阶迭代。本节主要关心 $r=1$ 且 $\mathcal{F}_k$ 形如

$$x^{(k)} = Hx^{(k-1)} + g \tag{8-47}$$

的迭代方法。

一般情况,若方程

$$Ax = b$$

与

$$x = Hx + g$$

同解,不妨设其解为 x^* 则有

$$x^* = Hx^* + g \tag{8-48}$$

由式 8-47 及式 8-48 得

$$(x^{(k)} - x^*) = H(x^{(k-1)} - x^*) \tag{8-49}$$

同样递推可得

$$(x^{(k)} - x^*) = H^k(x^{(0)} - x^*) \tag{8-50}$$

不妨令 $e^{(i)} = x^{(i)} - x^*$,式 8-50 说明:在 $e^{(0)} \neq 0$ 的情况下,

$$\lim_{k\to\infty} e^{(k)} = 0 \tag{8-51}$$

当且仅当 H 的谱半径[①] $\rho(H) < 1$。

---

① 设矩阵 H 的特征值集合为 Λ_H,则 H 的谱半径 $\rho(H) = \max\{|\lambda| | \lambda \in \Lambda_H\}$。

本节讨论这种形式的迭代计算方法,主要包括雅克比(Jacobbi)迭代与赛德尔(Siedel)迭代。这两种迭代方法在并行计算中非常重要。

设 $A=L+D+U$,其中,L、U、D 分别是严格下三角矩阵、严格上三角矩阵、对角矩阵。若 D 满秩(即对角线元素均非 0),则由

$$(L+D+U)x=b$$

得到

$$x=-D^{-1}(L+U)x+D^{-1}b \tag{8-52}$$

令 $H=-D^{-1}(L+U)$,$g=D^{-1}b$,则不难得到

$$H=-\begin{bmatrix} 0 & a_{1,2}/a_{1,1} & a_{1,3}/a_{1,1} & \cdots & a_{1,n}/a_{1,1} \\ a_{2,1}/a_{2,2} & 0 & a_{2,3}/a_{2,2} & \cdots & a_{2,n}/a_{n,n} \\ a_{3,1}/a_{3,3} & a_{3,2}/a_{3,3} & 0 & \cdots & a_{3,n}/a_{n,n} \\ \vdots & \vdots & \vdots & \ddots & \vdots \\ a_{n,1}/a_{n,n} & a_{n,2}/a_{n,n} & a_{n,3}/a_{n,n} & \cdots & 0 \end{bmatrix}$$

若 A 是严格主对角占优矩阵,即对每个 i 皆有

$$|a_{i,i}|>\sum_{\substack{1\leqslant j\leqslant n \\ j\neq i}}|a_{i,j}|$$

则对 H 有

$$\sum_{\substack{1\leqslant j\leqslant n \\ j\neq i}}\frac{|a_{i,j}|}{|a_{i,i}|}<1 \tag{8-53}$$

由圆盘定理,此时 $\rho(H)<1$,从而迭代必然收敛。这种迭代计算方法,称为雅克比迭代。

例 8-16 下面给出雅克比迭代的程序实现。

```
def v_mult(A,b):
    n =len(A)
    return [sum([a[i][j]*b[j] for j in range n])
            for i in range(n)]

def v_sum(b,c):
    return [b[i]+c[i] for i in range(len(b))]

def v_dist(b,c):
    return sum([abs(b[i]-c[i]) for i in range(len(b))])

tol =1E-8

def Jac_iter(A, b):
    n =len(A)
    H =[[(-A[i][j]/A[i][i] if j !=i else 0) for j in range(n)]
                    for i in range(n)]
    g =[b[i]/A[i][i] for i in range(n)]
    x =g    #X^0
    y =v_sum(v_mul(H,x),g)
```

```
while v_dist(x,y)>tol:
    x = y
    y = v_sum(v_mul(H,x),g)
return y
```

将雅克比迭代用标量形式表示,就是

$$x_i^{(k)} = -\frac{1}{a_{ii}}\Big(\sum_{\substack{1 \leqslant j \leqslant n \\ j \neq i}} a_{i,j} x_j^{(k-1)} - b_i\Big) \tag{8-54}$$

因此,在计算 $x^{(k)}$ 的第 i 个分量 $x_i^{(k)}$ 时,完全只使用上一轮迭代向量 $x^{(k-1)}$ 中的元素。事实上,这个时候前 $i-1$ 个分量 $x_1^{(k-1)}$、$\cdots$、$x_{i-1}^{(k-1)}$ 已经计算出来,可以利用。因此,可用式 8-55

$$x_i^{(k)} = -\frac{1}{a_{i,i}}\Big(\sum_{1 \leqslant j \leqslant i-1} a_{i,j} x_j^{(k)} + \sum_{i+1 \leqslant j \leqslant n} a_{i,j} x_j^{(k-1)} - b_i\Big) \tag{8-55}$$

对式 8-54 进行改进。写为矩阵的形式为

$$\boldsymbol{x}^{(k)} = -\boldsymbol{D}^{-1}(\boldsymbol{L}\boldsymbol{x}^{(k)} + \boldsymbol{U}\boldsymbol{x}^{(k-1)} + \boldsymbol{b}) \tag{8-56}$$

变形整理得

$$\boldsymbol{x}^{(k)} = -(\boldsymbol{D}+\boldsymbol{L})^{-1}\boldsymbol{U}\boldsymbol{x}^{(k-1)} + (\boldsymbol{D}+\boldsymbol{L})^{-1}\boldsymbol{b} \tag{8-57}$$

令 $\boldsymbol{H}_s = -(\boldsymbol{D}+\boldsymbol{L})^{-1}\boldsymbol{U}, \boldsymbol{g}_s = (\boldsymbol{D}+\boldsymbol{L})^{-1}\boldsymbol{b}$,即可获得赛德尔迭代。可以证明,赛德尔迭代的收敛速度不低于雅克比迭代。

8.6 符号计算

前面的章节重点讨论了若干种数值计算方法。与数值计算相对应的概念是符号计算,它一般给出问题的精确解或者解析表示。本节主要介绍 Python 中符号计算库 SymPy 的使用,但不关心其内部实现原理。

使用 Python 的 SymPy 库进行符号计算时,首先需要建立符号变量以及符号表达式。符号变量是构成符号表达式的基本元素,可以通过使用库中的 Symbol 或者 symbols 函数创建。

例 8-17　构建符号变量的(交互式)代码片段。

```
>>>from sympy import *
>>>x = Symbol('x')
>>>y, z = symbols('y z')
```

两者的主要区别在于:前者只能构建单个符号变量,后者则可构建多个(以空格分隔)。注意,在语句

```
x = Symbol('x')
```

中,x 是符号变量的名称,而'x'则是符号变量的值,用于显示。符号变量的名称和值不一

定相同,例如:

```
var_v = Symbol('v')
```

也同样声明了一个值为'v'的符号变量 var_v。

同 Numpy、Math 等库一样,SymPy 库也内置了大量的数学函数,如 sin、exp 等。但是,不同于数值计算,符号计算的结果一般是一个表达式。例如:

```
>>>sin(var_v)
sin(v)
```

另外的方式是使用 sympify 函数,它可以整体建立一个符号表达式:

```
>>>z = sympify('sin(x)+3*exp(y)')
```

符号表达式可以代入具体的数进行求值。

例 8-18 符号表达式代入具体的数进行求值。

```
>>>u = z.subs(x,2)
>>>u
3*exp(y)+sin(2)
>>>v = u.subs(y,1)
>>>v
sin(2) +3*E
>>>v.evalf()
9.06414291220282
```

或者,上述求值可以直接使用语句

```
>>>z.evalf(subs={x:2,y:1})
```

完成。

例 8-19 除了代入求值之外,Sympy 库支持符号化简操作。

```
>>>u = 2*sin(x)*cos(x)
>>>simplify(u)
sin(2*x)
>>>simplify(sin(x)**2+cos(x)**2)
1
```

建立符号表达式之后,可以求其导数及积分、定积分。下面是一个计算导数及高阶导数的示例。

```
>>>from sympy import *
>>>x, y = symbols('x y')
>>>z = sin(x)+3*exp(y)
>>>diff(z,x)
```

```
cos(x)
>>>diff(z,y)
3*exp(y)
>>>diff(z,x,2)
-sin(x)
```

其中,diff(z,x,2)是计算 z 对 x 的二阶导数(其余阶导数类似)。

在 Sympy 库中,一般使用 integrate 函数计算符号表达式的不定积分或者定积分。

例 8-20 下面的代码段

```
>>>u=3*sin(2*x)+1/x
>>>intergrate(u)
log(x)-3*cos(2*x)/2
```

就验证了

$$\int \left(3\sin(2x) + \frac{1}{x}\right) dx = \ln x - \frac{3}{2}\cos(2x) + C$$

这个事实。Sympy 库的不定积分结果默认将 C 省略。

例 8-21 下面是一个计算定积分的例子。

```
>>>integrate(u,(1,3))
-3*cos(6)/2+3*cos(2)/2+log(3)
>>>integrate(exp(-x**2),(x,0,oo))
sqrt(pi)/2
>>>integrate(sin(x)/x,(x,0,oo))
pi/2
```

上述 3 条语句分别表示了

$$\int_1^3 \left(3\sin(2x) + \frac{1}{x}\right) dx = -\frac{2\cos 6}{2} + \frac{3\cos 2}{2} + \ln 3$$

$$\int_0^\infty e^{-x^2} dx = \frac{\sqrt{\pi}}{2}$$

以及

$$\int_0^\infty \frac{\sin x}{x} dx = \frac{\pi}{2}$$

这些积分运算结果。

例 8-22 除了积分运算之外,还可以进行级数求和运算,如下面的例子:

```
>>>n,i =symbols('n i')
>>>summation(i**2+2*i+2,(i,0,n))
n**3/3+3*n**2/2+19*n/6+2
```

上面的输出结果表明

$$\sum_{i=0}^{n}(i^2+2i+2)=\frac{n^3}{3}+\frac{3n^2}{2}+\frac{19n}{6}+2$$

而下面的计算

```
>>>summation(1/i**2,(i,1,oo))
pi**2/6
```

则验证了

$$\sum_{i=1}^{\infty}\frac{1}{i^2}=\frac{\pi^2}{6}$$

这一事实。

可以使用Sympy库提供的功能直接获得函数泰勒级数表达式。

例8-23 使用Sympy库提供的功能直接获得函数泰勒级数表达式,如下面的代码所示。

```
>>>y=exp(x)
>>>y.series(x)
1+x+x**2/2+x**3/6+x**4/24+x**5/120+O(x**6)
>>>y.series(x,2)
exp(2)+(x-2)*exp(2)+(x-2)**2*exp(2)/2+(x-2)**3*exp(2)/6+(x-2)*
*4*exp(2)/24+(x-2)**5*exp(2)/120+O((x-2)**6,(x,2))
>>>y.series(x,2,8)
exp(2)+(x-2)*exp(2)+(x-2)**2*exp(2)/2+(x-2)**3*exp(2)/6+(x-2)*
*4*exp(2)/24+(x-2)**5*exp(2)/120+(x-2)**6*exp(2)/720+(x-2)**7*
exp(2)/5040+O((x-2)**8,(x,2))
```

可分别获得函数 $y=e^x$ 在 $x=0$ 处和在 $x=2$ 处展开的泰勒级数。其中,第三个参数指定级数展开的项数。

例8-24 使用Sympy库计算函数在指定点处的极限也非常方便。

```
>>>limit((exp(x)-1)/x, x, 0)
1
>>>limit(1/(1-x), x, oo)
0
```

为支持代数方程、方程组求根,SymPy库提供了solve函数。

例8-25 下面是使用SymPy库进行方程求根的示例。

```
>>>x, y=symbols('x y')
>>>solve(x**2-1, x)
[-1, 1]
```

即方程 $x^2-1=0$ 的解集为 $\{-1,1\}$。该函数还可用于方程组(不一定是线性方程)求解。

```
>>>solve([x+y-2, x**2-y+3],[x,y])
[(-1/2-sqrt(3)*I/2, 5/2+sqrt(3)*I/2), (-1/2+sqrt(3)*I/2, 5/2-sqrt(3)*I/
2)]
```

事实上,变元数目还能够扩展至多个。

有时除了关心方程的根之外,还关心每个根的重数。例如,使用 solve 函数,只能得到下面的结果

```
>>>solve(x**2-2*x+1, x)
[1]
```

而使用 roots 函数,则可获得额外的重数信息:

```
>>>roots(x**2-2*x+1,x)
{1:2}
```

SymPy 库提供了 dsolve 函数进行常微分方程求解。

在声明时,可以使用 Function 函数

```
>>>f=Function('f')
```

或者

```
>>>f=symbols('f',cls=Function)
```

将符号变量 f 声明为函数类型。

例 8-26 使用 dsolve 函数求解微分方程(f 为上面定义的 Function 函数)

```
>>>diffeq=Eq(f(x).diff(x,2) -2*f(x).diff(x) +f(x), cos(x))
>>>dsolve(diffeq, f(x))
Eq(f(x), (C1+C2*x)*exp(x) -sin(x)/2)
```

通过上面的计算知道:微分方程

$$f''(x) - 2f'(x) + f(x) = \cos(x)$$

的解为

$$f(x) = (C_1 + C_2 x) * e^x - \frac{\sin x}{2}$$

其中,C_1 和 C_2 是两个常数。

在某些特定的终端中,使用 init_printing() 函数,以更加接近数学书写习惯的形式显示符号计算的结果,如图 8-6 所示。

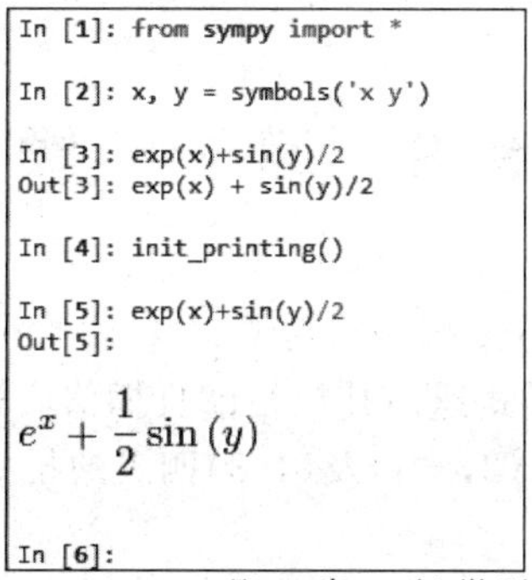

```
In [1]: from sympy import *
In [2]: x, y = symbols('x y')
In [3]: exp(x)+sin(y)/2
Out[3]: exp(x) + sin(y)/2
In [4]: init_printing()
In [5]: exp(x)+sin(y)/2
Out[5]:
        e^x + 1/2 sin(y)
In [6]:
```

图 8-6 (图形化 IPython 终端中)使用 init_printing 函数后的显示效果

此外,还可以使用SymPy库完成隐函数的绘制功能。

例8-27 下面的代码

```
from sympy import *
ezplot = lambda expr:plot_implicit(sympify(expr))
ezplot('(x-1)**2+(y-2)**3-4')
```

就完成了绘制隐函数

$$(x-1)^3 + (y-2)^3 - 4 = 0$$

的图像的功能,结果如图8-7所示。

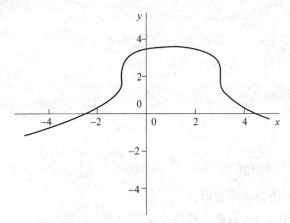

图8-7 SymPy 绘制隐函数图像

8.7 小 结

本章介绍了常用的数值计算方法,并讨论了其具体程序实现,同时简要地介绍了Python 的 SymPy 库的使用。这些数值方法包括泰勒级数、多项式插值、多项式拟合,主要体现了用多项式对复杂函数进行近似替代的思想;数值微分、数值积分,主要基于函数插值进行;非线性方程求解:诸如二分法、函数迭代法、牛顿迭代法,主要体现了"逼近"的思想,讨论了每种方法的适用情况以及迭代收敛速度等;线性方程组求解:主要包括基于高斯消去或 LU 分解的直接求解法,以及基于雅克比迭代或者赛德尔迭代的迭代求解算法。最后,本章还介绍了 Python 的符号计算库——SymPy 的主要功能。

8.8 习 题

1. 编写函数 symb_Lang_intp(x,y),其中 x=['x1',…,'xn'],y=['y1',…, 'yn'],为两个字符串列表,以字符串形式返回其拉格朗日插值表达式。

2. 绘制过(−1,3)、(1,6)、(2,−1)及(4,3)四点的拉格朗日插值函数的图像。

3. 试证明下列关于差商的性质。

(1) 线性性：令 $h(x)=\alpha f(x)+\beta g(x)$，则
$$h[x_1,\cdots,x_n] = \alpha f[x_1,\cdots,x_n]+\beta g[x_1,\cdots,x_n]$$

(2) 无序性：设 $x_{i_1},\cdots,x_{i_n}$ 是 $x_1,\cdots,x_n$ 的一个排列，则
$$f[x_1,\cdots,x_n] = f[x_{i_1},\cdots,x_{i_n}]$$

4. 证明差分具有如下的性质。

(1) 线性性：$\Delta^k(\alpha f(x)+\beta g(x))=\alpha\Delta^k f(x)+\beta\Delta^k g(x)$

(2) 高阶差分可用原函数组合表示：
$$\Delta^k f(x) = \sum_{i=0}^{k}(-1)^{k-i}\binom{k}{i}f(x+ih)$$

(3) 反之，原函数也可用高阶差分表示：
$$f(x+kn) = \sum_{i=0}^{k}\binom{k}{i}\Delta^i f(x)$$

5. 实现构造埃尔米特插值多项式的 Python 函数。

6. 仿照拉格朗日插值余项公式的推导方法，证明艾尔米特插值余项的形式为
$$f(x)-H(x) = \frac{f^{(2n)}(\zeta)}{(2n)!}\prod_{i=1}^{n}(x-x_i)^2$$

7. 编写函数，基于拉格朗日插值计算函数在插值点处的数值导数。

8. 利用拉格朗日余项公式，证明利用式 8-24 计算数值导数的误差公式为
$$f'(x_i)-L'_n(x_i) = \frac{f^{(n)}(\zeta)}{n!}\prod_{\substack{1\leqslant j\leqslant n\\ j\neq i}}(x_i-x_j)$$

9. 一只兔子在坐标位置(20,0)(单位：米)处以速率 $v_r=3$(单位：米/秒)沿平行于 y 轴正向的方向奔跑；与此同时，一只猎狗在坐标原点处以速率为 $v_d=4.5$(单位：米/秒)追击兔子。猎狗在追击兔子的过程中，方向始终朝向兔子的当前位置。请绘制猎狗追击兔子的近似曲线①，并估计追击时间。

10. 在例 8-13 的程序实现中，没有考虑到 A[i][i] 为 0 或者接近于 0 的情况。事实上，此时应当寻找使得 A[j][i] 中绝对值最大的行标 j，并交换 A 的第 i 行与第 j 行。其次，由于浮点 0 有时无法精确表示，应当设置某个绝对值非常小的正数 tol(如 1E-10)，当元素绝对值小于该值时，将其认为是 0。

11. 在例 8-15 的 LU-分解程序中，没有考虑对角线元素为 0 或者接近于 0 的情况。请基于该程序框架对程序进行修改，使得程序更加健壮。具体要求如下。

(1) 在确定第 i 列的 **L** 元素时，应从所有 j>=i 中寻找使得 A[j][i] 绝对值最大者。此时交换 A 及 b 中 i,j 两行。

(2) 若当 j>=i 时皆有 A[j][i] 为 0，则需要做特殊处理——一般设置某个小的正数 tol(如 1E-10)，当 abs(A[j][i])<tol 时，便可认为其值接近于 0。

12. 编写 Python 程序，实现公式 8-30 的中点法计算。

13. 编写 Python 程序，实现 8.5.2 节的赛德尔迭代。

---

① 本题目要求以数值方法进行近似计算。事实上，该问题有初等解析解。

第 9 章　计算机发展新技术

【学习内容】

本章介绍计算机发展新技术的相关内容,主要知识点如下。

(1) 高性能计算。

(2) 云计算。

(3) 大数据。

(4) 人工智能。

(5) 量子计算。

(6) 光计算。

(7) 生物计算。

【学习目标】

通过本章的学习,读者应该掌握如下内容。

(1) 理解高性能计算的含义和意义,了解其关键技术、典型应用和发展挑战。

(2) 理解云计算的基本概念,了解其技术特点和服务模式。

(3) 理解大数据的基本概念,了解大数据处理的基本流程。

(4) 理解人工智能基本概念,了解其发展历程;了解搜索、知识表示、推理、机器学习、人工神经网络、智能控制等概念。

(5) 了解新型计算技术,包括量子计算、光计算、生物计算等。

伴随全球信息化步伐的加快,计算机技术已成为当今时代发展最为迅速的科学技术之一,新的理论、新的技术、新的应用层出不穷。本章首先介绍最近发展较快的一些计算机技术,包括高性能计算、云计算与大数据、人工智能等。然后,介绍一些非传统的新型计算技术,包括量子计算、光计算、生物计算等。本章所列的技术发展只是计算机科学与技术发展中的部分内容。限于篇幅,本章所涉及的技术无法深入全面地展开讨论,希望感兴趣的读者能以此为线索,进一步深入学习。

9.1 高性能计算

高性能计算(High Performance Computing，HPC)是利用超级计算机实现并行计算的理论、方法、技术以及应用的一门技术科学，在国防安全、高科技发展和国民经济建设中均占有重要战略地位。

9.1.1 高性能计算的含义及意义

高性能计算原指求解问题速度很快的一类计算。随着技术的发展，高性能计算的内涵越来越丰富。从直观上讲，高性能计算泛指计算速度快、计算量大、计算效率高的一类计算，要求在尽量短的时间内完成给定的计算任务。通常，高性能计算又称为超级计算，高性能计算机又称超级计算机或巨型计算机。超级计算机是计算机中功能最强、运算速度最快、存储容量最大的一类计算机，被广泛用于工业、气象、高科技研究领域和尖端技术研究，可解决大规模科学与工程计算问题和大数据处理问题。超级计算机的基本组件与普通计算机无太大差异，但规格与性能则强大许多，具有很强的计算和处理数据的能力，主要特点表现为高速度和大容量，配有多种外部和外围设备以及丰富的、高效的软件系统，是一种超大型电子计算机。具体而言，一个超级计算机系统主要由高性能计算部件、高速互连通信系统、高性能输入输出系统和高性能计算软件栈组成。其中，高性能计算部件主要为中央处理器和协处理器，又称为计算结点，是实现超高计算能力的功能部件；高速互连通信系统主要实现多个计算部件的信息传递，使其能够构成协调工作的有机整体；高性能输入输出系统主要负责大规模数据的存储、输入和输出；高性能计算软件栈是系统的灵魂，负责系统庞大资源的管理与调度，支撑着超级计算机系统的运行、应用开发和运营，是发挥系统性能的关键。以 ENIAC 为代表的第一代电子计算机，运算速度仅在每秒数千个操作的量级上，能存储数十个数。而目前，世界上最快的超级计算机运算速度可以达到每秒 20 亿亿次，存储容量达到 10PB 级。在这样的运算速度前提下，通过数值模拟可以预测和解释以前无法实验的自然现象。

随着人类认识的不断拓展和深化，尤其是现代大科学、大工程、大数据的出现，在科技发展领域，以超级计算机为平台的高性能计算，已逐渐与科学理论、科学实验一起，并称为科学与工程研究的三大手段，被认为是科技创新核心竞争力的重要方面和推动国家经济建设与发展的强力引擎。高性能计算在科技创新和产业发展中发挥着顶天立地的支撑作用。在支撑重大科技创新方面，如大飞机与航天器设计、新材料新能源、药物研发、基因工程、气候气象等领域，高性能计算机已成为创新研究的必要工具；在产业应用方面，无论是油气开发还是装备制造等，高性能计算在提高生产研发效率、降低生产成本等方面发挥了重要作用。高性能计算已成为信息时代世界各国特别是发达国家竞相争夺的技术制高点，是一个国家综合国力和科技创新力的重要标志，对国家安全、经济和社会发展具有举足轻重的意义。

近年来,我国超级计算机及其应用的发展不断取得突破,为我国科技强国之路提供了坚实的基础和保证。2010年11月,由国防科技大学研制的"天河一号"超级计算机,以峰值速度每秒4.7千万亿次、持续速度每秒2.566千万亿次浮点运算,荣登世界超级计算机TOP500排行榜榜首,成为当时世界上运算速度最快的超级计算机,引起全球瞩目。作为"天河一号"超级计算机的后继,"天河二号"超级计算机于2013年6月起至2016年6月之间,以峰值速度每秒54.90千万亿次、持续速度每秒33.86千万亿次浮点运算,在世界超级计算机TOP500排行榜上连续6次蝉联第一。2016年6月,由国家并行计算机工程技术研究中心研制的,全部采用国产处理器构建的"神威·太湖之光"超级计算机系统,以峰值速度每秒12.5亿亿次、持续速度每秒9.3亿亿次浮点运算,登顶世界超级计算机TOP500排行榜榜单之首,成为国内第一台全部采用国产处理器构建的、世界排名第一的超级计算机。2016年11月,我国科研人员依托"神威·太湖之光"超级计算机的应用成果首次荣获"戈登·贝尔"奖,实现了我国高性能计算应用成果在该奖项上零的突破。

9.1.2 高性能计算的关键技术

从20世纪90年代开始至今,大规模并行计算一直是高性能计算机提供高性能计算能力的主要技术途径。所以,目前高性能计算机一般指高性能并行计算机。高性能计算领域所关注的核心问题是利用不断发展的并行处理单元以及并行体系架构来实现高性能并行计算,其研究范围涵盖并行计算模型、并行编程模型、并行执行模型、并行自适应框架、并行体系结构、并行网络通信以及并行算法设计等。

1. 并行计算的基本概念

并行计算(Parallel Computing)又称为并行处理,是指同时对多个任务或多条指令或对多个数据项进行处理。并行计算的主要目的包括两个方面:一是为了提供比传统计算机更快的计算速度;二是解决传统计算机无法解决的问题。换而言之,并行计算可以在给定的合理时限内完成要求的计算任务。例如,制造业一般要求的时限是秒级,短时天气预报(12小时以内)一般要求的时限是分钟级,中期天气预报(4~10天)一般要求的时限是小时级,长期天气预报(10天以上)一般希望尽可能快点,而对于湍流模拟则时限方面只要求是可计算的。

完成并行计算的计算机系统称为并行计算机系统(又称为并行处理计算机系统),它将多个处理器通过网络连接以一定的方式有序地组织起来。这里,多个处理器可以是几个、几十个、几千个、几万个等,一定的连接方式涉及网络的互连拓扑和通信协议等,而有序组织则涉及操作系统和中间件软件等。并行计算机系统的组成包括3个要素:结点、互连网络、内存。其中,结点是构成并行计算机系统的基本单位,一个结点可由多个处理器构成。在一个结点内部,多个处理器通过集线器相互连接,并共享连接在集线器上的内存模块、I/O模块和路由器。所有结点通过互连网络连接在一起,相互通信。并行计算机系统的内存由多个存储模块组成,这些存储模块可以位于各个结点内部,也可以位于结点外部,与结点对称地分布在互连网络的两侧。

2. 并行计算机体系结构

对于并行计算机系统的分类,最广泛使用的是根据计算机系统中数据流和指令流的多倍性来分类。指令流是指机器执行的指令序列。数据流是指由指令流调用的数据序列,包括输入数据和中间结果。多倍性是指在系统性能瓶颈部件上处于同一执行阶段的指令或数据的最大可能个数。根据指令流和数据流的多倍性,可把并行计算机系统分为以下 4 类。

1) 单指令流单数据流(Single Instruction stream Single Data stream,SISD)

在 SISD 计算机系统中,单一处理器执行单一的指令流以实现对保存在单一可访问存储器内的数据的操作。单处理器系统就是 SISD 计算机系统的一个典型例子,在这种计算机系统中没有并行处理方式,实际上就是普通的顺序处理的串行机。

2) 单指令流多数据流(Single Instruction stream Multiple Data stream,SIMD)

在 SIMD 计算机系统中,单一指令可以同步控制多个处理部件,每个处理部件都有一个相关的数据存储器,所以一条指令可以在不同的数据组上完成相同的操作。

3) 多指令流单数据流(Multiple Instruction stream Single Data stream,MISD)

在 MISD 计算机系统中,多个处理器按照各自不同的指令序列,对同一数据流及其中间结果进行不同的处理。目前,这类系统在实际中很少见到。

4) 多指令流多数据流(Multiple Instruction stream Multiple Data stream,MIMD)

在 MIMD 计算机系统中,多个处理器并行处理完成不同的指令序列,对不同的数据进行加工操作。MIMD 计算机系统实际上就是多处理器并行系统。在多指令流多数据流的组织下,各个处理器是通用的,每个处理器都能处理所有数据并完成相应数据运算的指令。MIMD 计算机系统还可以按照各处理器的通信方式进一步进行划分。

总的来说,SISD 计算机系统就是普通的顺序处理的串行机,而 MISD 计算机系统在实际中很少见到。SIMD 计算机系统和 MIMD 计算机系统是目前典型的并行计算机系统。相比而言,MIMD 计算机系统中没有统一的控制部件,各处理器可以独立地执行不同的程序,而在 SIMD 计算机系统中,各处理单元执行的是同一个程序。在 MIMD 计算机系统中,每个处理器都有控制部件,各处理器通过互连网络进行通信。所以,MIMD 结构比 SIMD 结构更加灵活。SIMD 通常要求实际问题包含大量的对不同数据的相同运算(如向量运算或矩阵运算)才能发挥其优势。而 MIMD 则无此要求,适用于更多的并行算法,所以可以更加充分地利用实际问题的并行性。SIMD 计算机系统所使用的处理器通常是专门设计的,而 MIMD 计算机系统则可以使用通用的处理器。

从系统结构的角度,并行计算机一般可以分为 6 种:单指令流多数据流计算机(SIMD)、并行向量处理机(PVP)、对称多处理机(SMP)、大规模并行处理机(MPP)、分布式共享存储多处理机(DSM)和集群。这 6 种计算机中,除了 SIMD 外,其余 5 种均属于 MIMD 计算机。下面主要介绍这 5 种 MIMD 计算机。

1) 并行向量处理机(Parallel Vector Processor,PVP)

PVP 中一般包含为数不多、功能强大的、专门定制的向量处理器。每个向量处理器都有很强的处理能力。PVP 通常采用定制的高带宽的交叉开关网络,将向量处理器连向共享存储器模块,存储器可以以很高的速度向处理器提供数据。PVP通常不使用高速缓存,而是使用大量的向量寄存器及指令缓冲器,这使得该模型对程序编制的要求比较高。我国早期研制的"银河一号""银河二号"超级计算机采用了PVP结构。

2) 对称多处理机(Symmetric Multi-Processor,SMP)

对称多处理机是指在一个计算机上汇集了一组处理器,各处理器之间共享内存子系统以及总线结构,其主要特点是所有处理器完全平等,没有主从之分,都可以平等地访问内存及其他计算机资源(如I/O、外部中断等)。在这种架构下,系统将任务队列均匀地分配到所有处理器之上,从而极大地提高了整个系统的数据处理能力。因为使用共享存储器,通信可通过读写共享变量来实现,这使得该模型下编程比较容易。我国研制的"曙光一号"超级计算机采用了SMP结构。

3) 大规模并行处理机(Massive Parallel Processor,MPP)

MPP指由大量处理单元(数百至数万,甚至更多)构成的一种并行处理系统。处理结点采用微处理器(微处理器是由一片或少数几片大规模集成电路组成的中央处理器,与传统的中央处理器相比,具有体积小、重量轻和容易模块化等优点),结点间以定制的高速网络互连。MPP是一种异步的多指令流多数据流机器,其程序由多个进程组成,这些进程分布在各个微处理器上,每个进程有自己独立的地址空间,进程之间通过消息传递进行通信。我国研制的"曙光-1000"计算机系统采用了MPP结构。

4) 分布式共享存储(Distributed Shared Memory,DSM)多处理机

DSM的主要特点是在物理上其存储器是分布在各个结点中的(即为局部存储器),但是通过硬件和软件为用户提供一个单一地址的编程空间,即形成一个逻辑上(虚拟)的共享存储器。它通过高速缓存目录支持分布高速缓存的一致性。我国研制的"银河三号"和"神威一号"超级计算机采用了DSM结构。

5) 集群(Cluster)

集群是指利用高速互连网络将一组独立的计算机(微机、工作站或SMP)按某种结构连接起来,在并行系统软件支持下实现统一调度的高效并行处理系统。集群的每个结点都是一台完整的计算机,都有自己的CPU、内存和硬盘等(但可能没有鼠标和显示器等外部设备)。各结点间的通信主要采用消息传递方式。集群对用户和应用来说是一个单一的系统,它可以提供低价高效的高性能环境和快速可靠的服务等。总体来说,集群系统具有结构灵活、通用性强、安全性高、易于扩展、高可用性和高性价比等诸多优点。所以,近期研制的超级计算机大都使用这种结构,该结构的超级计算机在目前列入世界超级计算机TOP500排行榜中所占比率很高。我国研制的"曙光2000""曙光3000"都采用了集群结构。

3. 并行计算机互连网络技术

互连网络是一种由开关元件按照一定的拓扑结构和控制方式构成的网络,用来实现计算机系统内部多个处理机或多个功能部件之间的相互连接和信息交换。互连网络是并行计算机系统的核心组成部分,担当了十分重要的角色。

并行计算机系统中的互连网络有两个层次:结点内和结点间。结点内的互连网络指

CPU、局部内存、本地磁盘和结点内其他设备之间的互连网络,例如处理器总线和存储总线。结点间的互连网络指各结点之间的互连网络,例如以太网和各种定制的网络。互连网络的操作方式可分为同步通信和异步通信,控制策略可分为集中控制和分布控制,交换方式主要有存储转发和切通寻径。

对于普通的使用者而言,无须知道并行计算机系统互连网络底层复杂的通信机理,而只需从拓扑结构的角度了解互连网络。互连网络的拓扑结构可以用无向图来表示:图中的结点表示并行计算机系统中的各个部件,图中的边表示部件之间的链路,即在两个端点代表的部件之间存在直接连接的物理通信通道。结点间的互连网络可以有各种拓扑结构,按照程序执行过程中链路是否可变,可分为静态网络和动态网络。静态网络是指结点间的连接通路是固定的,在程序运行过程中不能改变连接的网络。这种网络比较适合构造通信模式可预测或可用静态连接实现的计算机系统。动态网络是由开关单元构成的,可按应用程序的要求动态地改变连接状态的网络。动态网络中,结点之间连接不是固定的,在程序执行过程中可以改变,一般通过电子开关、路由器、集中器、分配器、仲裁器等部件来实现动态可变的连接。典型的动态网络包括总线、交叉开关和多级互连网络等。

随着互连网络技术的迅速发展,涌现出多种高速互连网络,例如 Myrinet、ATM、FDDI 等。它们有着传统以太网不可比拟的优良性能。近年来,还出现了多种新的高速互连技术可用于构造并行计算机系统,包括光交换技术和硅光电技术等。

4. 并行计算机访存模型

并行计算机访存模型是从并行计算机访问存储器的方式的角度来研究并行计算机的。常见的并行计算机访存模型有 5 种,下面分别简要介绍。

1) 均匀访存(Uniform Memory Access,UMA)模型

该模型中,所有的处理器均匀共享物理存储器,所有处理器访问任何存储字所需要的访存时间相同(此即均匀访存名称的由来)。当然,每个处理器可以有自己私有的高速缓存。

2) 非均匀访存(Non-Uniform Memory Access,NUMA)模型

该模型中,被共享的存储器物理上是分布式的,所有的本地存储器构成了全局地址空间。处理器访问不同类别的存储器的访存时间不一样,访问本地存储器或群内共享存储器比访问群间共享存储器快(此即非均匀访存名称的由来)。

3) 全高速缓存访存(Cache-Only Memory Access,COMA)模型

该模型是非均匀访存模型的一种特例,将非均匀访存模型中的分布式存储器全部替换成高速缓存,就得到了全高速缓存访存模型。在全高速缓存访存模型中,各个结点无存储层次之分,各个处理器所带的高速缓存一起构成了全部地址空间。访问远程高速缓存要借助分布的高速缓存目录。

4) 高速缓存一致性非均匀访存(Coherent-Cache NUMA,CC-NUMA)模型

该模型也是非均匀访存模型的一种。该模型中,存储器在物理上是分布的,所有的局部存储器构成了共享的全局地址空间,并对高速缓存一致性提供硬件支持。该模型最显著的优点是程序员无须明确地在结点上分配数据,系统的硬件和软件开始运行时会自动

在各结点上分配数据。在程序运行过程中,高速缓存一致性硬件会自动地将数据移至需要它的地方。在实际应用中,大多数的数据访问都可在本结点内完成,网络上传输的主要是高速缓存无效性信息而不是数据。

5) 非远程访存(No-Remote Memory Access,NORMA)模型

该模型中,所有存储器都是私有的,没有共享内存,通过在互连网络上进行消息传递来实现通信。绝大多数非远程访存模型都不支持对远程存储器的访问。

9.1.3 高性能计算的典型应用

应用需求是高性能计算技术发展的根本动力。国家许多重要行业和关键领域对于高性能计算机都提出了很大的需求。当前,高性能计算主要应用于大科学、大工程、产业升级和信息化建设等领域。

在大科学方面,高性能计算主要应用于宇宙科学、地球科学、生命科学、核科学、材料科学等涉及人类生存和发展、蕴含科学理论重大突破的关键科学研究领域,是"理论、实验、计算"三大科学研究手段之一,是建设创新型国家、提升科技创新能力的重大基础设施。

在大工程方面,高性能计算主要应用于载人航天与探月工程、大飞机设计制造、高分辨率对地观测、石油勘探、核电站工程、基因工程、蛋白质工程、新药创制、水体污染控制与治理、土木工程、大型装备设计制造等国家重大专项和重大工程领域,是解决大工程挑战性问题的重大支撑平台。

在产业升级方面,高性能计算主要应用于汽车、船舶、机械制造、电子产品等传统产业的设计创新,促进产业转型,形成"创新、设计、制造"的完整产业链。也逐渐应用于节能、环保、生物制药、新材料、新能源、金融工程、数字媒体和动漫等战略性新兴产业领域,是支撑产业升级和产业创新发展的倍增器,还可直接带动微电子、光通信、软件研发等相关产业的发展,是引领高端信息产业发展的辐射源。

在信息化建设方面,高性能计算与云计算、大数据有机结合,主要应用于智慧城市、电子政务、电子商务、互联网应用、物联网应用等领域,是服务于信息化建设的资源池。

解决上述关系国家战略和国计民生领域内的重大需求都离不开高性能计算的强力支撑。例如,"天河二号"超级计算机系统目前已构建起材料科学与工程计算、生物计算与个性化医疗、全数字设计与装备制造、能源及相关技术数字化设计、地球科学与环境工程计算、智慧城市与大数据处理等应用服务平台,已先后为国内外数百家用户提供了高性能计算服务,为近百个国家重大科技项目、国际合作项目提供了高性能计算支持,为推动我国社会经济发展、提升国家科技创新能力和企业竞争力发挥了重要作用。

9.1.4 高性能计算的发展挑战

随着日本的"京"、美国的"红杉"与"泰坦"、中国的"天河二号"与"神威·太湖之光"等超级计算机的陆续发布,高性能计算已正式进入了亿亿次时代,处理器核的数量已达到百

万量级。在如此巨大的并行规模之下,高性能计算机的研制遇到了前所未有的挑战,在访存性能、可靠性、能耗控制、互连通信、应用开发等多个方面都面临技术瓶颈,极大制约了系统性能和规模的进一步提升。这些技术瓶颈被形象地称为"墙"。

1. 存储墙

20世纪80年代以来,处理器性能的年增长速度曾一度超过50%,而存储器性能的年增长速度平均只有7%,这使得处理器和存储器之间的增速差距越来越大,导致了存储墙问题的出现。多核处理器的出现提高了计算速度,但并没有缓解存储墙问题,反而使其变得更加严重。解决存储墙问题主要有两种技术途径:一种是依靠计算机使能技术的发展,例如芯片间光互连技术的突破,或者是未来的光计算机、量子计算机、生物计算机等新概念计算机技术的发展;另一种是依靠计算机领域自身体系结构技术的发展,在计算机软件和硬件的共同配合下突破存储墙问题。

2. 可靠性墙

随着高性能计算机的规模不断扩大,系统的可靠性问题越来越突出。美国洛斯阿拉莫斯国家实验室从1996到2005年11月对22个高性能计算系统的统计数据显示,高性能计算机单个结点的平均故障率为1/(512小时)。Intel公司对当前大规模并行系统性能的统计和预测数据表明,当系统计算性能约达到P量级(10^{15} Flops)与E量级(10^{18} Flops)之间时,系统级全局容错机制引入的时间可能达到甚至超过系统的平均无故障时间,这意味着高性能计算系统将无法正常工作。所以,必须设法降低容错开销,否则高性能计算机将受制于可靠性问题而无法继续扩展。

3. 能耗墙

半导体工艺的进步让芯片生产厂商得以在更小的芯片面积内集成更多的晶体管。然而,芯片密度的增加带来的不仅是性能的提升,还有功耗密度的增加。Intel公司近30年来发布的微处理器功耗密度每18~24个月会增加一倍,这被称为功耗的摩尔定律。大规模并行系统的能耗更是由于系统规模的激增而飞速增长,当前已达到10MW量级。能耗的急剧增加不但提高了芯片封装和制冷技术的成本,同时也导致系统部件的温度不断上升。高温环境下运行增加了芯片的失效率,导致计算机系统稳定性下降(一般来说,温度每升高10℃,系统的失效率就会提高一倍)。此外,巨大的能耗还带来了庞大的运维成本,使得高性能计算机变得不可扩展。

4. 通信墙

通信是高性能计算机在E级计算时代面临的主要挑战之一。处理器计算能力的迅速提高使得系统对互连网络带宽的要求更加迫切。一般而言,芯片对互连带宽的需求与其处理能力呈指数关系。所以,高性能计算技术的发展需要有更高带宽的互连网络与之相匹配。另一方面,通信延迟主要取决于两个处理结点之间的距离,即消息在这两个结点之间传递时经过的网络链路数,而随着系统规模的扩大,系统的网络直径也在不断增大,这也导致通信延迟的显著增加。在光互连等新型通信网络技术完全成熟足以替代传统电互连技术之前,高性能计算机对网络带宽和延迟的需求与实际网络能力之间存在巨大的鸿沟,将导致系统性能实际不可扩展,产生了所谓的通信墙问题。

5. 编程墙

为取得性能上的突破,高性能计算机在体系结构上不断创新,诸如异构这样的新型体系结构带来性能提升的同时,也给系统的编程带来严峻挑战。不同于传统同构体系结构计算机,异构系统引入了加速器设备,其编程方法和通用 CPU 通常相距甚远,而且还牵涉任务划分、数据划分和负载平衡等一系列问题,使得异构编程比同构编程复杂得多。另一方面,系统规模的扩张使得程序员需要在更大范围内考虑程序并行化的问题,同时应对深度并行带来的通信、同步、调试、优化等难题。这些因素都制约着高性能计算机的可扩展性。此外,高性能计算还在不断扩张其应用领域,在面向一些新兴领域的用户时,如何构造高效、易用的面向领域的编程界面也是影响高性能计算普适化的重大挑战问题。

9.1.5 Python 高性能编程——计算 π

Python 标准库提供了两种方式来实现并行或并发计算,可以加速 CPU 密集型任务或提高 I/O 密集型任务的反馈性。一种方式是采用多线程编程,如 Python 标准库中的多线程包 threading。但是,Python 存在全局解释锁(Global Interpreter Lock, GIL)限制,全局解释锁会阻止多个线程同时运行 Python 的字节码。因此,Python 的多线程没有实现真正意义上的并行,只能支持并发。Python 多线程编程可以提高 I/O 密集型任务的反馈性,但是不能加速 CPU 密集型任务。另一种方式是采用多进程编程,如 Python 标准库中的多进程包 multiprocessing。相比多线程编程,在 Python 多进程里,每个进程都运作各自的全局解释锁,避免了一个全局解释锁的限制,可以将任务分配到不同的 CPU(核),从而能够加速 CPU 密集型任务。当然,多进程会消耗更多的资源,进程间通信比线程间通信也更复杂。下面,以蒙特卡罗方法估算 π 为例,展示基于 multiprocessing 多进程编程来加速 CPU 密集型任务。

蒙特卡罗方法是一种以概率统计理论为指导的重要数值计算方法,使用随机数(或更常见的伪随机数)来解决很多计算问题。下面介绍如何应用蒙特卡洛方法来近似估算圆周率 π。让计算机每次随机生成两个 0~1 的小数,看以这两个小数为横纵坐标的点是否在单位圆内,如图 9-1 所示。生成一系列随机点,统计单位圆内的点数与所生成的总点数。0~1 的单位圆面积与正方形面积之比可以用单位圆内点数与所生成的总点数之比来估算。按公式,知道 0~1 单位圆面积(即 π/4)和正方形面积(即 1)之比为 π/4。因此,圆周率 π 可以用单位圆内点数与所生成的总点数之比的 4 倍来估算。当

图 9-1 使用蒙特卡罗方法来估算 π 的示意图

随机点获取越多时,其结果越接近于圆周率。

  计算机非常擅长完成这种求 π 的计算过程。下面先给出一个普通的非并行的 Python 实现版本,用到了随机数模块 random,其中,random() 方法将返回在[0,1)范围内随机生成的一个实数。

```python
import random
import time

def count_points_in_unit_circle(n):
    count = 0
    for i in range(n):
        x = random.random()
        y = random.random()
        if x * x + y * y <= 1:
            count = count + 1
    return count

if __name__ == '__main__':
    n_in_total = 10000000
    t1 = time.time()
    n_in_circle = count_points_in_unit_circle(n_in_total)
    pi_estimate = (n_in_circle/n_in_total) * 4
    print('Estimated value of pi: ', pi_estimate)
    print('Took ', time.time() - t1, 's')
```

  接下来,使用多进程包 multiprocessing 对上述串行程序并行化,把可利用的 CPU(核)都利用起来,得到下面的并行 Python 实现版本。该并行版本使用了多进程包 multiprocessing 的 Pool 类。Pool 类表示一个进程池,管理其中的多个进程。并行编程时可以指定并行的 CPU(核)个数,然后 Pool 会自动把任务放到进程池中运行。multiprocessing.cpu_count()用于获取当前计算机 CPU(核)的数量。Pool(processes=np)用于创建拥有 np 个进程数量的进程池,即最多同时执行 np 个进程。Pool 类中的 map()方法,与 Python 内置的 map()函数用法行为基本一致,它会使进程阻塞直到返回结果。pool.map(count_points_in_unit_circle, n_samples_per_process)表示对要处理的数据列表 n_samples_per_process 应用同一数据处理函数 count_points_in_unit_circle()。

```python
import random
import time
import multiprocessing
from multiprocessing import Pool

def count_points_in_unit_circle(n):
    count = 0
    for i in range(n):
        x = random.random()
        y = random.random()
```

```
        if x*x+y*y <=1:
            count=count+1
    return count

if __name__=='__main__':
    n_in_total =10000000
    np =multiprocessing.cpu_count()
    print ('You have', np,' CPUs')
    n_samples_per_process =[n_in_total//np] * np
    pool =Pool(processes=np)
    t1 =time.time ()
    n_in_circle =pool.map(count_points_in_unit_circle, n_samples_per_process)
    pi_estimate = (sum(n_in_circle)/n_in_total) * 4
    print ('Estimated value of pi: ', pi_estimate)
    print ('Took ', time.time () -t1, 's')
```

除了 Python 标准库，还有一些 Python 包或模块为更高级的高性能编程提供了支持，例如 Parallel Python[①]、IPython Parallel[②] 等。Parallel Python（简称 PP）是一个 Python 模块，提供了各种机制来支持 Python 代码在对称多处理机（多 CPU 或多核）和集群（通过网络连接的多台计算机）上并行执行。Parallel Python 相对轻量级，易于安装，并集成了其他软件，是一个用纯 Python 代码实现的跨平台的开源模块。IPython Parallel（简称 ipyparallel）是 IPython 提供的软件包，提供了并行和分布式计算的能力，支持单程序多数据（SPMD）、多程序多数据（MPMD）、MPI 消息传递等多种并行编程模型和模式。

9.2　云计算与大数据

计算技术的发展特别是网络技术的迅速发展催生了云计算技术的诞生，云计算技术的出现被广泛地认为是信息技术领域的又一次重大变革。而云计算、物联网、社交网络等新兴技术的发展使人类社会的数据产生方式发生了变化，人类社会的数据种类和规模正以前所未有的速度增长和累积，数据蕴含的价值日益受到重视，大数据时代已经到来。

9.2.1　云计算

云计算是基于互联网的相关服务的增加、使用和交付模式，通常通过互联网来提供动态易扩展且往往是虚拟化的资源。提供资源的网络被称为"云"。"云"中的资源在使用者

---

① http://www.parallelpython.com/
② http://ipyparallel.readthedocs.io/

看来是可以无限扩展的,并且可以随时获取,随时扩展,按需使用,按使用付费。这种特性经常被称为像水电一样使用 IT 基础设施。云是网络、互联网的一种比喻说法,因为技术人员在绘制系统结构图时,往往用一朵云的符号来表示电信网,后来也抽象地用来表示互联网和底层基础设施。云计算因此而得名。云计算作为一种新兴的计算模式,是并行计算、分布式计算和网格计算、效用计算、网络存储、虚拟化、负载均衡等传统计算机技术和网络技术发展融合的产物。它旨在通过网络把多个成本相对较低的计算实体整合成一个具有强大计算能力的系统,并借助基础设施即服务、平台即服务、软件即服务等商业模式把该计算能力分布到终端用户手中。云计算的一个核心理念就是通过不断提高"云"的处理能力,进而减少用户终端的处理负担,最终使用户终端简化成一个单纯的输入输出设备,并能按需享受"云"的强大计算处理能力。

  云计算具有如下一些特点。

  (1) 超大规模:"云"具有相当的规模。Google 云已经拥有 100 多万台服务器,Amazon、IBM、微软等大型 IT 公司的"云"均拥有几十万台服务器,企业私有云一般拥有数百上千台服务器。

  (2) 虚拟化:云计算使得用户可以在任意位置使用各种终端获取应用服务。所请求的资源来自"云",而不是固定的有形实体。应用在"云"中某处运行,但用户无须了解应用运行的具体位置,只需要一个终端(如一台笔记本或者一部手机),就可以通过网络获取服务,完成计算任务。

  (3) 高可靠性:"云"使用了数据多副本容错、计算结点同构可互换等措施来保障服务的高可靠性,使得使用云计算比使用本地计算机更可靠。

  (4) 通用性:云计算不针对特定的应用,在"云"的支撑下可以构造出各种应用,同一个"云"可以同时支撑不同的应用运行。

  (5) 高可扩展性:"云"的规模可以动态伸缩,满足应用和用户规模增长的需要。

  (6) 按需服务:"云"是一个庞大的资源池,用户按需购买,可以像日常生活中使用自来水、电、煤气那样计费。

  (7) 经济性:由于"云"的特殊容错措施,可以采用极其廉价的结点来构成云,"云"的自动化集中式管理使大量企业无须负担日益高昂的数据中心管理成本,"云"的通用性使资源的利用率较传统系统有大幅提升,用户可以充分享受"云"的低成本优势。

  (8) 潜在的危险性:云计算服务除了提供计算服务外,还提供了存储服务。但是,目前云计算服务一般由私人机构(企业)运营。政府机构、商业机构(特别像银行这样持有敏感数据的商业机构)对于选择云计算服务应保持足够的警惕。云计算中的数据对于数据所有者以外的其他云计算用户是保密的,但是对于提供云计算的供应商而言却毫无秘密可言。所有这些潜在的危险性,是商业机构和政府机构选择云计算服务,特别是国外机构提供的云计算服务时,不得不考虑的一个重要的前提。

  云计算的服务层次包括基础设施即服务、平台即服务和软件即服务 3 个层次,市场进入条件也分别从高到低。目前,越来越多供应商可提供不同层次的云计算服务,也有部分供应商提供多层次的云计算服务。

  (1) 基础设施即服务(Infrastructure-as-a-Service,IaaS):提供给消费者的服务是对

所有基础设施的利用,包括计算、存储、网络等资源,消费者能够部署和运行任意软件,包括操作系统和应用程序。消费者不管理或控制任何云计算基础设施,但能控制操作系统的选择、存储空间、部署的应用,也有可能获得有限制的网络组件(例如路由器、防火墙、负载均衡器等)的控制。

(2) 平台即服务(Platform-as-a-Service,PaaS):提供给消费者的服务是把消费者(采用供应商提供的开发语言、库、服务和工具)开发的或购买的应用程序部署到供应商的云计算基础设施上去。消费者不需要管理或控制底层的云基础设施,包括网络、服务器、操作系统、存储等,但消费者能控制部署的应用程序,也可控制运行应用程序的托管环境配置。

(3) 软件即服务(Software-as-a-Service,SaaS):提供给消费者的服务是供应商运行在云计算基础设施上的应用程序,消费者可以在各种设备上通过客户端界面访问,如浏览器等。消费者不需要管理或控制任何云计算基础设施,包括网络、服务器、操作系统和存储等。

9.2.2 大数据

大数据(Big Data)指无法在一定时间范围内用常规软件工具进行捕捉、管理和处理的数据集合,是需要新处理模式才能具有更强的决策力、洞察发现力和流程优化能力的海量、高增长率和多样化的信息资产。

1. 大数据的特征

大数据的"大"是一个动态的概念。以前 10GB 的数据是个天文数字,而今在地球、基因、空间科学等领域,TB 级的数据已经很普遍。关于大数据的特征,虽然有多种解读,但业界一般认为,大数据具有 4V 特征:Volume(数据量大)、Variety(数据类型多样)、Velocity(处理速度快)和最重要的 Value(价值密度低)。

1) 数据量大(Volume)

大数据的体量大,数据集合的规模不断扩大,已经从 GB 到 TB 再到 PB 级,甚至已经开始以 EB 和 ZB 来计数①。例如,一个中型城市的视频监控头每天就能产生几十 TB 的数据。有资料证实,到目前为止,人类生产的所有印刷材料的数据量仅为 200PB。国际知名咨询机构 IDC(International Data Corporation)的研究报告预测,未来十年全球大数据将增加 50 倍,管理数据仓库的服务器的数量将增加 10 倍。

2) 数据类型多样(Variety)

大数据类型繁多,包括结构化、半结构化和非结构化数据。以往产生或处理的数据类型较为单一,大部分是结构化数据。而现代互联网应用呈现出非结构化数据大幅增长的特点,非结构化数据越来越成为数据的主要部分。据咨询机构 IDC 的调查报告显示,企

---

① 存储的基本单位为 B(字节),字节向上分别为 KB、MB、GB、TB、PB、EB、ZB,每级为前一级的 1024 倍,例如 1KB=1024B,1MB=1024KB。

业中80%的数据都是非结构化数据,这些数据每年都按指数增长60%。

3) 处理速度快(Velocity)

大数据往往以数据流的形式动态、快速地产生,具有很强的时效性,用户只有把握好对数据流的掌控才能有效利用这些数据。另外,数据自身的状态与价值也往往随时空变化而发生演变,数据的涌现特征明显。业界对大数据的数据处理速度有一个称谓——"1秒定律",即要在秒级时间范围内给出分析结果,超出这个时间,数据就失去价值了。这个速度要求是大数据处理技术与传统的数据挖掘技术最大的区别,这也充分说明了大数据需要具备快速处理的能力。

4) 价值密度低(Value)

数据总体的价值巨大,但是价值密度很低。价值密度的高低与数据总量的大小成反比,数据规模越大,真正有价值的数据相对越少。以常规的监控视频为例,连续24小时的视频监控中,有用的数据可能仅有数秒。如何通过强大的机器算法更迅速地完成数据的价值"提纯"成为目前大数据背景下亟待解决的难题。

也有机构在4V之外定义第5个V:真实性(Veracity),指的是当数据的来源越来越多元时,这些数据本身的可靠程度如何、能否反映真实情况、质量是否合格,都需要关注。若数据本身就有问题,那分析得到的结果也不会正确。

2. 大数据处理的基本流程

大数据的战略意义不在于掌握庞大的数据信息,而在于对这些富有含义的数据进行专业化处理。大数据处理技术本质上是将数据分析为信息,将信息提炼为知识,以知识促成决策和行动。换而言之,如果把大数据比作一种产业,那么这种产业实现盈利的关键,在于提高对数据的"加工能力",通过"加工"实现数据的"增值"。大数据的处理流程大致如下:在合适工具的辅助下,对广泛异构的数据源进行抽取和集成,将结果按照一定的标准进行统一存储,利用合适的数据分析技术对存储的数据进行分析,从中提取有益的知识并以一种恰当的方式将结果展现给终端用户。具体来说,可以分为数据抽取与集成、数据分析、数据解释3个过程。

1) 数据抽取与集成

由于大数据处理的数据来源极其广泛、数据类型多样,大数据处理的第一步是对数据进行抽取和集成,从中提取出实体和关系,经过关联和聚合之后采用统一的格式来存储这些数据。在数据集成和提取时需要对数据进行清洗,保证数据质量及可信性。随着新的数据源的涌现,数据抽取与集成方法也在不断地发展之中。从数据集成模型来看,现有的数据抽取与集成方式大致可以分为以下4种类型:基于物化或ETL方法的引擎、基于联邦数据库或中间件方法的引擎、基于数据流方法的引擎及基于搜索引擎的方法。

2) 数据分析

数据分析是指从大量数据中发现规律提取新知识。大数据的价值产生于分析过程,所以数据分析是整个大数据处理流程的核心。经过数据抽取和集成环节,人们已经从异构数据源中获得了用于数据分析的原始数据。接下来,可以根据不同应用的需求,采用数据挖掘、机器学习、统计分析等分析技术从这些数据中选择全部或部分进行分析。数据分析的结果再用于决策支持、商业智能、推荐系统和预测系统等。

3）数据解释

用户最关心的往往是数据处理的结果而非过程。如果分析的结果正确但是没有采用适当的解释方法展示出来,则所得结果可能让用户难以理解,甚至误导用户。所以,数据处理结果的展示非常重要,应该以直观和互动的方式展示分析结果,便于用户理解。可视化和人机交互式是目前数据解释的主要技术。

3. 大数据与云计算的关系

大数据经常会和云计算联系在一起。从技术上看,两者密不可分。云计算是大数据的 IT 基础,为大数据提供了基础平台与支撑技术。存储下来的数据,如果不以云计算进行挖掘和分析,就只是无用的数据,没有太大价值。由于数据越来越多、越来越复杂、越来越实时,这就更加需要利用云计算为大数据提供强大的存储和计算能力,更加迅速地处理大数据的丰富信息,并更方便地提供服务。大数据处理的特色在于对海量数据进行分布式数据挖掘,因此必须依托云计算的分布式处理、分布式数据库和云存储、虚拟化等技术。另一方面,大数据是云计算的重要应用,为云计算提供了很有价值的用武之地,来自大数据的业务需求能为云计算找到更多更好的实际应用。大数据与云计算相结合,两者相得益彰,才能发挥更大的优势。当然,大数据的出现也使得云计算会面临新的考验。

9.3 人工智能

人工智能(Artificial Intelligence,AI)是研究、开发用于模拟、延伸和扩展人的智能的理论、方法、技术及应用系统的一门技术科学。人工智能是计算机科学的一个分支,试图了解智能的实质,并生产出一种新的能以人类智能相似的方式做出反应的智能机器。该领域的研究包括机器人、语言识别、图像识别、自然语言处理和专家系统等。人工智能,20世纪 70 年代以来被称为世界三大尖端技术(空间技术、能源技术、人工智能)之一,也被认为是 21 世纪三大尖端技术(基因工程、纳米科学、人工智能)之一。人工智能从诞生以来,理论和技术日益成熟,在很多学科领域都获得了广泛应用,并取得了丰硕的成果。

9.3.1 人工智能的基本概念与发展历程

作为一门前沿和交叉学科,像许多新兴学科一样,人工智能至今在国际上尚无统一严格的定义。顾名思义,所谓人工智能就是用人工的方法在机器(计算机)上实现的智能,或者说是人们使用机器模拟人类的智能。由于人工智能是在机器上实现的,所以又可称为机器智能。不同学科背景的学者对人工智能有不同的理解,形成了各种学派,目前主要学派包括符号主义、连接主义和行为主义等。

人工智能的诞生可以追溯到 20 世纪 50 年代。1956 年夏季,约翰·麦卡锡(John McCarthy)、马文·明斯基(Marvin Minsky)、纳撒尼尔·罗彻斯特(Nathaniel

Rochester)、克劳德·香农(Claude Shannon)4位科学家在美国新罕布什尔州的达特茅斯(Dartmouth)大学共同发起和组织了一次长达两个月的研讨会,认真地讨论用机器模拟人类智能的问题。会议邀请了包括数学、神经生理学、精神病学、心理学、信息论、计算机科学等领域的10名知名学者参加。与会科学家们根据各自不同的学科背景,从不同的角度出发,探讨人类智能活动的表现形式和认知规律,探讨用机器模拟人类智能等问题。会上,约翰·麦卡锡提议使用"人工智能"作为这一交叉学科的名称,标志着人工智能学科的诞生,具有十分重要的意义。约翰·麦卡锡也被称为"人工智能之父"。

从概念的提出到现在,人工智能经历了60多年的发展。这期间,人工智能的发展过程经历了多次"寒冬"与"热潮"的轮回交替,才发展为今天的状况。

20世纪50年代和60年代,是人工智能诞生后的第一个黄金发展期。在该阶段,人工智能取得了不少建树。1959年,麦卡锡提出了表处理语言LISP。至今,LISP仍然在发展,许多人工智能程序还在使用这种语言。该阶段有重大影响力的成果还包括搜索推理技术、通用问题求解器、几何定理证明器、西洋跳棋程序、Shakey机器人等。在取得这些重大突破以后,第一代研究者对人工智能充满信心而过于乐观,甚至预言在20年内机器将能完成任何人类能做的工作。

20世纪70年代,是人工智能研究的第一个寒冬。因局限于当时落后的计算机运算能力和数据收集能力等原因,人工智能发展遇到了机器翻译失败、实际问题求解组合爆炸、感知机存在局限等现实的困难,导致社会对于人工智能普遍预期下降,投资减少。

20世纪80年代初期和中期,由于"专家系统"的出现和日本"第五代计算机"计划的实施,人工智能研究迎来了第二次快速发展。所谓专家系统,是一种在特定领域内具有大量的专门知识与经验的程序系统。在这个时期,随着基于知识的系统盛行,专家系统逐步在商业领域得到研发和运用,使得人工智能成为产业。1981年,日本政府提出"第五代计算机"计划,旨在通过为期10年的时间研制出运行逻辑程序设计语言Prolog的智能计算机。随后,美国、英国都宣布了国家层面的人工智能计划。

20世纪80年代末到90年代,日本"第五代计算机"计划等人工智能计划最终都以失败告终,使得人工智能研究进入第二个寒冬。期间,很多人工智能公司都因无法兑现它们所做出的过分承诺而垮掉。科学家们重新冷静下来,人工智能研究在这个时期的主要进展包括:神经网络的研究重新得到关注,注重用科学方法研究人工智能,出现了智能Agent等。

21世纪,随着机器学习的兴起、大数据的出现及计算能力的大幅提升,人工智能再次复苏,并得到了快速发展。有人认为,现在正处于人工智能的第三次浪潮。此次人工智能的兴起主要得益于深度学习技术的突破与成功。当然,在深度学习成功的背后,离不开大数据、高效算法、计算平台的支撑。深度学习由Hinton等人于2006年提出,是目前非常活跃的一种机器学习方法,也是一种十分有效的学习方法,在诸多领域都取得了非常成功的应用。2012年,Hinton的研究团队采用深度学习赢得了ImageNet图像分类比赛的冠军。排名第2位到第4位的小组采用的都是传统的计算机视觉方法和手工设计的特征,他们之间准确率的差别不超过1%,而Hinton研究团队的准确率超出第二名10%以上。这一结果当时在计算机视觉领域产生了极大的震动,引发了深度学习的热潮。2016年,

Google 公司旗下的 DeepMind 公司基于深度学习研发的 AlphaGo 围棋人工智能程序以 4:1 的比分击败了世界围棋冠军、职业九段选手李世石,引起了全世界的广泛关注,也让人工智能获得了前所未有的关注度。

9.3.2 搜索

人工智能的主要任务之一就是采用合适的技术来模仿人类求解问题。搜索是人工智能问题求解的基本方法之一。求解一个问题时,首先需要考虑为该问题找到一个合适的表示方法,把问题用某种形式表示出来。然后,再选择一种相对合适的求解方法,而搜索则是一种求解问题的一般性方法。基于搜索的求解方法在实际中应用非常广泛。

搜索是指从大量的事物构成的状态空间中寻找某个特定的对象的过程。在人工智能中,搜索问题一般涉及两个方面:一是搜索目标;二是搜索空间。搜索空间通常指一系列状态的汇集,因此也称为状态空间。对一个确定的问题来说,与求解该问题相关的状态空间往往只是整个状态空间的一部分。只要能生成并存储这部分状态空间,就可求得问题的解。状态空间搜索的本质就是从问题的状态空间中,找到从问题的初始状态通向目标状态的路径。人工智能中,运用状态空间搜索技术来求解问题的基本过程是:首先把问题的初始状态(即初始结点)作为当前状态,选择适用的算符对其进行操作,生成一组子状态(或后继状态、后继结点、子结点),然后检查目标状态是否在其中出现。若出现,则搜索成功,找到了问题的解;若不出现,则按某种搜索策略从已生成的状态中再选一个状态作为当前状态。重复上述过程,直到目标状态出现或者不再有可供操作的状态及算符时为止。

基于搜索进行问题求解时,关键是要找到合适的搜索策略。搜索策略反映了状态空间或问题空间扩展的方法,也决定了状态或问题的访问顺序。人工智能中的搜索策略大体分为两种:无信息搜索和有信息搜索。其中,无信息搜索指的是除了问题定义提供的状态信息外,没有任何附加信息可用于指导搜索的过程。在这种策略下,搜索过程不知道接下来要搜索的状态哪一个更加接近目标状态,只能对搜索空间中所有可能的状态进行穷举。因此,无信息搜索也常被称为盲目搜索。采用启发式函数来衡量哪一个状态比其他状态"更有希望"接近目标状态,并优先对该状态进行搜索的策略,称为有信息搜索策略(也称为启发式搜索策略)。有信息搜索策略往往比无信息搜索策略更加高效地解决问题。要衡量一个搜索策略的好坏,需要从 4 个方面对其进行判断:完备性、最优性、时间复杂度和空间复杂度。

宽度优先搜索方法和深度优先搜索方法是最简单而又最基本的搜索方法,它们都属于无信息搜索,一般只适用于求解比较简单的问题。宽度优先搜索算法(又称为广度优先搜索)先扩展根结点,接着扩展根结点的所有后继结点,然后再扩展它们的后继结点,以此类推。一般地,在下一层的任何结点扩展之前,搜索树上本层深度的所有结点都应该已经扩展过了。而深度优先搜索总是扩展搜索树的当前边缘结点集合中最深的结点。搜索直接推进到搜索树的最深层,那里的结点没有后继。当那些结点扩展完之后,就从边缘结点集合中把它们去掉,然后搜索算法向上回溯到下一个还未扩展后继的、深度稍浅的结点。

宽度优先搜索方法和深度优先搜索方法容易实现,但缺点是搜索效率不高。高级的搜索策略一般建立在宽度优先搜索方法和深度优先搜索方法的基础上,采用启发信息、估值函数和费用函数等信息来指导搜索过程。这类搜索策略包括最佳优先搜索、A^*搜索、遗传算法、进化算法和模拟退火算法等。

9.3.3 知识表示与推理

知识是一切智能行为的基础。为了使计算机具有智能,能模拟人类的智能行为,就必须使它具有知识。但知识需要以适当的模式表示出来才能存储到计算机中。一个智能系统不仅应该具有知识,还应该能够很好地利用这些知识,即运用知识进行推理和求解问题。所以,知识的表示与推理成为人工智能研究中的重要内容。

1. 知识与知识表示

一般来说,把有关的信息关联在一起,形成的关于客观世界某种规律性认识的动态信息结构称为知识。智能系统的知识,按其作用及表示大致可分为4类:事实性知识、规则性知识、控制性知识和元知识。

知识的表示就是对知识的一种描述,或者说是对知识的一组约定,一种计算机可以接受的用于描述知识的数据结构。某种意义上讲,表示可视为数据结构及其处理机制的综合,即知识的表示=数据结构+处理机制。知识的表示对于问题能否求解,以及问题求解的效率有极大的影响。一种恰当的知识表示可以使复杂的问题迎刃而解。按照表示的特征,知识表示的方法可以分为两类:陈述性知识表示和过程性知识表示。陈述性知识表示主要用来描述事实性知识,将知识表示与知识运用(推理)分开处理,它是一种静态的描述方法。其优点是灵活简洁,每个有关事实仅需存储一次,演绎过程完整而确定,系统的模块性好。其缺点是工作效率低,推理过程不透明,不易理解。过程性知识表示主要用来描述规则性知识和控制结构知识,将知识表示与运用(推理)相结合,是一种动态的描述方法。其优点是推理过程直接、清晰,有利于模块化,易于表达启发性知识和默认推理知识,实现起来效率高。但其缺点是不够严格,知识间有交互重叠,灵活性差,知识的增减极不方便。两种表示方法各有利弊,对不同性质的问题应采用不同形式的表示方法。

在人工智能中,目前使用较多的知识表示方法主要有谓词逻辑表示法、产生式表示法、语义网络表示法、框架表示法、面向对象的表示方法、本体表示法以及状态空间表示法等。在实际应用过程中,一个智能系统往往包含多种表示方法。

2. 推理

计算机虽然可以存储大量知识,却并不代表它拥有智能。为使计算机拥有智能,必须使它具有思维能力,即能够利用这些知识进行推理、求解问题。推理是人类求解问题的主要思维方法,即按照某种策略从已有事实和知识推出结论的过程。知识推理是指在计算机或智能系统中,模拟人类的智能推理方式,依据推理控制策略,利用形式化的知识进行机器思维和求解问题的过程。

在智能系统中，推理是由程序实现的，称为推理机。除了推理机外，一个智能系统通常还包括综合数据库和知识库，综合数据库中存放用于推理的事实或证据，而知识库中则存放用于推理所必需的知识。当进行推理时，推理机根据综合数据库中的已有事实，到知识库中去寻找与之匹配的知识，并从所有的匹配知识中选择一条适当的知识进行推理，如果得到的是一些中间结论，还需要把它们作为已知事实或证据放入综合数据库，并继续寻找可以匹配的知识，如此反复进行，直到推出最终结论或中止。

智能系统的知识推理包括两个基本问题：一是推理方法；二是推理的控制策略。

推理方法主要解决在推理过程中前提与结论之间的逻辑关系，以及在非精确性推理中不确定性的传递问题。按照分类标准的不同，推理方法主要有以下几种分类方式。

（1）从推出结论的途径来划分，可分为演绎推理、归纳推理和默认推理。

（2）从推理时所用知识的确定性来划分，可分为确定性推理和不确定推理。

（3）从推理过程中所推出的结论是否单调增加，或者说按照推理过程所得到的结论是否越来越接近最终目标来划分，可分为单调推理和非单调推理。

（4）从按推理中是否运用与推理有关的启发性知识来划分，可分为启发式推理和非启发式推理。

推理的控制策略主要包括推理方向、搜索策略、冲突消解策略、求解策略和限制策略等。下面重点介绍推理方向、搜索策略、冲突消解策略这 3 个方面。

（1）推理方向。可分为正向推理、反向推理、混合推理和双向推理。正向推理又称为事实驱动或数据驱动推理，其主要优点是比较直观，允许用户提供有用的事实信息，它是产生式专家系统的主要推理方式之一。反向推理又称目标驱动或假设驱动推理，其主要优点是不必使用与总目标无关的规则，且有利于向用户提供解释。正反向混合推理可以克服正向推理或反向推理问题求解效率较低的缺点。双向推理是指正向推理和反向推理同时进行，推理过程在中间的某一步骤相汇合而结束的一种推理方法。在设计智能系统时，应结合具体情况选择合适的推理方向。

（2）搜索策略。正如前面介绍的，搜索策略主要包括有信息搜索策略和无信息搜索策略。

（3）冲突消解策略。推理过程中，如果综合数据库中的已知事实（证据）与知识库中的多条知识（规则）相匹配，或者有多个已知事实与知识库中的某一条知识相匹配，或者有多个已知事实与知识库中的多条知识相匹配，则称这种情况为知识（规则）冲突。此时，按照一定的策略从匹配成功的多条知识中选择一条最佳知识用于当前推理的过程称为冲突消解。冲突消解所用的策略称为冲突消解策略。目前已有的冲突消解策略的基本思想都是对匹配的知识进行排序，确定优先级，启用优先级最高的知识（规则）。常用的排序方法有：按就近原则排序、按知识特殊性排序、按上下文限制排序、按知识的新鲜性排序、按知识的差异性排序、按领域问题的特点排序、按规则的次序排序以及按前提条件的规模排序等。在具体应用时，可将几种策略组合使用，使推理更加高效。

9.3.4 机器学习

机器学习是研究如何使用机器(计算机)来模拟人类学习活动的一门学科,更严格地说,就是研究如何使机器通过识别和利用现有知识来获取新知识和新技能、不断改善性能、实现自我完善。人工智能的研究从以"推理"为重点到以"知识"为重点,再到以"学习"为重点,形成了一条自然、清晰的发展脉络。显然,机器学习是实现人工智能的一种途径,即以机器学习为手段来解决人工智能中的问题。机器学习经过数十年的发展,已成为一门多领域的交叉学科,涉及概率论、统计学、逼近论、凸分析和计算复杂性理论等多门学科。机器学习已广泛应用于数据挖掘、计算机视觉、自然语言处理、生物特征识别、搜索引擎、医学诊断、信用卡欺诈检测、证券市场分析、DNA序列测序、语音和手写识别以及机器人等领域。

机器学习理论主要是设计和分析一些让计算机可以自动"学习"的算法。机器学习算法是一类从数据中自动分析获得规律,并利用规律对未知数据进行预测的算法。因为学习算法中往往会涉及大量的统计学理论,统计学习理论成为机器学习领域的研究热点。统计学习理论从一些观测(训练)样本出发,从而试图得到一些目前不能通过原理进行分析得到的规律,并利用这些规律来分析客观对象,从而可以利用规律来对未来的数据进行较为准确的预测。

1. 机器学习的分类

机器学习可以从不同角度进行分类。按学习形式,机器学习可以分为监督学习、无监督学习、半监督学习和强化学习4类。

1) 监督学习(Supervised Learning)

监督学习是指利用一组已知类别的样本调整分类器的参数,使其达到所要求性能的过程,也称为监督训练或有教师学习。具体而言,监督学习算法分析已标记的训练数据,并产生一个推断的功能,其可以用于映射出新的实例。训练数据由一组训练样本组成。在监督学习中,每个样本都是由一个输入对象(通常由特征向量表示)和一个期望的输出值组成。训练样本中的期望输出值是由人工标注的。监督学习从给定的训练数据中学习出一个模型,当新的测试样本到来时,可以根据这个模型来预测结果。注意这个过程中需要训练数据,而训练数据往往是人工给出的。常见的监督学习算法包括回归分析和统计分类。

2) 无监督学习(Unsupervised Learning)

无监督学习是一种不需要人工输入标注数据来进行学习的方式。与监督学习相比,无监督学习不需要人工标注的训练数据,而是通过相关的学习算法来自动发现输入数据中隐含的规律。现实生活中常常会有这样的问题:因缺乏足够的先验知识难以人工标注类别,或进行人工类别标注的成本太高。很自然地,此时希望计算机能代替人工完成这些工作,或至少提供一些帮助。在这种情况下,无监督学习可以帮助做一些事情,例如从庞大的样本集合中选出一些具有代表性的加以标注,以用于分类器的训练;先将所有样本自动分为不同的类别,再由人工对这些类别进行标注;在无类别信息情况下,寻找好的特征。实际应用中,一般可以先用无监督学习方法提取数据的特征,然后使用其他方法对提取出的特征进行分类、检索等。常见的无监督学习算法有聚类。

3) 半监督学习(Semi-Supervised Learning)

半监督学习是监督学习与无监督学习相结合的一种学习方法。半监督学习既使用大量的未标记数据,同时又使用标记数据。它主要考虑如何利用少量的标注样本和大量的未标注样本进行训练和分类的问题。由于半监督学习只需要少量人力参与数据标注工作,而且能够达到比较高的准确性。所以,半监督学习目前在理论和实践上都得到越来越广泛的关注。

4) 强化学习(Reinforcement Learning)

强化学习是一种以环境反馈作为输入的、特殊的、适应环境的机器学习方法。强化学习是指从环境状态到行为映射的学习,以使系统行为从环境中获得的累积奖赏值最大。强化学习最初是从动物学习和参数扰动自适应控制等理论发展而来。该方法不同于监督学习技术那样通过正例、反例来告知采取何种行为,它没有固定的答案,而是在训练过程中不断通过试错的方式来发现最优行为策略。强化学习把学习看作试探评价过程,智能系统选择一个动作行为作用于环境,环境接受该动作后状态发生变化,同时产生一个强化信号(奖或惩)反馈给智能系统,智能系统根据强化信号和环境的当前状态再选择下一个动作,选择的原则是使受到正强化(奖)的概率增大。选择的动作不仅影响立即强化值,而且影响环境下一时刻的状态及最终的强化值。通过这种方式,强化学习智能系统在行动—评价的环境中获得知识,改进行动方案以适应环境。强化学习在智能机器人、自动驾驶等多个领域都起到了重要作用。常用的强化学习算法包括 TD(Temporal Difference)算法、Q 学习算法和 Sarsa 算法等。

2. 深度学习

深度学习(Deep Learning)是目前最为活跃的机器学习方法之一。深度学习是一种基于对数据进行特征学习的机器学习方法,试图使用包含复杂结构或由多重非线性变换构成的多个处理层对数据进行高层抽象。深度学习通过组合低层特征形成更加抽象的高层表示属性类别或特征,以发现数据的分布式特征表示。深度学习的好处在于使用高效的非监督或半监督的特征学习和分层特征提取算法来替代手工获取特征。

深度学习的概念源于人工神经网络的研究。人工神经网络(Artificial Neural Network)是一种模仿生物神经网络(动物的中枢神经系统,特别是大脑)的结构和功能的数学模型或计算模型,用于对函数进行估计或近似。人工神经网络由大量的人工神经元广泛互连而形成,用来模拟生物神经网络的结构和功能。人工神经元是人工神经网络的基本处理单元,一般是一个多输入、单输出的非线性器件。人工神经网络中,人工神经元的连接方式一般有很多种。根据连接的拓扑结构,人工神经网络模型可以分为 4 种。

(1) 前向网络:神经元分层排列,有输入层、隐层(又称为中间层,可以有多层)和输出层,每一层神经元只接受来自前一层神经元的输入,并输出到下一层。

(2) 从输入层到输出层有反馈的网络:与前向网络的区别仅在于,输出层上的某些输出信息又作为输入信息送到输入层的神经元上。

（3）层内互连前向网络：除了像前两种网络一样接收来自前一层神经元的信息外，网络中同一层上的神经元还可以互相作用。

（4）互连网络：网络中的任意两个神经元间都可以有连接。

深度学习是从人工神经网络发展出来的新领域。早期"深度"是指超过一层的人工神经网络。但随着深度学习的快速发展，其内涵已经超出了传统的多层人工神经网络的范畴。深度学习采用了与传统多层人工神经网络相似的分层结构，系统由包括输入层、隐层（多层）、输出层组成的多层网络，只有相邻层结点之间有连接，同一层以及跨层结点之间相互无连接，每一层可以看作是一个逻辑回归模型。这种分层结构比较接近人类大脑的结构。为了克服传统人工神经网络训练中的问题，深度学习采用了与传统人工神经网络很不同的训练机制。传统人工神经网络中，采用的是反向传播的方式进行，简单来讲就是采用迭代的算法来训练整个网络，随机设定初值，计算当前网络的输出，然后根据当前输出和标注之间的差别去改变前面各层的参数，直到收敛（整体是一个梯度下降法）。而深度学习整体上是一个逐层训练机制。这样做的原因是，如果采用反向传播的机制，对于一个深度网络（7层以上），残差传播到最前面层已经变得太小，出现"梯度消减"问题。

深度学习能够获得可更好地表示数据的特征。同时，由于模型的层次、参数很多，深度学习模型有能力表示大规模数据。对于图像、语音这种特征不明显（需要手工设计且很多没有直观物理含义）的问题，深度学习能够在大规模训练数据上取得很好的效果。此外，从模式识别特征和分类器的角度，深度学习框架将特征和分类器结合到一个框架中，用数据去学习特征，在实际使用中减少了手工设计特征的巨大工作量。

自2006年Hinton等人提出深度学习的概念以来，深度学习方法发展迅猛，至今已出现了多种深度学习框架，如深度置信网络（Deep Belief Networks，DBN）、深度神经网络（Deep Neural Network，DNN）、卷积神经网络（Convolutional Neural Network，CNN）、递归神经网络（Recursive Neural Network，RNN）等。目前，深度学习已被成功应用到计算机视觉、语音识别、自然语言处理、音频识别与生物信息学等领域，并取得了非常好的效果。

9.3.5　智能控制

智能控制是驱动智能机器自主地实现其目标的过程，是一类无须人的直接干预就能独立地驱动智能机器实现其目标的自动控制。例如，自主机器人的控制就是一种典型的智能控制。智能控制的理论基础是人工智能、控制论、运筹学、信息论等学科的交叉。

在生产实践中，复杂控制问题可通过熟练操作人员的经验和控制理论相结合去解决。由此，产生了智能控制。智能控制本质上就是让人工智能技术进入控制领域，构建智能控制系统。智能控制将控制理论的方法与人工智能技术灵活地结合起来，能够有效应对控制对象及其环境、控制目标和任务的不确定性和复杂性。人工神经网络、模糊数学、专家系统、进化论等方向的发展给智能控制注入了巨大的活力，由此产生了各种智能控制方法。目前,智能控制的形式主要包括专家控制、模糊控制、神经网络控制、仿人智能控制和分级递阶智能控制等,及各种方法的综合集成。

传统控制方法研究的主要目标是被控对象,而智能控制研究的主要目标不再是被控对象,而是控制器本身。智能控制的研究重点不在控制对象的数学模型分析,而在于智能控制器模型的建立,包括知识的获取、表示和存储以及智能推理方式的设计等。其控制对象和控制性能也与传统控制有很大不同,智能控制具有如下特点:无须建立被控对象的数学模型,特别适合非线性对象、时变对象和复杂不确定的控制对象;可以具有分层递阶的控制组织结构,便于处理大量的信息和储存的知识,并进行推理;控制效果具有自适应能力,鲁棒性好;可以具有学习能力,控制能力可以不断增强。

近年来,随着智能控制方法和技术的发展,智能控制迅速走向各种专业领域,应用于各类复杂被控对象的控制问题,如工业过程控制系统、机器人系统、现代生产制造系统、交通控制系统等。

9.3.6 Python 机器学习示例——预测外卖配送时间

下面以外卖配送时间预测为例,介绍如何使用 Python 编程实现简单的机器学习算法。借助外卖数据,应用人工智能技术可以不断改进外卖配送算法并优化调度模型,实现最优配送方案,从而可以尽量避免人力浪费、合理协调各方资源。为了提升整体配送效率,需要综合考虑多方面因素的影响,如距离、出餐时间、外卖配送员骑行时间、外卖配送员运力状况、实时路况环境等。这里,我们对模型进行简化,外卖配送时间预测时只考虑配送时间与距离、外卖配送员骑行速度之间的关系。

假设某外卖配送员骑车是一个匀速运动,我们想知道该配送员骑行某段距离所需的时间。根据公式:时间=距离/速度,需要先对该配送员的骑行历史数据进行分析,估计出其平均骑行速度。

历史数据中可能存在随机误差。随机误差意味着测量结果将围绕某个平均值分布,测量结果分布得越紧密,表示测量的精确率越高,反之,精确率越低。所谓分布得紧密,指的是测量结果之间的距离非常小。为了减少随机误差,我们在每段路上,分别取了三次的历史用时,得到的数据如表 9-1 所示。其中,"距离"的单位是米,"用时"的单位是秒,"平均速度"的单位为 m/s。在表 9-1 中,在长度为 5500m 路上的第二次数据,时间为 2000s,与其他两次的值相差非常大,需要思考是什么导致了这个结果。假设在第二次骑行过程中,当配送员骑行到一半时,车子突然出现了故障,而使得所花费的时间达到了 2000s。则这个数据不具代表性,对计算配送员的平均骑行速度不但没有帮助,还会带来干扰。因此,可以丢弃该噪声数据。在去除噪声数据后,经计算,在不同长度路上的平均骑行时间如表 9-1 中的第 5 列所示,每段路程上的平均骑行速度如第 6 列所示。那么,配送员的骑行速度是多少呢?能否将 3 个平均速度相加再求平均值,即骑行速度为(4m/s+4.37m/s+4.5m/s)/3=4.29m/s? 显然是不行的。又或者为(1000m+5500m+10000m)/(250s+1260s+2220s)=4.42m/s? 这也是不对的。

表 9-1 某配送员的部分骑行历史数据

距离/米	用时/秒			平均用时/秒	平均速度/(米/秒)
	第一次	第二次	第三次		
1000	260	250	240	250	4
5500	1245	2000	1275	1260	4.37
10000	2180	2230	2250	2220	4.5

从机器学习角度看,这其实是一个预测问题,即在已知 3 个距离中配送员的平均骑行速度后,预测配送员骑行任何距离所需的时间。此时,需要建立路程与时间之间的关系,这个关系通常是一个多项式,根据该多项式来计算时间。已知的部分历史数据是距离与时间的关系,而由"距离=速度×时间"可知时间与距离是正比例关系,即为一个一次多项式,即 $s=vt+b$,其中,s、v、t、b 分别是距离、速度、时间和初始值。本例中,要由已知的 s 和 t 推导出 v 和 b。

根据历史数据来分析变量之间相互关系的方法称为回归分析法,即工程上所说的拟合问题,所得的关系式即为经验公式或拟合方程。本例要拟合出一个一元一次方程,即为一元线性回归(直线拟合)。最常见的拟合方法是最小二乘法。最小二乘法的出发点是使各实际测量数据 s_i 与拟合直线上对应的估计值的残差的平方和最小,即 $\sum_{i=1}^{n}(s_m-s_i)^2$ 最小,其中 s_m 为拟合出来的一次函数在 t_i 时刻的函数值,s_i 为历史数据中的真实值。例如,本例中有三组数据,$(t_1, s_1)=(250,1000)$、$(t_2, s_2)=(1260,5500)$ 和 $(t_3, s_3)=(2220,10000)$,假设拟合出来的函数为 $s=vt+b$,则 v 和 b 要保证 $(250v+b-1000)^2+(1260v+b-5500)^2+(2220v+b-10000)^2$ 的值最小。从图上来看,如图 9-2 所示,即要找一条直线,使得该直线尽量靠近图中 3 个点,即使得各实际测量数据 s_i 与拟合直线上对应的估计值的残差的平方和最小。

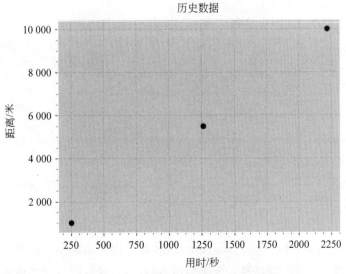

图 9-2 某配送员的部分骑行历史数据图示

因此，一元线性拟合的问题，变为求使 $\sum_{i=1}^{n}(s_i-vt_i-b)^2$ 最小的 v 和 b。对该公式中的 v 和 b 分别求偏导数，然后令偏导数为 0 即可求出 v 和 b 的值。设 $\theta = \sum_{i=1}^{n}(s_i-vt_i-b)^2$，求偏导数得：

$$\begin{cases} \dfrac{\partial \theta}{\partial b} = -2\sum_{i=1}^{n}(s_i-vt_i-b)=0 \\ \dfrac{\partial \theta}{\partial v} = -2\sum_{i=1}^{n}(s_i-vt_i-b)t_i=0 \end{cases} \Rightarrow \begin{cases} b+\dfrac{v}{n}\sum_{i=1}^{n}t_i = \dfrac{1}{n}\sum_{i=1}^{n}s_i \\ b\sum_{i=1}^{n}t_i + v\sum_{i=1}^{n}t_i^2 = \sum_{i=1}^{n}t_is_i \end{cases}$$

可得

$$\begin{cases} b = \bar{s} - v\bar{t} \\ v = \sum_{i=1}^{n}(t_i-\bar{t})(s_i-\bar{s}) / \sum_{i=1}^{n}(t_i-\bar{t})^2 \end{cases} \tag{9-1}$$

其中，$\bar{s}$ 和 $\bar{t}$ 分别为历史数据中距离、时间的平均值。这就是一元线性回归的推导过程。进一步，可借助计算思维，将该计算过程实现为程序，根据所给数据，自动计算出相应的参数，解决一元线性回归问题。在式 9-1 中，v 称为斜率，b 称为截距。根据该公式，实现一元线性回归计算的 Python 程序代码如下所示。注意在实际拟合直线时，加了一组数据，即 (0,0)，表示用时为 0 秒时，配送员骑行距离为 0 米，这是符合实际的，使得拟合的一元线性方程具有更好的预测性。

```
def mean(x):
    return sum(x) / len(x)

def best_fit_slope_and_intercept(xs, ys):
    x_bar = mean(xs)
    y_bar = mean(ys)
    denominator = sum([(item - x_bar) ** 2 for item in xs])
    xy = []
    for i in range(len(xs)):
        xy.append((xs[i] - x_bar) * (ys[i] - y_bar))
    numerator = sum(xy)
    v = round(numerator / denominator, 2)
    b = round(y_bar - v * x_bar, 2)
    return v, b

if __name__ == '__main__':
    xs = [0, 250, 1260, 2220]
    ys = [0, 1000, 5500, 10000]
    print(best_fit_slope_and_intercept(xs, ys))
```

上述代码中的 best_fit_slope_and_intercept 函数用于求斜率和截距。其计算过程非常直接，完全实现了式 9-1 的计算。程序输出为 (4.51, −80.57)，即配送员骑行的平均速度为 4.51m/s，且 $s = 4.51t - 80.57$，其中，−80.57 可忽略，即配送员匀速骑行时，距离与

时间的关系为 $s=4.51t$。

可绘制拟合出的直线与历史数据的关系图,如图 9-3 所示。

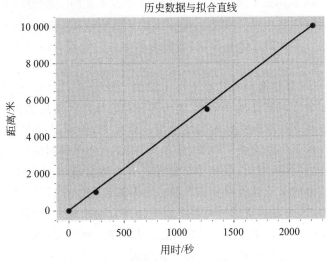

图 9-3　历史数据与一元线性回归结果

9.4　新型计算技术

现有的芯片制造技术是建立在硅材料基础上的,由于热效应、电磁场效应和量子效应,其集成度的提高具有局限性,因而单一处理器的运算速度的提升存在物理方面的限制。近年来,采用新器件、新结构、新设计系统和新制造方法实现低成本、快速和可靠的计算、存储和通信成为重要的研究方向。关于未来哪些新技术将推动计算机的技术革命,研究人员提出了很多设想,其中可能的技术包括光技术、生物技术、量子技术、超导技术和纳米技术等。这些非传统计算技术正处在初步的研究阶段,离实际应用还有很长的距离。但是,这些研究中只要有一种取得突破性实际成果,将促成计算机技术巨大的、甚至革命性的发展。

9.4.1　量子计算

量子计算(Quantum Computing)指按照量子物理规律完成计算任务的计算技术。量子计算技术的研究包括量子计算机实现技术、量子计算理论、量子算法、量子计算机程序设计语言等,是目前国际上非传统计算技术中最活跃的前沿研究方向之一。量子计算机(Quantum Computer)就是实现量子计算的机器,一般指按照量子力学原理设计和制造的处理量子信息的物理装置。量子计算机的计算模式不同于现代电子计算机。现代电子计算机以晶体管作为信息存储和处理的主要元器件,晶体管的开与关两种状态代表二进制的 0 和 1。而设想中的量子计算机的最小信息单位是量子比特(Quantum Bit,qubit)。不同于经典比特只能表示 0 和 1,一个量子比特能够表示 0、1 的任意量子叠加态,该量子叠加态等效于同时表示了 0 和 1 两个数。相应地,n 个经典比特只能表示 2^n 个数中的一个,而 n 个量子比特能够同时表示 2^n 个数。对 n 个量子比特进行一次操作,等效于同时对 2^n 个数进行一次操作。这种信息表示方法,非常有利于并行处理,给量子计算带来了超常的运算能力。

研究表明,量子计算具有经典计算不可比拟的计算优势。例如,理论上,量子计算能够在多项式时间复杂度内破译现在金融、国防等关键领域广泛使用的密码体系,而目前基于传统计算机的破解方法具有指数时间复杂度。近年来,国际上某些特殊领域的量子模拟计算技术已经取得了一些进展。例如,加拿大 DWave 公司研制的用于模拟退火算法的量子计算机,与经典计算机相比,计算性能提升了一个数量级以上。此外,一些基于专用量子计算或量子模拟的量子计算研究新思路也逐渐兴起,如绝热量子计算和玻色采样等。国际学者普遍认为,这类专用量子计算将是量子计算方向未来一段时间的研究重点,相比传统基于线路模型的通用量子计算,更有可能尽早实现。同时,传统微纳米加工技术也正推动各种量子计算实现方案向集成化和芯片化发展。

9.4.2 光计算

光计算是一种采用光学方法来实现运算处理和数据传输的技术。其主要思想是以激光或二极管产生的光子代替传统电子作为载体来进行信息的采集、传输、存储和处理。相比传统电子计算机中使用的电子,光子传输速度更快,抗电磁干扰能力更强,能提供更高的带宽。由于光子不带电荷,因而它不受电磁场的干扰,传播速度可达到光速同等量级。光子和光子的相互作用要在十分苛刻的条件下才能实现。一般情况下,不同波长、不同偏振态、不同波型的光即使相遇、交叉、同路都各自独立、互不干扰,因此光计算具有天然的并行性,即可以多路同时计算,结果互不干扰。这种特性使得光路可用于实现高速互连和通信,其密集程度几乎不受空间尺寸的限制。而这一点,电路难以做到。此外,光子可在自由空间传播,甚至可在真空中传播,而不像电子那样只能在导线中传播,并且光子在传播中能量损耗很小。总的来说,光计算具有速度快、并行程度高、抗干扰能力强、功耗低、信道密度高、空间互连灵活、存储容量大、容错性好等优点。正是因为这些优点,光计算机可以弥补传统电子计算机的局限性,成为下一代超并行、超高速、新型"非硅"计算机的重要研究方向之一。

光计算一般分为模拟光计算和数字光计算两种。模拟光计算以傅里叶光学为基础,随着 20 世纪 60 年代激光的出现而受到关注。数字光计算采用光开关作为基本器件,以光学手段实现数字运算。20 世纪 70 年代,光学传输和非线性光学材料取得重大进展,促进了数字光计算的研究。目前,数字光计算是光计算的主要研究方向。数字光计算的研究主要集中在 4 个方面:一是光双稳器件、光逻辑器件、各种非线性器件等光计算器件的研究;二是适合光学特点的计算机体系结构方面的研究,包括基本器件、专用子系统、整机等的结构;三是光通信互连的研究,包括自由空间互连、波导互连、全息动态可变互连等;

四是光计算相关算法的研究,如光学矩阵运算等。由于全光计算的器件在技术上尚不成熟,目前还没有公认的全光数字处理器体系结构。

近年来,光计算相关研究和应用也取得了一些新的进展。2016年,普林斯顿大学研究人员研制了世界上首个光子神经形态芯片,较传统计算方法的运算速度提升了3个数量级。2017年,美国麻省理工学院研究人员提出了一种使用光子技术实现全光学神经网络的新架构,能大大提高深度学习系统的运算速度和效率,并在(包含了一个由56个马赫-曾德尔干涉仪构成的级联阵列的)可编程纳米光子处理器上进行了实验验证。

9.4.3 生物计算

生物计算是指一种利用生物工程和生物学来实现计算的技术。生物计算机是以核酸分子作为"数据",以生物酶及生物操作作为信息处理工具的一种新颖的计算机模型。它利用蛋白质有开关特性,用生物工程技术产生的蛋白质分子作元件从而制成生物芯片以替代半导体硅片,利用有机化合物存储数据。其性能由元件与元件之间电流启闭的开关速度来决定。信息以波的形式传播,当波沿着蛋白质分子链传播时,会引起蛋白质分子链中单键、双键结构顺序的变化。生物计算机具有多种潜在优点。首先,由蛋白质构成的集成电路,其大小只相当于硅片集成电路的十万分之一,而且运行速度非常快,具有很强的抗电磁干扰能力,并能彻底消除电路间的干扰。其次,生物计算能量消耗小,量级仅相当于普通计算机的十亿分之一。用蛋白质制成的计算机芯片中,一个存储点只有一个分子大小,所以芯片的存储容量可以达到普通计算机的十亿倍,具有巨大的存储能力。此外,生物计算机具有生物体的一些特点,如能发挥生物本身的调节机能,自动修复芯片上发生的故障,还能模仿人脑的运作机制等。

目前,生物计算模型主要有生物分子或超分子芯片、自动机模型、仿生算法、生物化学反应算法等几种类型。生物分子或超分子芯片模型,主要立足于传统计算机模式,从寻找高效、体微的电子信息载体及信息传递体入手,对生物体内的小分子、大分子、超分子生物芯片的结构与功能开展研究。"生物化学电路"就属于此类模型。自动机模型,以自动机理论为基础,致力于寻找新的计算机模式,特别是具有特殊用途的非数值计算机模式。不同自动机模型间的区别主要在于网络内部连接的差异。该模型在非数值计算、模拟、识别等方面有极大的潜力。目前研究的热点集中在基本生物现象的类比,如神经网络、免疫网络、细胞自动机等。仿生算法模型,以生物智能为基础,用仿生的观念致力于寻找新的算法模式,虽然思想类似于自动机模型,但主要关注算法层面,而不追求硬件上的变化。生物化学反应算法模型,立足于可控的生物化学反应或反应系统,利用小容积内同类分子高拷贝数的优势,追求运算的高度并行化,从而提供极高的运算效率。

DNA计算属于生物化学反应算法模型,是近年来发展较快的一种生物计算技术。DNA计算是一种以DNA分子及相关的生物酶等作为基本材料、以编码的DNA序列为运算对象、以生物化学反应作为信息处理基本过程的一种计算模式。其最大优点是能够充分利用DNA分子具有的海量存储能力,以及生物化学反应的高度并行性。具体而言,DNA计算模型克服了电子计算机存储量小、运算速度慢的不足,具有如下4个方面优点。

(1) DNA 作为信息的载体,信息编码能力强,其贮存容量非常大,1 立方米的 DNA 溶液可存储 1 万亿亿比特二进制数据,远远超过当前全球所有电子计算机的总储存量。

(2) 生物化学反应具有高度的并行性,运算速度快。

(3) 由于生物化学反应所需要的能量消耗很小,DNA 计算机所消耗的能量也非常小,相当于电子计算机完成同样计算所消耗的能量的十亿分之一。

(4) DNA 分子的资源丰富。

当然,DNA 计算机目前还只是一种理论设想,许多方面都还不成熟,依然有许多挑战性问题需要解决。

9.5 小　　结

本章首先介绍了最近发展较快的一些计算机技术,包括高性能计算、云计算与大数据、人工智能等。重点介绍这些技术的基本概念和发展背景。然后,介绍了量子计算、光计算、生物计算等非传统的新型计算技术,以及与传统电子计算机技术相比所具有的技术优势。通过本章的学习,读者从总体上应当对计算机发展的一些新趋势、新技术有所了解。如果对计算机科学与技术的前沿发展感兴趣,可以以本章为线索,对相关技术进行进一步深入地学习。

9.6 习　　题

1. 谈谈你对高性能计算战略地位和超级计算机研制意义的理解。
2. 高性能计算涉及哪些关键技术?高性能计算的发展面临哪些方面的技术挑战?
3. 高性能计算有哪些典型应用?
4. 谈谈你对云计算概念的理解。
5. 与传统的资源提供方式相比,云计算具有哪些特点?
6. 云计算有哪些服务层次?
7. 谈谈你对大数据概念的理解。
8. 大数据具有哪些特征?简述大数据处理的基本流程。
9. 谈谈你怎么理解云计算与大数据之间的关系。
10. 谈谈你对人工智能概念的理解。
11. 简述人工智能的发展历程。
12. 谈谈你对当前人工智能发展所处状态的认识。
13. 什么是搜索?搜索策略包括哪两大类?两者的区别是什么?
14. 简述运用状态空间搜索技术求解问题的基本过程。
15. 宽度优先搜索和深度优先搜索有何不同?
16. 什么是知识?知识如何表示?

17. 简述知识推理的基本过程。
18. 推理方法有哪些分类方式？分别有哪些类别？
19. 推理的控制策略涉及哪些方面？
20. 什么是机器学习？
21. 按学习形式，机器学习可分为哪些类别？各有哪些特点？
22. 什么是深度学习？深度学习与人工神经网络有何关系？
23. 谈谈你对量子计算的认识。
24. 谈谈你对光计算的认识。
25. 谈谈你对生物计算的认识。
26. 你觉得未来可能有哪些非传统计算技术将推动计算机的技术革命？

参 考 文 献

[1] 傅祖芸. 信息论——基础理论与应用[M]. 北京：电子工业出版社，2001.
[2] 胡守仁. 计算机技术发展史(一)[M]. 长沙：国防科技大学出版社，2004.
[3] 胡守仁. 计算机技术发展史(二)[M]. 长沙：国防科技大学出版社，2006.
[4] 冯博琴，吕军，等. 大学计算机基础[M]. 2版. 北京：清华大学出版社，2005.
[5] (美)June Jamrich Parsins，Dan Oja. 计算机文化[M]. 4版. 田丽韫，等译. 北京：机械工业出版社，2003.
[6] 美国科学促进会. 科学素养的设计[M]. 北京：科学普及出版社，2005.
[7] Thomas Connolly，Carolyn Begg. 数据库系统——设计、实现与管理[M]. 3版. 宁洪，等译. 北京：电子工业出版社，2004.
[8] 郑若忠，宁洪，阳国贵，等. 数据库原理[M]. 长沙：国防科技大学出版社，1998.
[9] 宁洪，赵文涛，贾丽丽. 数据库系统[M]. 北京：北京邮电大学出版社，2005.
[10] 林福宗. 多媒体技术基础[M]. 3版. 北京：清华大学出版社. 2009.
[11] 赵英良，董雪平. 多媒体技术及应用[M]. 西安：西安交通大学出版社，2009.
[12] 彭波，孙一林. 多媒体技术及应用[M]. 北京：机械工业出版社，2006.
[13] 胡晓峰，吴玲达，老松杨，等. 多媒体技术教程[M]. 3版. 北京：人民邮电出版社，2009.
[14] 冯博琴，贾应智. 大学计算机基础[M]. 北京：中国铁道出版社，2009.
[15] 中国大百科全书——计算机卷[M]. 北京：中国大百科全书出版社，2000.
[16] Jeffrey D Ullman. 数据库系统基础教程(英文影印版)[M]. 北京：清华大学出版社，2000.
[17] Date C J. 数据库系统导论(英文版)[M]. 7版. 北京：机械工业出版社，2002.
[18] Patrick O'Neil. 数据库——原理、编程与性能(英文影印版)[M]. 北京：高等教育出版社，2000.
[19] Tanenbaum A S. Computer Networks[M]. 4th Edition. 北京：清华大学出版社，2004.
[20] Michael Kofler. The Definitive Guide to MySQL5[M]. 3版. 杨晓云，等译. 北京：人民邮电出版社，2006.
[21] Francis S Hill，Stephen M Kelley. 计算机图形学(OpenGL版)[M]. 3版. 胡事民，等译. 北京：清华大学出版社，2009.
[22] Rafael C Gonzalez，Richard E Woods. 数字图像处理(英文版)[M]. 3版. 北京：电子工业出版社，2010.
[23] Joe Celko. SQL for Smarties Advanced SQL Programming[M]. 4th Ed. USA：Morgan Kaufmann Publishers，2010.
[24] Randal E Bryant，David O'Hallaron. Computer Systems：A Programmer's Perspective[M]. 北京：中国电力出版社，2004.
[25] Yale N Patt，Sanjay J Patel. Introduction to Computing Systems：From bits & gates to C & beyond[M]，2nd Ed. 北京：机械工业出版社，2006.
[26] Jerome H Saltzer，M Frans Kaashoek. Principle of Computer System Design：An Introduction[M]. 北京：清华大学出版社，2009.
[27] Umakishore Ramachandran，William D Leahy. Computer System：An Integrated Approach to Architecture and Operating Systems[M]. 北京：机械工业出版社，2011.

[28] Stallings W. Operating Systems：Internals and Design Principles[M]. 6th Ed. Englewood Cliffs, NJ：Prentice-Hall, 2008.

[29] Tanenbaum A S. Modern Operating Systems[M], 3rd Ed. Upper Saddle River, NJ：Printice-Hall, 2008.

[30] 罗宇. 操作系统[M], 3版. 北京：电子工业出版社, 2011.

[31] James F Kurose, Keith W Ross. Computer Networking：International Version：A Top-Down Approach[M]. 5th Ed. Boston, MA：Addison-Wesley, 2009.

[32] Stallings W. Data and Computer Communications[M], 8th Ed. Englewood Cliffs, NJ：Prentice-Hall, 2006.

[33] Comer D E. Internetworking with TCP/IP[M]. 5th Ed. Vol. 1, Principles, Protocols, and Architectures. Englewood Cliffs, NJ：Prentice-Hall, 2005.

[34] 谢希仁. 计算机网络[M]. 4版. 北京：电子工业出版社, 2003.

[35] Allen B Downey. Think Python：How to Think Like a Computer Scientist[M]. 2nd Ed. USA：O'Reilly Media, 2015.

[36] John V Guttag. Introduction to Computation and Programming Using Python[M]. MA：MIT Press, 2014.

[37] Robert Sedgewick, Kevin Wayne, Robert Dondero. Introduction to Programming in Python：An Interdisciplinary Approach[M]. MA：Addison-Wesley, 2015.

[38] John S Concry. Explorations in Computing：An Introduction to Computer Science and Python Programming[M], USA：Chapman and Hall/CRC, 2014.

[39] Charles Dierbach. Introduction to Computer Science Using Python：A Computational Problem-Solving Focus[M], MA：Addison-Wesley, 2012.

[40] John Zelle, Michael Smith. Python Programming (Edit)：An Introduction to Computer Science[M], 2nd Ed, Oregon：Franklin, Beedle & Associates, 2010.

[41] 陈国良. 并行计算——结构·算法·编程[M]. 3版. 北京：高等教育出版社, 2011.

[42] 刘其成, 胡佳男, 孙雪姣, 等. 并行计算与程序设计[M]. 北京：中国铁道出版社, 2014.

[43] 杨学军. 并行计算六十年[J]. 计算机工程与科学, 2012, 34(8)：1-10.

[44] 王鹏, 黄焱, 安俊秀, 等. 云计算与大数据技术[M]. 北京：人民邮电出版社, 2014.

[45] 赵勇, 林辉, 沈寓实, 等. 大数据革命：理论、模式与技术创新[M]. 北京：电子工业出版社, 2014.

[46] 张仰森, 黄改娟. 人工智能教程[M]. 2版. 北京：高等教育出版社, 2016.

[47] 丁世飞. 人工智能[M]. 2版. 北京：清华大学出版社, 2015.

[48] 刘金琨. 智能控制[M]. 4版. 北京：电子工业出版社, 2017.

[49] 陈家璧, 苏显渝. 光学信息技术原理及应用[M]. 2版. 北京：高等教育出版社, 2009.

[50] 许进. 生物计算机时代即将来临[J]. 中国科学院院刊, 2014, 29(1)：42-54.

[51] 邹海林. 计算机科学导论[M]. 2版. 北京：高等教育出版社, 2014.

[52] Micha Gorelick, Ian Ozsvald. Python 高性能编程[M]. 胡世杰, 等译. 北京：人民邮电出版社, 2017.